21 世纪高等学校教材

高等数学同步练习

主　编　刘二根　蒋志勇　胡新根

副主编　曾　毅　邓　黎　廖维川

　　　　李春华　宋庆华　周凤麒

　　　　肖　飞

U0295412

上海交通大学出版社

内容提要

本书按照"高等数学课程的教学基本要求",结合"全国硕士研究生入学考试的数学考试大纲"的要求编写而成.内容包括一元函数微积分、向量代数与空间解析几何、多元函数微积分、无穷级数、微分方程等.每章都按照高等数学的教学过程进行分节,每一节又都分为两部分:主要知识与方法、同步练习,另外还特意精选了期末考试、硕士研究生入学考试及全国大学生数学竞赛等试题.

本书可作为高等学校理工科有关专业学习高等数学课程的课后练习,也可作为考研及参加全国大学生数学竞赛的训练资料,并可供高等院校数学教师、自学考试人员及其他相关人员作参考.

图书在版编目(CIP)数据

高等数学同步练习/刘二根,蒋志勇,胡新根主编. — 上海:上海交通大学出版社,2015(2017重印)
ISBN 978-7-313-13442-4

Ⅰ.高... Ⅱ.①刘...②蒋...③胡... Ⅲ.高等数学—高等学校—习题集 Ⅳ.013-44

中国版本图书馆 CIP 数据核字(2015)第 163408 号

高等数学同步练习

主　　编:刘二根　蒋志勇　胡新根				
出版发行:上海交通大学出版社	地　　址:上海市番禺路 951 号
邮政编码:200030	电　　话:021-64071208
出 版 人:郑益慧	
印　　制:苏州市越洋印刷有限公司	经　　销:全国新华书店
开　　本:787mm×960mm　1/16	印　　张:25.75
字　　数:462 千字	
版　　次:2015 年 8 月第 1 版	印　　次:2017 年 7 月第 3 次印刷
书　　号:ISBN 978-7-313-13442-4/O	
定　　价:39.50 元	

前　　言

　　高等数学是普通高等学校理工科等有关专业的重要基础课之一,是硕士研究生入学考试必考科目,是学习其他数学课程、理工科专业课的必备数学基础,也是培养抽象思维能力、逻辑推理与判断能力、几何直观和空间想象能力、熟练的运算能力、初步的数学建模能力以及综合运用所学的知识分析和解决实际应用问题能力的强有力的数学工具.

　　本书是按照"高等数学课程的教学基本要求",结合"全国硕士研究生入学考试的数学考试大纲"的要求编写而成.它包括一元函数微积分、向量代数与空间解析几何、多元函数微积分、无穷级数、微分方程等内容.每章都按照高等数学的教学过程进行分节,每一节又都分为两部分:第一部分为主要知识与方法,着重介绍了本节的重要知识内容及相关解题方法;第二部分为同步练习,精心挑选了一些典型例题供学生进行练习,其中相当一部分例题选自高等数学期末考试及硕士研究生入学考试的数学试题.通过本书的同步练习,将有助于学生巩固所学高等数学的知识要点,提高学生的解题能力,为学习后续课程和考研打下扎实的数学基础.另外高等院校平时在学习过程中不会进行任何考试,为了让学生了解高等数学课程的期末考试试题的难易程度以及考研数学一、数学二、数学三的题型、考点及难易程度,我们特意精选了近年来的高等数学期末考试试题、全国硕士研究生入学考试数学试题、全国大学生数学竞赛试题,作为学生备考及训练之用.书末附有同步练习的参考答案.

　　参加本书编写工作的是华东交通大学刘二根、蒋志勇、胡新根、曾毅、邓黎、廖维川、李春华、宋庆华、周凤麒、肖飞,由刘二根对全书进行审稿和统稿.

　　由于编者水平有限,加上时间仓促,书中存在的不足,恳请读者批评指正.

编　者

2015 年 4 月

目　　录

第1章 函 数

函数的概念与性质

主要知识与方法

1. 邻域

(1) 邻域:数集 $\{x\mid\mid x-x_0\mid<\delta\}$ 称为点 x_0 的 δ 邻域,记为 $U(x_0,\delta)$ 或 $U(x_0)$.

(2) 去心邻域:数集 $\{x\mid 0<\mid x-x_0\mid<\delta\}$ 称为点 x_0 的去心 δ 邻域,记为 $\mathring{U}(x_0,\delta)$ 或 $\mathring{U}(x_0)$.

2. 函数

(1) 定义:设 x 和 y 是两个变量,D 是一个非空数集,如果对任意 $x\in D$,按照对应法则 f,存在 $y\in\mathbf{R}$ 与 x 对应,则称 f 为定义在 D 上的函数,记为 $y=f(x)$,其中数集 D 称为函数的定义域,记为 $D(f)$.

而集合 $Z(f)=\{y\mid y=f(x),x\in D\}$ 称为函数的值域.

当 y 取唯一值时,称 $y=f(x)$ 为单值函数,本书所讨论的函数没有特别说明外都是单值函数.

(2) 图形:平面点集 $\{(x,y)\mid y=f(x),x\in D(f)\}$ 称为函数 $y=f(x)$ 的图形.

函数 $y=f(x)$ 的图形通常为一条曲线.

(3) 定义域的求法:先根据表达式有意义列出不等式(组),再解不等式(组)得定义域.

3. 函数的特性

(1) 奇偶性:

设函数 $f(x)$ 的定义域 D 关于原点对称,若对任意 $x\in D$,有 $f(-x)=-f(x)$,则称函数 $f(x)$ 为奇函数.

设函数 $f(x)$ 的定义域 D 关于原点对称,若对任意 $x\in D$,有 $f(-x)=f(x)$,

则称函数 $f(x)$ 为偶函数.

注:上述定义也给出判断奇偶性的方法.

(2) 有界性:

设函数 $f(x)$ 的定义域为 D,若存在 $M>0$,对任意 $x\in I\subset D$,有 $|f(x)|\leqslant M$,则称函数 $f(x)$ 在区间 I 上有界.

当 $I=D$ 时,称 $f(x)$ 为有界函数.

当 $f(x)\leqslant M_1$ 时称 $f(x)$ 为有上界,当 $M_2\leqslant f(x)$ 时称 $f(x)$ 为有下界.

注:$f(x)$ 在区间 I 上有界 $\Leftrightarrow f(x)$ 在区间 I 既有上界又有下界.

设函数 $f(x)$ 的定义域为 D,若对任意 $M>0$,存在 $x_0\in I\subset D$,有 $|f(x_0)|>M$,则称函数 $f(x)$ 在区间 I 上无界.

(3) 单调性:

设函数 $f(x)$ 在区间 I 上有定义,若对任意 $x_1,x_2\in I$,且 $x_1<x_2$,有 $f(x_1)<f(x_2)$,则称 $f(x)$ 在区间 I 上单调增加,而区间 I 称为单调增加区间.

设函数 $f(x)$ 在区间 I 上有定义,若对任意 $x_1,x_2\in I$,且 $x_1<x_2$,有 $f(x_1)>f(x_2)$,则称 $f(x)$ 在区间 I 上单调减少,而区间 I 称为单调减少区间.

(4) 周期性:

设函数 $f(x)$ 的定义域为 D,若存在正常数 T,对任意 $x\in D$,有 $x+T\in D$,且 $f(x+T)=f(x)$,则称 $f(x)$ 为周期函数,且称 T 为函数 $f(x)$ 的一个周期.

显然,当 T 为函数 $f(x)$ 的一个周期时,$nT(n\in \mathbf{Z}^+)$ 也是 $f(x)$ 的周期.

通常我们所说的周期是指 $f(x)$ 的最小正周期.

例如,$\sin x,\cos x$ 的周期为 2π,$\tan x,\cot x$ 的周期为 π.

函数 $y=A\sin(\omega x+\varphi)$ 的周期为 $T=\dfrac{2\pi}{\omega}$,$y=A\cos(\omega x+\varphi)$ 的周期为 $T=\dfrac{2\pi}{\omega}$.

4. 两个特殊函数

(1) 符号函数:函数 $y=\operatorname{sgn} x=\begin{cases}-1, & x<0 \\ 0, & x=0 \\ 1, & x>0\end{cases}$ 称为符号函数.

显然 $|x|=x\cdot\operatorname{sgn} x$.

(2) 取整函数:函数 $y=[x]$ 称为取整函数.其中 $[x]$ 表示 x 的整数部分,即不超过 x 的最大整数.

例如,$[2.6]=2,[-2.6]=-3$.

5. 反函数

(1) 定义:设函数 $y=f(x)$ 的定义域为 $D(f)$,值域为 $Z(f)$,若对任意 $y\in Z(f)$,存在唯一的 $x\in D(f)$,使 $f(x)=y$,则在 $Z(f)$ 上定义了一个函数,称之为函数 $y=$

$f(x)$ 的反函数,记为 $x = f^{-1}(y)$.

通常 $y = f(x)$ 的反函数记为 $y = f^{-1}(x)$.

(2) 反函数求法:先从方程 $y = f(x)$ 解出 x,再交换 x 与 y 可得反函数.

6. 复合函数

设函数 $y = f(u)$ 的定义域为 $D(f)$,函数 $u = \varphi(x)$ 的值域为 $Z(\varphi)$,若 $D(f) \bigcap Z(\varphi) \neq \phi$,则称函数 $y = f[\varphi(x)]$ 为 x 的复合函数.

注:不是任意两个函数都能构成复合函数.

例如,$y = \arcsin u, u = x^2 + 2$ 不能构成复合函数.

7. 基本初等函数

幂函数、指数函数、对数函数、三角函数、反三角函数统称为基本初等函数.

(1) 指数函数 $y = a^x (a > 0, a \neq 1)$ 的图形如图 1-1 所示.

(2) 对数函数 $y = \log_a x (a > 0, a \neq 1)$ 的图形如图 1-2 所示.

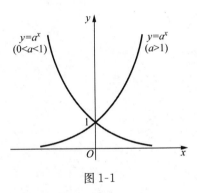

图 1-1

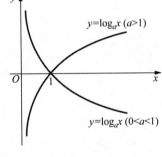

图 1-2

(3) 反正切函数 $y = \arctan x$ 的图形如图 1-3 所示.

(4) 反余切函数 $y = \text{arccot}\, x$ 的图形如图 1-4 所示.

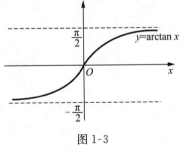

图 1-3

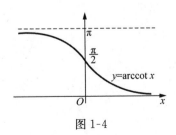

图 1-4

8. 初等函数

由常数和基本初等函数经有限次四则运算或复合构成并可用一个式子表示的函数称为初等函数.

例如，$y = \dfrac{\sin x^2}{e^x + 2}$、$y = \ln(x + \sqrt{x^2 + 1})$ 为初等函数.

9. 分段函数

在自变量的不同变化范围函数的表达式也不同的函数称为分段函数.

例如，前面提到的符号函数与取整函数为分段函数.

函数 $f(x) = \begin{cases} 2^x, & -1 \leqslant x \leqslant 0 \\ x+1, & 0 < x < 1 \\ x-2, & 1 \leqslant x \leqslant 3 \end{cases}$ 为分段函数，$x = 0, 1$ 称为分界点.

同步练习

一、填空题

1. 函数 $y = \sin\sqrt{x-1}$ 的定义域为 _____.

2. 设 $f(x) = \dfrac{1-x}{x}(x \neq 0)$，则 $f[f(2)] =$ _____.

3. 设 $3f(x) - f\left(\dfrac{1}{x}\right) = \dfrac{1}{x}$，则 $f(x) =$ _____.

4. 函数 $f(x) = \dfrac{1}{1+\mathrm{e}^x}$ 在 $(-\infty, +\infty)$ 内 _____（填有界或无界）.

5. 函数 $y = \sin x \cos x$ 的周期 $T =$ _____.

二、解答题

1. 设 $f(x) = \begin{cases} 2^x, & -1 \leqslant x \leqslant 0 \\ x+1, & 0 < x < 1 \\ x-2, & 1 \leqslant x \leqslant 3 \end{cases}$，求 $f\left[f\left(\dfrac{3}{2}\right)\right]$ 及 $f\left[\left(\dfrac{1}{3}\right)\right]$.

2. 设 $f(x) = \dfrac{x}{1+x}$，求 $f\{f[f(x)]\}$.

3. 求函数 $f(x)=\arcsin(x-1)+\lg(x^2-4x+3)$ 的定义域.

4. 判断函数 $f(x)=\ln(x+\sqrt{x^2+1})$ 的奇偶性.

5. 求函数 $y=\dfrac{e^x-e^{-x}}{2}$ 的反函数.

三、证明题

1. 设 $f(x)=\ln(x+1)$，证明：$f(x^2-2)-f(x-2)=f(x)$.

2. 证明：函数 $f(x)=\dfrac{2^x-1}{2^x+1}$ 为奇函数.

3. 证明：函数 $f(x)=\dfrac{1}{x}$ 在区间 $(0,1)$ 上无界.

第2章 极限与连续

2.1 极限的概念与运算法则

主要知识与方法

1. 数列极限的概念

对任意 $\varepsilon > 0$,存在 $N > 0$,当 $n > N$ 时,有 $|x_n - a| < \varepsilon$,则称 a 为数列 $\{x_n\}$ 当 $n \to \infty$ 时的极限,记为

$$\lim_{n \to \infty} x_n = a \text{ 或 } x_n \to \infty \, (n \to \infty).$$

这时也称数列 $\{x_n\}$ 收敛.

上述定义用"ε-N 语言"简化为

$\lim_{n \to \infty} x_n = a \Leftrightarrow$ 对任意 $\varepsilon > 0$,存在 $N > 0$,当 $n > N$ 时,有 $|x_n - a| < \varepsilon$.

2. 函数极限的概念

(1) $\lim_{x \to \infty} f(x) = A \Leftrightarrow$ 对任意 $\varepsilon > 0$,存在 $X > 0$,当 $|x| > X$ 时,有 $|f(x) - A| < \varepsilon$.

(2) $\lim_{x \to x_0} f(x) = A \Leftrightarrow$ 对任意 $\varepsilon > 0$,存在 $\delta > 0$,当 $0 < |x - x_0| < \delta$ 时,有 $|f(x) - A| < \varepsilon$.

3. 数列极限的性质

(1) 唯一性:若数列 $\{x_n\}$ 收敛,则其极限唯一.

(2) 有界性:若数列 $\{x_n\}$ 收敛,则数列 $\{x_n\}$ 有界,即存在 $M > 0$,有 $|x_n| \leqslant M$.

注:上述结论反过来不成立,即由数列 $\{x_n\}$ 有界不能推出数列 $\{x_n\}$ 收敛.

(3) 保号性:若 $\lim_{n \to \infty} x_n = a$,且 $a > (<) 0$,则存在 $N > 0$,当 $n > N$ 时,有 $x_n > (<) 0$.

由保号性可得,若 $\lim_{n \to \infty} x_n = a$,且存在 $N > 0$,当 $n > N$ 时,有 $x_n \geqslant (\leqslant) 0$,则 $a \geqslant 0$ $(\leqslant 0)$.

说明:对函数极限也有类似的上述三个性质.

4. 左右极限与极限的关系

$$\lim_{x \to x_0} f(x) = A \Leftrightarrow \lim_{x \to x_0^-} f(x) = \lim_{x \to x_0^+} f(x) = A.$$

注:若 $\lim\limits_{x \to x_0^-} f(x) = A$, $\lim\limits_{x \to x_0^+} f(x) = B$, 且 $A \neq B$, 则 $\lim\limits_{x \to x_0} f(x)$ 不存在.

类似地,有 $\quad \lim\limits_{n \to \infty} x_n = a \Leftrightarrow \lim\limits_{k \to \infty} x_{2k-1} = \lim\limits_{k \to \infty} x_{2k} = a.$

$$\lim_{x \to \infty} f(x) = A \Leftrightarrow \lim_{x \to -\infty} f(x) = \lim_{x \to +\infty} f(x) = A.$$

5. 极限运算法则

设 $\lim f(x) = A, \lim g(x) = B$,则

(1) $\lim[f(x) + g(x)] = A + B = \lim f(x) + \lim g(x).$

(2) $\lim[f(x) - g(x)] = A - B = \lim f(x) - \lim g(x).$

(3) $\lim[f(x) g(x)] = AB = \lim f(x) \lim g(x).$

特别,$\lim[Cf(x)] = CA = C \lim f(x), \lim[f(x)]^m = A^m = [\lim f(x)]^m.$

(4) $\lim \dfrac{f(x)}{g(x)} = \dfrac{A}{B} = \dfrac{\lim f(x)}{\lim g(x)}$(其中 $\lim g(x) = B \neq 0$).

6. 一个重要结论

$$\lim_{x \to \infty} \frac{a_0 x^n + a_1 x^{n-1} + \cdots + a_{n-1} x + a_n}{b_0 x^m + b_1 x^{m-1} + \cdots + b_{m-1} x + b_m} = \begin{cases} \dfrac{a_0}{b_0}, & \text{当 } n = m \text{ 时} \\ 0, & \text{当 } n < m \text{ 时} \\ \infty, & \text{当 } n > m \text{ 时} \end{cases}.$$

同步练习

一、填空题

1. 设 $x_n = \begin{cases} \dfrac{n}{n+1}, & n \text{ 为奇数} \\[2mm] \dfrac{n+1}{n}, & n \text{ 为偶数} \end{cases}$，则极限 $\lim\limits_{n\to\infty} x_n = $ _____.

2. 极限 $\lim\limits_{n\to\infty} \dfrac{1+2+\cdots+n}{n^2} = $ _____.

3. 极限 $\lim\limits_{x\to\infty} \dfrac{(3x+1)^3(x+3)^2}{(2x+5)^5} = $ _____.

4. 极限 $\lim\limits_{x\to+\infty} (\sqrt{4x^2+3x} - 2x) = $ _____.

二、计算题

1. 求极限 $\lim\limits_{x\to 3}\left(\dfrac{1}{x-3} - \dfrac{6}{x^2-9}\right)$.

2. 求极限 $\lim\limits_{x\to 0^+} \dfrac{1-\mathrm{e}^{\frac{1}{x}}}{1+\mathrm{e}^{\frac{1}{x}}}$.

3. 求极限 $\lim\limits_{n\to\infty}\left[\dfrac{1}{1\times 3}+\dfrac{1}{3\times 5}+\cdots+\dfrac{1}{(2n-1)\times(2n+1)}\right]$.

4. 求极限 $\lim\limits_{n\to\infty}\left[\left(1-\dfrac{1}{2^2}\right)\left(1-\dfrac{1}{3^2}\right)\cdots\left(1-\dfrac{1}{n^2}\right)\right]$.

5. 求极限 $\lim\limits_{x\to-\infty}\left(\sqrt{x^2+x-1}-\sqrt{x^2-2x+3}\right)$.

6. 求极限 $\lim\limits_{n\to\infty}\dfrac{3^n+4^n}{3^{n+1}+4^{n+1}}$.

7. 求极限 $\lim\limits_{n\to\infty}[(1+a)(1+a^2)(1+a^4)\cdots(1+a^{2^n})]$（其中 $|a|<1$）.

8. 已知 $\lim\limits_{x\to\infty}\left(\dfrac{2x^2+3x-1}{x+1}-ax-b\right)=2$，求 a,b.

9. 设 $f(x)=\begin{cases} \dfrac{x^2+ax+b}{x-1}, & x>1 \\ 2x+1, & x\leqslant 1 \end{cases}$，且 $\lim\limits_{x\to 1}f(x)$ 存在，求 a,b.

10. 求极限 $\lim\limits_{n\to\infty}\left[\sqrt{1+2+\cdots+n}-\sqrt{1+2+\cdots+(n-1)}\right]$.

11. 求极限 $\lim\limits_{n\to\infty}\left[\dfrac{1}{2!}+\dfrac{2}{3!}+\cdots+\dfrac{n}{(n+1)!}\right]$.

三、证明题

1. 设 $\lim\limits_{x \to \infty} f(x)$ 存在，证明：存在 $X > 0, M > 0$，当 $|x| > X$ 时，有 $|f(x)| \leqslant M$.

2. 设 $\lim\limits_{x \to x_0} f(x), \lim\limits_{x \to x_0} g(x)$ 存在，证明：$\lim\limits_{x \to x_0}[f(x) + g(x)] = \lim\limits_{x \to x_0} f(x) + \lim\limits_{x \to x_0} g(x)$.

3. 设 $f(x) = \dfrac{|x|}{x}$，证明极限 $\lim\limits_{x \to 0} f(x)$ 不存在.

2.2　极限存在准则与两个重要极限

主要知识与方法

1. 存在准则

（1）准则 I：设 $y_n \leqslant x_n \leqslant z_n$，且 $\lim\limits_{n\to\infty} y_n = \lim\limits_{n\to\infty} z_n = a$，则 $\lim\limits_{n\to\infty} x_n = a$.

类似地，设存在 $\delta > 0$，当 $x \in \mathring{U}(x_0, \delta)$ 时，有 $h(x) \leqslant f(x) \leqslant g(x)$，且 $\lim\limits_{x\to x_0} h(x) = \lim\limits_{x\to x_0} g(x) = A$，则 $\lim\limits_{x\to x_0} f(x) = A$.

设存在 $X > 0$，当 $|x| > X$ 时，有 $h(x) \leqslant f(x) \leqslant g(x)$，且 $\lim\limits_{x\to\infty} h(x) = \lim\limits_{x\to\infty} g(x) = A$，则 $\lim\limits_{x\to\infty} f(x) = A$.

（2）准则 II：单调有界数列存在极限.

注：单调增加有上界数列存在极限或单调减少有下界数列存在极限.

2. 重要极限

（1）$\lim\limits_{x\to 0} \dfrac{\sin x}{x} = 1$.

一般地，有 $\lim\limits_{x\to 0} \dfrac{\sin ax}{x} = a(a \neq 0)$.

（2）$\lim\limits_{x\to\infty} \left(1 + \dfrac{1}{x}\right)^x = \mathrm{e}$，或 $\lim\limits_{n\to\infty} \left(1 + \dfrac{1}{n}\right)^n = \mathrm{e}$，$\lim\limits_{x\to 0} (1+x)^{\frac{1}{x}} = \mathrm{e}$.

一般地，有 $\lim\limits_{x\to\infty} \left(1 + \dfrac{a}{x}\right)^x = \mathrm{e}^a$ 或 $\lim\limits_{x\to 0} (1+ax)^{\frac{1}{x}} = \mathrm{e}^a$.

同步练习

一、填空题

1. 极限 $\lim\limits_{x \to 0} \dfrac{\sin 3x}{x} =$ _____ .

2. 极限 $\lim\limits_{x \to 1} \dfrac{\cos \dfrac{\pi x}{2}}{x-1} =$ _____ .

3. 极限 $\lim\limits_{x \to 0} \dfrac{1-\cos 2x}{x^2} =$ _____ .

4. 极限 $\lim\limits_{x \to 0} (1-3x)^{\frac{1}{x}} =$ _____ .

二、计算题

1. 求极限 $\lim\limits_{n \to \infty} \left(\dfrac{1}{\sqrt{n^2+\pi}} + \dfrac{1}{\sqrt{n^2+2\pi}} + \cdots + \dfrac{1}{\sqrt{n^2+n\pi}} \right)$.

2. 求极限 $\lim\limits_{n \to \infty} \left(\dfrac{1}{n^2+1} + \dfrac{2}{n^2+2} + \cdots + \dfrac{n}{n^2+n} \right)$.

3. 求极限 $\lim\limits_{n\to\infty}(1+3^n+5^n)^{\frac{1}{n}}$.

4. 求极限 $\lim\limits_{x\to 1}\dfrac{\sin\pi x}{x-1}$.

5. 求极限 $\lim\limits_{x\to 0}\dfrac{x-\sin 2x}{x+\sin 2x}$.

6. 求极限 $\lim\limits_{n\to\infty}\left(\cos\dfrac{x}{2}\cos\dfrac{x}{4}\cdots\cos\dfrac{x}{2^n}\right)(x\neq0)$.

7. 求极限 $\lim\limits_{n\to\infty}n\big[\ln(n+2)-\ln n\big]$.

8. 求极限 $\lim\limits_{x\to\infty}\left(\dfrac{x+2}{x+1}\right)^{3x+2}$.

9. 设极限 $\lim\limits_{x\to\infty}\left(\dfrac{x+2a}{x-a}\right)^x=8$,求 a.

10. $\lim\limits_{x\to 0}(1-3x)^{\frac{2}{x}}$.

11. 求极限 $\lim\limits_{x\to 0}\dfrac{e^x-1}{x}$.

三、证明题

1. $\lim\limits_{x \to 0^+} x\left[\dfrac{1}{x}\right] = 1$.

2. 设 $x_1 = 10, x_{n+1} = \sqrt{6 + x_n}\,(n \geqslant 1)$，证明数列 $\{x_n\}$ 收敛，并求其极限.

3. 设 $y_n \leqslant x_n \leqslant z_n$，且 $\lim\limits_{n \to \infty} y_n = \lim\limits_{n \to \infty} z_n = a$，证明：$\lim\limits_{n \to \infty} x_n = a$.

2.3 无穷小与无穷大

主要知识与方法

1. 无穷小量

若 $\lim f(x)=0$,则称 $f(x)$ 为无穷小量.

2. 关于完全小量的重要结论

(1) $\lim f(x)=A \Leftrightarrow f(x)=A+\alpha(x)$,其中 $\alpha(x)$ 为无穷小量.

(2) 无穷小量乘有界函数仍为无穷小量.

即若 $\lim f(x)=0$,且 $|g(x)| \leqslant M$,则 $\lim[f(x)g(x)]=0$.

3. 无穷大量

(1) 若对任意 $M>0$,存在 $X>0$,当 $|x|>X$ 时,有 $|f(x)|>M$,则称函数 $f(x)$ 为当 $x \to \infty$ 时的无穷大量,记为 $\lim\limits_{x \to \infty} f(x)=\infty$.

(2) 若对任意的 $M>0$,存在 $\delta>0$,当 $0<|x-x_0|<\delta$ 时,有 $|f(x)|>M$,则称函数 $f(x)$ 为当 $x \to x_0$ 时的无穷大量,记为 $\lim\limits_{x \to x_0} f(x)=\infty$.

4. 无穷小量与无穷大量的关系

(1) 设 $\lim f(x)=0$,且 $f(x) \neq 0$,则 $\lim \dfrac{1}{f(x)}=\infty$.

(2) 设 $\lim f(x)=\infty$,则 $\lim \dfrac{1}{f(x)}=0$.

5. 无穷小量的比较

设 $\lim \alpha(x)=0$,$\lim \beta(x)=0$.

(1) 若 $\lim \dfrac{\alpha(x)}{\beta(x)}=0$,则称 $\alpha(x)$ 比 $\beta(x)$ 为高阶无穷小,记为 $\alpha(x)=o(\beta(x))$.

(2) 若 $\lim \dfrac{\alpha(x)}{\beta(x)}=\infty$,则称 $\alpha(x)$ 比 $\beta(x)$ 为低阶无穷小.

(3) 若 $\lim \dfrac{\alpha(x)}{\beta(x)}=C(C \neq 0)$,则称 $\alpha(x)$ 比 $\beta(x)$ 为同阶无穷小.

(4) 若 $\lim \dfrac{\alpha(x)}{\beta(x)}=1$,则称 $\alpha(x)$ 与 $\beta(x)$ 为等价无穷小,记为 $\alpha(x) \sim \beta(x)$.

6. 等价无穷小的性质

设 $\alpha(x) \sim \alpha'(x)$,$\beta(x) \sim \beta'(x)$,且 $\lim \dfrac{\alpha'(x)}{\beta'(x)}$ 存在,则

$$\lim \frac{\alpha(x)}{\beta(x)} = \lim \frac{\alpha'(x)}{\beta'(x)}.$$

说明：在求两个无穷小量之比的极限时，可将分子、分母(或它们的无穷小量因子)换其等价无穷小量.但做等价无穷小代换时，不能对分子或分母的某个加项做代换.

7. 常见的等价无穷小量

当 $x \to 0$ 时，有

① $\sin x \sim x$；

② $\tan x \sim x$；

③ $e^x - 1 \sim x$；

④ $\ln(1+x) \sim x$；

⑤ $1 - \cos x \sim \dfrac{x^2}{2}$；

⑥ $\sqrt[n]{1+x} - 1 \sim \dfrac{x}{n}$.

同步练习

一、填空题

1. 极限 $\lim\limits_{x\to\infty}\dfrac{\sin 2x}{x}=$ _____.

2. 极限 $\lim\limits_{x\to 0}\dfrac{x^2\sin\dfrac{1}{x}}{\tan x}=$ _____.

3. 极限 $\lim\limits_{x\to\infty}\left(\dfrac{x^2+1}{x^2-1}-\dfrac{\sin x}{x}\right)=$ _____.

4. 设当 $x\to 1$ 时,$\sqrt{x}-1$ 与 $k(x-1)$ 等价,则 $k=$ _____.

二、计算题

1. 求极限 $\lim\limits_{x\to\infty}\dfrac{x-\sin x}{x+\sin x}$.

2. 求极限 $\lim\limits_{n\to\infty}\dfrac{n\left(\sqrt{1+\sin^2\dfrac{1}{n}}-1\right)}{\arcsin\dfrac{2}{n}}$.

3. 利用等价无穷小替代求极限.

(1) $\lim\limits_{x \to 0} \dfrac{1 - \sqrt{\cos x}}{x(1 - \cos \sqrt{x})}$.

(2) $\lim\limits_{x \to 0} \dfrac{\tan x - \sin x}{(\sqrt[3]{1 + x^2} - 1)(\sqrt{1 + \sin x} - 1)}$.

4. 求极限 $\lim\limits_{x \to \infty} \left(\dfrac{3x^2 + 1}{4x + 3} \sin \dfrac{5}{x} \right)$.

5. 设当 $x \to \infty$ 时,函数 $f(x) = \dfrac{x^2 - 2x}{x+1} - ax + b$ 为无穷小量,求 a, b.

三、证明题

1. 证明:当 $x \to 0$ 时,$\sec x - 1 \sim \dfrac{x^2}{2}$.

2. 设当 $x \to \infty$ 时 $f(x)$ 为无穷大,极限 $\lim\limits_{x \to \infty} g(x)$ 存在,证明:当 $x \to \infty$ 时, $f(x) + g(x)$ 为无穷大.

2.4 连续与间断

主要知识与方法

1. 连续的定义

(1) 若 $\lim\limits_{x \to x_0} f(x) = f(x_0)$,则称函数 $y = f(x)$ 在点 $x = x_0$ 处连续.

(2) 若 $\lim\limits_{\Delta x \to 0} \Delta y = 0$,则称函数 $y = f(x)$ 在点 $x = x_0$ 处连续.

其中 $\Delta x = x - x_0$,$\Delta y = f(x_0 + \Delta x) - f(x_0)$ 分别称为自变量、函数的改变量或增量.

(3) 若对任意 $x \in (a, b)$,函数 $y = f(x)$ 在点 x 处连续,则称函数 $y = f(x)$ 在开区间 (a, b) 内连续. 若函数 $y = f(x)$ 在区间 (a, b) 内连续,且在点 $x = a$ 处右连续,在点 $x = b$ 处左连续,则称函数 $y = f(x)$ 在闭区间 $[a, b]$ 上连续.

2. 连续函数的相关结论

(1) 函数 $y = f(x)$ 在点 $x = x_0$ 处连续 $\Leftrightarrow$ 函数 $y = f(x)$ 在点 $x = x_0$ 处既左连续又右连续.

(2) 连续函数的和、差、积、商(分母不为零)仍连续.

(3) 连续函数的复合仍连续.

(3) 基本初等函数在其定义域内连续.

(4) 初等函数在其定义区间内连续.

(5) 设函数 $f(u)$ 连续,$\lim \varphi(x)$ 存在,则 $\lim f[\varphi(x)] = f[\lim \varphi(x)]$.

(6) 设函数 $f(x)$ 为初等函数,x_0 属于 $f(x)$ 的定义区间,则 $\lim\limits_{x \to x_0} f(x) = f(x_0)$.

3. 间断

若函数 $y = f(x)$ 在点 $x = x_0$ 处不连续,则称函数 $y = f(x)$ 在点 $x = x_0$ 处间断,而点 x_0 称为函数 $y = f(x)$ 的间断点.

注:当 $f(x)$ 在点 $x = x_0$ 处满足下列条件之一,则 $x = x_0$ 为 $f(x)$ 的间断点.

(1) $f(x)$ 点在 x_0 处无定义.

(2) $\lim\limits_{x \to x_0} f(x)$ 不存在.

(3) $f(x)$ 在点 x_0 处有定义,且 $\lim\limits_{x \to x_0} f(x)$ 存在,但 $\lim\limits_{x \to x_0} f(x) \neq f(x_0)$.

4. 间断点分类

(1) 第一类间断点:设 $f(x_0^-)$、$f(x_0^+)$ 都存在,则称点 x_0 为 $f(x)$ 的第一类间断

点. 一般地,有

① 当 $f(x_0^-) \neq f(x_0^+)$ 时,称点 x_0 为 $f(x)$ 的跳跃间断点;

② 当 $f(x_0^-) = f(x_0^+)$ 时,称点 x_0 为 $f(x)$ 的可去间断点.

(2) 第二类间断点:设 $f(x_0^-)$、$f(x_0^+)$ 至少有一个不存在,则称点 x_0 为 $f(x)$ 的第二类间断点.

一般地,有

① 当 $\lim\limits_{x \to x_0} f(x) = \infty$ 时,称点 x_0 为 $f(x)$ 的跳跃间断点;

② 当 $x \to x_0$ 时,$f(x)$ 趋于无穷多值,称点 x_0 为 $f(x)$ 的振荡间断点.

5. 闭区间上连续函数的性质

(1) 最值定理:设函数 $f(x)$ 在 $[a,b]$ 上连续,则 $f(x)$ 在 $[a,b]$ 上可取到最大值及最小值. 即存在 $x_1, x_2 \in [a,b]$,使得

$$f(x_1) = \max_{a \leqslant x \leqslant b} f(x), \quad f(x_2) = \min_{a \leqslant x \leqslant b} f(x).$$

(2) 有界定理:设函数 $f(x)$ 在 $[a,b]$ 上连续,则 $f(x)$ 在 $[a,b]$ 上有界. 即存在 $M > 0$,使得 $|f(x)| \leqslant M$.

(3) 零点定理:设函数 $f(x)$ 在 $[a,b]$ 上连续且 $f(a)f(b) < 0$,则至少存在一点 $\xi \in (a,b)$,使 $f(\xi) = 0$.

注:利用零点定理可以证明方程根的存在性或函数值相等.

(4) 介值定理:设函数 $f(x)$ 在 $[a,b]$ 上连续,M, m 分别为 $f(x)$ 在 $[a,b]$ 上最大值、最小值,则对任意的 $\mu \in (m,M)$,存在一点 $\xi \in (a,b)$,使 $f(\xi) = \mu$.

同步练习

一、填空题

1. 设函数 $f(x)=\begin{cases} x\sin\dfrac{1}{x}, & x<0, \\ a, & x\geqslant 0, \end{cases}$ 在点 $x=0$ 处连续,则 $a=$ _____.

2. 函数 $y=\dfrac{1}{\ln(x-1)}$ 连续区间为_____.

3. 极限 $\lim\limits_{x\to 0}\dfrac{\sqrt{1+x}-1}{x}=$ _____.

4. 函数 $f(x)=\dfrac{x^2-4x+3}{x(x^2-1)}$ 可去间断点为 $x=$ _____.

二、计算题

1. 设 $f(x)$ 在 $x=2$ 处连续,且 $f(2)=3$,求 $\lim\limits_{x\to 2}f(x)\left[\dfrac{1}{x-2}-\dfrac{4}{x^2-4}\right]$.

2. 求极限 $\lim\limits_{x\to 0}(1+2x)^{\frac{1}{\sin x}}$.

3. 求极限 $\lim\limits_{x \to +\infty}(\sin\sqrt{x+1}-\sin\sqrt{x})$.

4. 求极限 $\lim\limits_{x \to 0}\left(\dfrac{a^x+b^x}{2}\right)^{\frac{1}{x}}(a>0,b>0)$.

5. 设函数 $f(x)=\lim\limits_{n \to \infty}\dfrac{x^{2n-1}+ax^2+bx}{x^{2n}+1}$ 在 $(-\infty,+\infty)$ 内连续,求 a,b.

6. 设函数 $f(x) = \dfrac{\csc x - \cot x}{x}$ $(x \neq 0)$ 在 $x=0$ 处连续，求 $f(0)$.

7. 讨论函数 $f(x) = \lim\limits_{t \to +\infty} \dfrac{x}{2 + x^2 + e^{tx}}$ 的连续性.

8. 求 $f(x) = \dfrac{|x|(x-2)}{x(x^2 - 3x + 2)}$ 的间断点并分类.

9. 讨论函数 $f(x)=\begin{cases} \dfrac{\sin x}{x}, & x<0 \\ 1, & x=0 \\ \dfrac{2(\sqrt{1+x}-1)}{x}, & x>0 \end{cases}$ 的连续性.

10. 求 $f(x)=\lim\limits_{n\to\infty}\left(\dfrac{1-x^{2n}}{1+x^{2n}}x\right)$ 的间断点并分类。

三、证明题

1. 证明方程 $\ln x=\dfrac{2}{x}$ 在 $(1,e)$ 内至少有一个实根.

2. 设函数 $f(x)=1+\sin x$,证明至少存在一点 $c\in(0,\pi)$,使 $f(c)=c$.

3. 设函数 $f(x)$ 在区间 $[0,2]$ 上连续,且 $f(0)=f(2)$,证明至少存在一点 $\xi\in[0,1]$,使 $f(\xi)=f(1+\xi)$.

4. 设函数 $f(x)$ 在 $(-\infty,+\infty)$ 上连续,且 $\lim\limits_{x\to\infty}f(x)$ 存在,证明:函数 $f(x)$ 在 $(-\infty,+\infty)$ 上有界.

第3章 导数与微分

3.1 导数的概念与计算

主要知识与方法

1. 导数

$$f'(x_0) = \lim_{\Delta x \to 0} \frac{f(x_0 + \Delta x) - f(x_0)}{\Delta x}$$

或

$$f'(x_0) = \lim_{x \to x_0} \frac{f(x) - f(x_0)}{x - x_0}.$$

也可记为 $y'|_{x=x_0}$，$\dfrac{\mathrm{d}y}{\mathrm{d}x}\Big|_{x=x_0}$ 及 $\dfrac{\mathrm{d}f}{\mathrm{d}x}\Big|_{x=x_0}$.

这时也称 $y = f(x)$ 在点 $x = x_0$ 处可导.

2. 左、右导数

(1) 左导数：$f'_-(x_0) = \lim_{\Delta x \to 0^-} \dfrac{f(x_0 + \Delta x) - f(x_0)}{\Delta x}$.

(2) 右导数：$f'_+(x_0) = \lim_{\Delta x \to 0^+} \dfrac{f(x_0 + \Delta x) - f(x_0)}{\Delta x}$.

(3) 左、右导数与导数的关系.

$f'(x_0)$ 存在的充分必要条件是 $f'_-(x_0)$，$f'_+(x_0)$ 存在且相等.

3. 导函数

若函数 $y = f(x)$ 在区间 I 内的每一点处都可导，则称函数 $f(x)$ 在区间 I 内可导. 这时，在区间 I 内构成了一个函数，称为函数 $y = f(x)$ 的导函数，简称导数，记为 y'，$f'(x)$，$\dfrac{\mathrm{d}y}{\mathrm{d}x}$ 或 $\dfrac{\mathrm{d}f(x)}{\mathrm{d}x}$. 即

$$f'(x) = \lim_{\Delta x \to 0} \frac{f(x + \Delta x) - f(x)}{\Delta x}.$$

4. 导数的几何意义

$f'(x_0)$ 为曲线 $y=f(x)$ 在点 (x_0,y_0) 的切线斜率.

这时,由直线的点斜式方程,可知曲线 $y=f(x)$ 在点 $M(x_0,y_0)$ 处的切线方程为

$$y-y_0=f'(x_0)(x-x_0).$$

过切点 $M(x_0,y_0)$ 且与切线垂直的直线称为曲线 $y=f(x)$ 在点 M 处的法线.

根据法线的定义,若 $f'(x_0)\neq 0$,则法线的斜率为 $k_{法}=-\dfrac{1}{f'(x_0)}$,从而法线方程为

$$y-y_0=-\dfrac{1}{f'(x_0)}(x-x_0).$$

5. 可导与连续的关系

设函数 $y=f(x)$ 在点 $x=x_0$ 处可导,则函数 $y=f(x)$ 在点 $x=x_0$ 处连续.

注:反过来不成立,即由连续推不出可导.

6. 导数的四则运算

设 $u=u(x)$、$v=v(x)$ 可导,则

(1) $[u(x)+v(x)]'=u'(x)+v'(x).$

(2) $[u(x)-v(x)]'=u'(x)-v'(x).$

(3) $[u(x)v(x)]'=u'(x)v(x)+u(x)v'(x)$,特别 $[Cu(x)]'=Cu'(x).$

(4) $\left[\dfrac{u(x)}{v(x)}\right]'=\dfrac{u'(x)v(x)-u(x)v'(x)}{v^2(x)}\ (v(x)\neq 0).$

7. 基本导数公式

① $C'=0$;

② $(x^{\mu})'=\mu x^{\mu-1}.$

③ $(\sin x)'=\cos x$;

④ $(\cos x)'=-\sin x.$

⑤ $(\tan x)'=\sec^2 x$;

⑥ $(\cot x)'=-\csc^2 x.$

⑦ $(\sec x)'=\sec x\tan x$;

⑧ $(\csc x)'=-\csc x\cot x.$

⑨ $(a^x)'=a^x\ln a$,特别 $(\mathrm{e}^x)'=\mathrm{e}^x$;

⑩ $(\log_a x)'=\dfrac{1}{x\ln a}$,特别 $(\ln x)'=\dfrac{1}{x}$;

⑪ $(\arcsin x)'=\dfrac{1}{\sqrt{1-x^2}}$;

⑫ $(\arccos x)'=-\dfrac{1}{\sqrt{1-x^2}}$;

⑬ $(\arctan x)'=\dfrac{1}{1+x^2}$;

⑭ $(\operatorname{arccot} x)'=-\dfrac{1}{1+x^2}.$

8. 反函数的求导法则

设函数 $x=\varphi(y)$ 在某区间 I_y 内单调、可导且 $\varphi'(y)\neq 0$,则其反函数 $y=f(x)$ 的导数为

$$f'(x) = \frac{1}{\varphi'(y)} \quad \text{或} \quad \frac{\mathrm{d}y}{\mathrm{d}x} = \frac{1}{\dfrac{\mathrm{d}x}{\mathrm{d}y}}.$$

9. 复合函数的求导法则

设 $u = g(x)$ 在点 x 处可导,函数 $y = f(u)$ 在对应点 $u = g(x)$ 处可导,则复合函数 $y = f[g(x)]$ 点 x 处可导,且有

$$\frac{\mathrm{d}y}{\mathrm{d}x} = f'(u)g'(x) \quad \text{或} \quad \frac{\mathrm{d}y}{\mathrm{d}x} = \frac{\mathrm{d}y}{\mathrm{d}u} \cdot \frac{\mathrm{d}u}{\mathrm{d}x}.$$

注:待方法熟练后直接套公式,但要先套公式再乘.

同步练习

一、填空题

1. 设 $f'(1)=2$,则极限 $\lim\limits_{x\to0}\dfrac{f(1+2x)-f(1-x)}{x}=$ _____.

2. 曲线 $xy=6$ 在点 $(2,3)$ 处的切线方程为_____.

3. 设 $y=x\mathrm{e}^{-x}$,则 $y'=$ _____.

4. 设 $y=\dfrac{1-\ln x}{1+\ln x}$,则 $y'=$ _____.

5. 设 $y=f(1-x^2)$,则 $y'=$ _____.

二、计算题

1. 设 $f(x)=x\sin x+\cos x$,求 $f'(x)$ 及 $f'\left(\dfrac{\pi}{3}\right)$.

2. 设 $y=\operatorname{arc\,cot}\dfrac{x-1}{x+1}$,求 y'.

3. 设 $y = \ln(x + \sqrt{x^2 + 4})$，求 y'.

4. 设 $y = e^{\sin^2 \frac{1}{x}}$，求 y'.

5. 讨论函数 $f(x) = \begin{cases} \dfrac{\sin^2 x}{x}, & x \neq 0 \\ 0, & x = 0 \end{cases}$ 在点 $x = 0$ 的连续与可导.

6. 设曲线 $f(x)=x^{2n}$ 在点 $(1,1)$ 处的切线交 x 轴于点 $(x_n,0)$,求 $\lim\limits_{n\to\infty}f(x_n)$.

7. 求曲线 $y=\dfrac{x^4+6}{x}$ 上切线斜率为 -3 的点处的切线方程.

8. 设 $f(x)=\begin{cases}ax+b, & x<0 \\ \ln(1+x), & x\geq 0\end{cases}$ 在点 $x=0$ 处可导,求 a,b.

9. 讨论函数 $f(x) = \lim\limits_{t \to +\infty} \dfrac{x}{2+x^2+e^{tx}}$ 的可导性,并在可导点求其导数.

10. 设 $f(x)=x(x-1)(x-2)\cdots(x-100)$,求 $f'(0)$.

11. 设 $f(x)$ 可导,且 $g(x)=[f(x)]^3 e^{f(x)}$,求 $g'(x)$.

三、证明题

1. 设 $f(x)$ 为偶函数,且 $f'(0)$ 存在,证明 $f'(0)=0$.

2. 证明曲线 $xy=a^2$ 上任意一点处的切线与两坐标轴构成三角形的面积为常数.

3. 设 $u=u(x)$,$v=v(x)$ 可导,证明:$[u(x)v(x)]'=u'(x)v(x)+u(x)v'(x)$.

3.2　高阶导数

1. 二阶导数

导数 $y'=f'(x)$ 的导数称为二阶导数,记为

$$y'',f''(x),\frac{\mathrm{d}^2 y}{\mathrm{d}x^2},\frac{\mathrm{d}^2 f}{\mathrm{d}x^2}.$$

2. n 阶导数

$(n-1)$ 阶导数的导数称为 n 阶导数,记为

$$y^{(n)},f^{(n)}(x),\frac{\mathrm{d}^n y}{\mathrm{d}x^n},\frac{\mathrm{d}^n f}{\mathrm{d}x^n}.$$

3. 高阶导数求法

利用求导方法接连多次求导.

4. n 阶导数的运算法则

设 $u=u(x)$、$v=v(x)$ 具有 n 阶导数,则

(1) $[u(x)\pm v(x)]^{(n)}=[u(x)]^{(n)}\pm[v(x)]^{(n)}$.

(2) $[Cu(x)]^{(n)}=C[u(x)]^{(n)}$.

(3) $[u(x)v(x)]^{(n)}=\sum\limits_{k=0}^{n}C_n^k[u(x)]^{(k)}[v(x)]^{(n-k)}$,其中 $[u(x)]^{(0)}=u(x)$,

$[v(x)]^{(0)}=v(x)$.

5. 常见的 n 阶导数公式

① $(\mathrm{e}^{ax})^{(n)}=a^n\mathrm{e}^{ax}$;

② $(x^\mu)^{(n)}=\mu(\mu-1)\cdots(\mu-n+1)x^{\mu-n}$;

③ $\left(\dfrac{1}{x+a}\right)^{(n)}=\dfrac{(-1)^n n!}{(x+a)^{n+1}}$;

④ $[\ln(x+a)]^{(n)}=\dfrac{(-1)^{n-1}(n-1)!}{(x+a)^n}$;

⑤ $(\sin x)^{(n)}=\sin\left(x+\dfrac{n\pi}{2}\right)$;

⑥ $(\cos x)^{(n)}=\cos\left(x+\dfrac{n\pi}{2}\right)$.

同步练习

一、填空题

1. 设 $y = \ln \sin x$，则 $y'' = $ _____ .

2. 设 $y = x^{15} + 6x^{10} - 4x^5 + 2$，则 $y^{(16)} = $ _____ .

3. 设 $y = e^{-3x}$，则 $y^{(n)} = $ _____ .

4. 设 $f(x) = \dfrac{1}{x+1}$，则 $f^{(n)}(0) = $ _____ .

二、计算题

1. 设 $y = x \arcsin \dfrac{x}{2} + \sqrt{4 - x^2}$，求 y''.

2. 设 $y = e^x (\sin x + \cos x)$，求 y'''.

3. 设函数 $f(x)$ 在 $x=2$ 的某邻域内可导，且 $f'(x)=e^{f(x)}$，$f(2)=1$，求 $f'''(2)$.

4. 设 $y=\ln(x+\sqrt{x^2+1})$，求 $y'''|_{x=\sqrt{3}}$.

5. 设 $y=\ln(x^2+5x+6)$，求 $y^{(n)}$.

6. 设 $y = x^2 \sin x$，求 $y^{(50)}$.

7. 设 $f(x) = x^2 \ln(1+x)$，求 $f^{(n)}(0)(n \geqslant 3)$.

三、证明题

试从 $\dfrac{\mathrm{d}x}{\mathrm{d}y} = \dfrac{1}{y'}$ 导出：

(1) $\dfrac{\mathrm{d}^2 x}{\mathrm{d}y^2} = -\dfrac{y''}{(y')^3}$.

(2) $\dfrac{\mathrm{d}^3 x}{\mathrm{d}y^3} = \dfrac{3(y'')^2 - y'y'''}{(y')^5}$.

3.3　隐函数与由参数方程确定函数的导数

主要知识与方法

1. 隐函数求导方法

（1）一阶导数：先将方程两边同时对 x 求导，然后再解 y'.

（2）二阶导数：利用导数的运算将 y' 求导或将 y' 的方程两边同时对 x 求导，再解 y''.

2. 对数求导法

将方程两边取对数化为隐函数求导.

注：当函数为幂指函数或多个因式的积、商表示的函数时采用对数求导法.

3. 由参数方程确定函数的求导方法

（1）一阶导数：设 $\begin{cases} x = \varphi(t) \\ y = \psi(t) \end{cases}$ 确定函数 $y = y(x)$，$\varphi(t)$、$\psi(t)$ 可导且 $\varphi'(t) \neq 0$，则

$$\frac{\mathrm{d}y}{\mathrm{d}x} = \frac{\psi'(t)}{\varphi'(t)}.$$

（2）二阶导数：$\dfrac{\mathrm{d}^2 y}{\mathrm{d}x^2} = \dfrac{\psi''(t)\varphi'(t) - \psi'(t)\varphi''(t)}{\left[\varphi'(t)\right]^3}.$

注：一般采用二阶导数定义求参数方程，确定函数的二阶导数，即

$$\frac{\mathrm{d}^2 y}{\mathrm{d}x^2} = \frac{\mathrm{d}}{\mathrm{d}t}\left[\frac{\psi'(t)}{\varphi'(t)}\right] \cdot \frac{\mathrm{d}t}{\mathrm{d}x}$$

同步练习

一、填空题

1. 设函数 $y=y(x)$ 由方程 $x^3+xy+y^3=4$ 确定,则 $y'=$ _____.

2. 设函数 $y=y(x)$ 由方程 $y=1+xe^y$ 确定,则 $y'(0)=$ _____.

3. 设 $y=x^x$,求 $y'=$ _____.

4. 曲线 $\begin{cases} x=\cos t+\cos^2 t \\ y=1+\sin t \end{cases}$ 上对应 $t=\dfrac{\pi}{4}$ 点处的法线斜率为 _____.

二、计算题

1. 设函数 $y=y(x)$ 由方程 $e^{xy}=x^3-y^2+2$ 确定,求 y'.

2. 设函数 $y=y(x)$ 由方程 $\arctan\dfrac{y}{x}=\ln\sqrt{x^2+y^2}$ 确定,求 y'.

3. 设函数 $y=y(x)$ 由方程 $\dfrac{1}{2}\sin y=y-x$ 确定,求 y' 及 y''.

4. 设函数 $y=y(x)$ 由方程 $\sin(xy)-\ln\dfrac{x+1}{y}=x$ 确定,求 $y'(0)$.

5. 求曲线 $e^y+xy=e$ 在横坐标 $x=0$ 的点处的切线与法线方程.

6. 设 $y=\left(\dfrac{x}{1+x}\right)^{x}$，求 y'.

7. 设 $y=\dfrac{(x-1)^3 \sqrt{x+1}}{\mathrm{e}^x(x+2)^2}$，求 y'.

8. 设函数 $y=y(x)$ 由方程 $\arccos\dfrac{1}{\sqrt{x+2}}+\mathrm{e}^y\sin x=\arctan y$ 确定，求 $y'(0)$.

9. 设 $\begin{cases} x=t+\arctan t \\ y=t^3+6t \end{cases}$，求 $\dfrac{\mathrm{d}y}{\mathrm{d}x}$，$\dfrac{\mathrm{d}^2 y}{\mathrm{d}x^2}$.

10. 设函数 $y=y(x)$ 由方程 $x^y=x^2 y$ 确定，求 y'.

11. 设函数由方程 $x\mathrm{e}^{f(y)}=\mathrm{e}^y$ 确定，其中 f 具有二阶导数，且 $f'\neq1$，求 $\dfrac{\mathrm{d}^2 y}{\mathrm{d}x^2}$.

3.4 微分及其应用

主要知识与方法

1. 微分

若 $\Delta y=f(x_0+\Delta x)-f(x_0)=A\Delta x+o(\Delta x)$，则称函数 $y=f(x)$ 在点 $x=x_0$ 处可微，且 $A\Delta x$ 称为函数 $y=f(x)$ 在点 $x=x_0$ 处的微分，记为 $\mathrm{d}y=A\Delta x$.

2. 可微与可导的关系

函数 $y=f(x)$ 在点 $x=x_0$ 处可微的充分必要条件是函数 $y=f(x)$ 在点 $x=x_0$ 处可导.

3. 微分计算公式

$\mathrm{d}y=y'\mathrm{d}x$.

4. 微分运算法则

设 $u=u(x)$，$v=v(x)$ 可微，则

(1) $\mathrm{d}(u+v)=\mathrm{d}u+\mathrm{d}v$.

(2) $\mathrm{d}(u-v)=\mathrm{d}u-\mathrm{d}v$.

(3) $\mathrm{d}(uv)=v\mathrm{d}u+u\mathrm{d}v$，特别 $\mathrm{d}(Cu)=C\mathrm{d}u$.

(4) $\mathrm{d}\left(\dfrac{u}{v}\right)=\dfrac{v\mathrm{d}u-u\mathrm{d}v}{v^2}(v\neq0)$.

5. 微分基本公式

① $\mathrm{d}C=0$;　②　$\mathrm{d}x^\mu=\mu x^{\mu-1}\mathrm{d}x$;

③ $\mathrm{d}\sin x=\cos x\mathrm{d}x$;　④　$\mathrm{d}\cos x=-\sin x\mathrm{d}x$;

⑤ $\mathrm{d}\tan x=\sec^2 x\mathrm{d}x$;　⑥　$\mathrm{d}\cot x=-\csc^2 x\mathrm{d}x$;

⑦ $\mathrm{d}\sec x=\sec x\tan x\mathrm{d}x$;　⑧　$\mathrm{d}\csc x=-\csc x\cot x\mathrm{d}x$;

⑨ $\mathrm{d}a^x=a^x\ln a\mathrm{d}x$，特别 $\mathrm{d}\mathrm{e}^x=\mathrm{e}^x\mathrm{d}x$;　⑩　$\mathrm{d}\log_a x=\dfrac{1}{x\ln a}\mathrm{d}x$，特别 $\mathrm{d}\ln x=\dfrac{1}{x}\mathrm{d}x$;

⑪ $\mathrm{d}\arcsin x=\dfrac{1}{\sqrt{1-x^2}}\mathrm{d}x$;　⑫　$\mathrm{d}\arccos x=-\dfrac{1}{\sqrt{1-x^2}}\mathrm{d}x$;

⑬ $\mathrm{d}\arctan x=\dfrac{1}{1+x^2}\mathrm{d}x$;　⑭　$\mathrm{d}\operatorname{arccot} x=-\dfrac{1}{1+x^2}\mathrm{d}x$.

6. 微分形式不变性

不管 u 是自变量还是中间变量，都有 $\mathrm{d}y=f'(u)\mathrm{d}u$.

7. 近似计算公式

$$f(x_0 + \Delta x) \approx f(x_0) + f'(x_0)\Delta x.$$

说明：上述近似计算公式要求 $f(x_0)$ 可求且 $|\Delta x|$ 相对较小.

8. 常见的近似公式

当 $|x|$ 较小时,有

① $\sin x \approx x$；

② $\tan x \approx x$；

③ $\arcsin x \approx x$；

④ $\arctan x \approx x$；

⑤ $\ln(1+x) \approx x$；

⑥ $e^x \approx 1+x$.

同步练习

一、填空题

1. 函数 $y = x^3$ 当 $x = 2, \Delta x = 0.01$ 时的微分为 _____ .

2. 设 $y = x\sin x + \cos x$, 则 $\mathrm{d}y =$ _____ .

3. 设 $y = \dfrac{\ln x}{x}$, 则 $\mathrm{d}y =$ _____ .

4. 已知 $\mathrm{d}f(\sin 2x)|_{x=0} = \mathrm{d}x$, 则 $f'(0) =$ _____ .

二、计算题

1. 设 $y = \cos^2 \dfrac{1}{x}$, 求 $\mathrm{d}y$.

2. 设 $y = \ln(\mathrm{e}^x + \sqrt{1 + \mathrm{e}^{2x}})$, 求 $\mathrm{d}y$.

3. 设 $y=\arctan\dfrac{x^2-1}{x^2+1}$, 求 dy.

4. 设 $y=(1+\sin x)^x$, 求 $dy|_{x=\pi}$.

5. 设函数 $y=y(x)$ 由方程 $2^{xy}=x+y$ 确定, 求 $dy|_{x=0}$.

6. 设函数 $y=y(x)$ 由方程 $e^y+4xy=1-x^2$ 确定,求 dy.

7. 设函数 $y=y(x)$ 由方程 $x=y^y$ 确定,求 dy.

8. 设 $y=f^2(x)e^{f(x)}$,且 f 可微,求 dy.

9. 计算 $\sqrt[3]{8.02}$ 的近似值.

三、证明题

1. 当 $|x|$ 较小时,证明: $\ln(1+x)\approx x$.

2. 设函数 $f(x)=\begin{cases} x^3\sin\dfrac{1}{x}, & x\neq 0 \\ 0, & x=0 \end{cases}$,证明:

(1) $f(x)$ 在 $x=0$ 处可微.

(2) $f'(x)$ 在 $x=0$ 处不可微.

第4章　中值定理与导数应用

4.1　中值定理与泰勒公式

主要知识与方法

1. 罗尔定理

设函数 $f(x)$ 满足下列条件：

(1) 在 $[a,b]$ 上连续.

(2) 在 (a,b) 内可导.

(3) $f(a)=f(b)$.

则至少存在一点 $\xi\in(a,b)$，使 $f'(\xi)=0$.

注：上述结论中有一个条件不满足时结论不一定成立，即上述条件为充分条件，而非必要条件.

2. 拉格朗日中值定理

设函数 $f(x)$ 满足下列条件：

(1) 在 $[a,b]$ 上连续.

(2) 在 (a,b) 内可导.

则至少存在一点 $\xi\in(a,b)$，使

$$f'(\xi)=\frac{f(b)-f(a)}{b-a}\quad 或\quad f(b)-f(a)=f'(\xi)(b-a).$$

由拉格朗日中值定理可推出以下两个推论.

推论 1：若在区间 I 上，有 $f'(x)=0$，则 $f(x)=C$.

推论 2：若在区间 I 上，有 $f'(x)=g'(x)$，则 $f(x)=g(x)+C$.

3. 柯西中值定理

设函数 $f(x),g(x)$ 满足下列条件：

(1) 在 $[a,b]$ 上连续.

(2) 在 (a,b) 内可导, 且 $g'(x) \neq 0$.

则至少存在一点 $\xi \in (a,b)$, 使 $\dfrac{f'(\xi)}{g'(\xi)} = \dfrac{f(b) - f(a)}{g(b) - g(a)}$.

4. 泰勒公式

设函数 $f(x)$ 在点 $x = x_0$ 的某邻域 $U(x_0)$ 内具有 $n+1$ 阶导数, 则对任意 $x \in U(x_0)$, 有

$$f(x) = f(x_0) + \frac{f'(x_0)}{1!}(x - x_0) + \cdots + \frac{f^{(n)}(x_0)}{n!}(x - x_0)^n + R_n(x),$$

式中 $R_n(x) = \dfrac{f^{(n+1)}(\xi)}{(n+1)!}(x - x_0)^{n+1}$, ξ 介于 x_0 与 x 之间.

5. 麦克劳林公式

$$f(x) = f(0) + \frac{f'(0)}{1!}x + \cdots + \frac{f^{(n)}(0)}{n!}x^n + o(x^n).$$

6. 常见的麦克劳林展开式

(1) $e^x = 1 + x + \dfrac{1}{2!}x^2 + \cdots + \dfrac{1}{n!}x^n + o(x^n)$.

(2) $\sin x = x - \dfrac{x^3}{3!} + \dfrac{x^5}{5!} - \cdots + (-1)^n \dfrac{x^{2n+1}}{(2n+1)!} + o(x^{2n+1})$.

(3) $\cos x = 1 - \dfrac{x^2}{2!} + \dfrac{x^4}{4!} - \cdots + (-1)^n \dfrac{x^{2n}}{(2n)!} + o(x^{2n})$.

(4) $\ln(1+x) = x - \dfrac{x^2}{2} + \dfrac{x^3}{3} - \dfrac{x^4}{4} + \cdots + (-1)^{n-1}\dfrac{x^n}{n} + o(x^n)$.

(5) $(1+x)^m = 1 + mx + \dfrac{m(m-1)}{2!}x^2 + \cdots + \dfrac{m(m-1)\cdots(m-n+1)}{n!}x^n + o(x^n)$.

说明: 可以利用上述函数的展开式求极限.

7. 两类辅助函数的作法

(1) 证 $kf(\xi) + \xi f'(\xi) = 0$, 则令 $F(x) = x^k f(x)$.

(2) 若证 $kf(\xi) + f'(\xi) = 0$, 则令 $F(x) = e^{kx} f(x)$.

同步练习

一、填空题

1. 函数 $f(x) = x^3 - 9x + 2$ 在区间 $[0,3]$ 上满足罗尔定理的 $\xi = \underline{\hspace{2cm}}$.

2. 函数 $f(x) = x - \ln(1+x)$ 在区间 $[0,1]$ 上满足拉格朗日定理的 $\xi = \underline{\hspace{2cm}}$.

3. 设 $f(x) = (x-1)(x-3)(x-5)(x-7)$,则方程 $f'(x) = 0$ 在区间 $(0,7)$ 内根的个数为 $\underline{\hspace{2cm}}$.

4. 函数 $f(x) = \tan x$ 的 3 阶麦克劳林展开式 $\underline{\hspace{2cm}}$.

二、计算题

利用麦克劳林展开式求下列极限:

1. 求极限 $\lim\limits_{x \to 0} \dfrac{1 + \frac{1}{2}x^2 - \sqrt{1+x^2}}{x^2(\cos x - e^{x^2})}$.

2. 求极限 $\lim\limits_{x \to +\infty} (\sqrt[3]{x^3 + 3x^2} - \sqrt[4]{x^4 - 2x^3})$.

三、证明题

1. 设函数 $f(x)$ 在 $[0,1]$ 上连续，在 $(0,1)$ 内可导，且 $f(1)=0$，证明：至少存在一点 $\xi \in (0,1)$，使 $3f(\xi)+\xi f'(\xi)=0$.

2. 设函数 $f(x)$ 在 $[0,1]$ 上连续，在 $(0,1)$ 内可导，且 $f(0)=f(1)=0$，证明：至少存在一点 $\xi(\in(0,1))$，使得 $f(\xi)=f'(\xi)$.

3. 证明方程 $x^5+x+1=0$ 在区间 $(-1,0)$ 内有且仅有一个实根.

4. 设 $F(x) = (x-1)^2 f(x)$，其中 $f(x)$ 在 $[1,2]$ 上具有二阶导数且 $f(2) = 0$，证明：至少存在一点 $\xi \in (1,2)$，使 $F''(\xi) = 0$.

5. 设函数 $f(x)$ 在 $[a,b]$ 上连续，在 (a,b) 内可导，且 $f(a) = f(b) = 0$，证明：至少存在一点 $\xi \in (a,b)$，使 $2015 f(\xi) + f'(\xi) = 0$.

6. 设函数 $f(x)$ 在 $[a,b]$ 上连续，在 (a,b) 内可导，证明：至少存在一点 $\xi \in (a,b)$，使 $\dfrac{bf(b) - af(a)}{b-a} = f(\xi) + \xi f'(\xi)$.

7. 设 $b>a>0$，证明：$\dfrac{b-a}{1+b^2}<\arctan b-\arctan a<\dfrac{b-a}{1+a^2}$.

8. 证明：当 $x\geqslant 1$ 时，$\arctan x-\dfrac{1}{2}\arccos\dfrac{2x}{1+x^2}=\dfrac{\pi}{4}$.

9. 设 $b>a>0$，证明：至少存在一点 $\xi\in(a,b)$，使 $\dfrac{be^a-ae^b}{b-a}=e^\xi-\xi e^\xi$.

10. 设函数 $f(x)$ 在 $[a,b]$ 上连续,在 (a,b) 内可导,且 $f'(x) \neq 0$,证明:至少存在 $\xi, \eta \in (a,b)$,使 $\dfrac{f'(\xi)}{f'(\eta)} = \dfrac{e^b - e^a}{b-a} e^{-\eta}$.

11. 设函数 $f(x)$ 在 $[0,3]$ 上连续,在 $(0,3)$ 内可导,且 $f(0) + f(1) + f(2) = 3$,$f(3) = 1$,证明:至少存在一点 $\xi \in (0,3)$,使 $f'(\xi) = 0$.

12. 设函数 $f(x)$ 在 $[0,1]$ 上连续,在 $(0,1)$ 内可导,且 $f(0) = 0$,$f(1) = 1$,证明:
(1) 至少存在一点 $\xi \in (0,1)$,使 $f(\xi) = 1 - \xi$.
(2) 存在两个不同的点 $\eta_1, \eta_2 \in (0,1)$,使 $f'(\eta_1) \cdot f'(\eta_2) = 1$.

4.2　洛必达法则

主要知识与方法

1. 洛必达法则 $I\left(\dfrac{0}{0}\text{型极限求法}\right)$

设函数 $f(x)$ 与 $g(x)$ 满足：

(1) $\lim\limits_{x\to a}f(x)=\lim\limits_{x\to a}g(x)=0$.

(2) 在 a 某个去心邻域 $\mathring{U}(a)$ 内, $f(x)$ 与 $g(x)$ 均可导且 $g'(x)\neq0$.

(3) $\lim\limits_{x\to a}\dfrac{f'(x)}{g'(x)}$ 存在(或为无穷大).

则
$$\lim_{x\to a}\frac{f(x)}{g(x)}=\lim_{x\to a}\frac{f'(x)}{g'(x)}.$$

2. 洛必达法则 $II\left(\dfrac{\infty}{\infty}\text{型极限求法}\right)$

设函数 $f(x)$ 与 $g(x)$ 满足：

(1) $\lim\limits_{x\to a}f(x)=\infty,\lim\limits_{x\to a}g(x)=\infty$.

(2) 在 a 某个去心邻域 $\mathring{U}(a)$ 内, $f(x)$ 与 $g(x)$ 均可导且 $g'(x)\neq0$.

(3) $\lim\limits_{x\to a}\dfrac{f'(x)}{g'(x)}$ 存在(或为无穷大).

则
$$\lim_{x\to a}\frac{f(x)}{g(x)}=\lim_{x\to a}\frac{f'(x)}{g'(x)}.$$

注:(1) 若 $\lim\limits_{x\to a}\dfrac{f'(x)}{g'(x)}$ 仍为 $\dfrac{0}{0}$ 或 $\dfrac{\infty}{\infty}$, 则 $\lim\limits_{x\to a}\dfrac{f(x)}{g(x)}=\lim\limits_{x\to a}\dfrac{f'(x)}{g'(x)}=\lim\limits_{x\to a}\dfrac{f''(x)}{g''(x)}$.

(2) $x\to a$ 可换成其他趋向过程.

(3) 最好与其他方法一起使用,例如等价无穷小替代.

3. $0\cdot\infty$ 型极限求法

把积转成商化为 $\dfrac{0}{0},\dfrac{\infty}{\infty}$ 型,即把较简单函数移到分母.

4. $\infty-\infty$ 型极限求法

把差转成商化为 $\dfrac{0}{0},\dfrac{\infty}{\infty}$ 型,即通分或有理化.

5. $1^{\infty},0^{0},\infty^{0}$ 型极限求法

利用 $f(x)^{g(x)}=\mathrm{e}^{g(x)\ln f(x)}$ 化为 $0\cdot\infty$. 型,再化为 $\dfrac{0}{0}$、$\dfrac{\infty}{\infty}$型,即

$$\lim f(x)^{g(x)}=\mathrm{e}^{\lim g(x)\ln f(x)}=\mathrm{e}^{\lim\frac{\ln f(x)}{\frac{1}{g(x)}}}.$$

说明:使用洛必达法则求极限时一定要注意洛必达法则的条件.

例如:对极限 $\lim\limits_{x\to\infty}\dfrac{x-\sin x}{x+\sin x}$ 下面解法是错误的.

$$\lim_{x\to\infty}\frac{x-\sin x}{x+\sin x}=\lim_{x\to\infty}\frac{1-\cos x}{1+\cos x}=\lim_{x\to\infty}\frac{\sin x}{-\sin x}=-1.$$

正确解法如下:

$$\lim_{x\to\infty}\frac{x-\sin x}{x+\sin x}=\lim_{x\to\infty}\frac{1-\dfrac{\sin x}{x}}{1+\dfrac{\sin x}{x}}=\frac{1-0}{1+0}=1.$$

同步练习

一、填空题

1. 求极限 $\lim\limits_{x\to 0}\dfrac{x-\sin x}{x^3}=$ _____．

2. 求极限 $\lim\limits_{x\to +\infty}\dfrac{\dfrac{\pi}{2}-\arctan x}{\dfrac{1}{x}}=$ _____．

3. 极限 $\lim\limits_{x\to 0^+}\dfrac{\ln\tan 5x}{\ln\tan 3x}=$ _____．

4. 极限 $\lim\limits_{x\to 0^+}\sin x\ln x=$ _____．

5. 极限 $\lim\limits_{x\to 0}(\mathrm{e}^x+x)^{\frac{1}{x}}=$ _____．

二、计算题

1. 求极限 $\lim\limits_{x\to 0}\dfrac{\mathrm{e}^x-\mathrm{e}^{-x}-2x}{x\sin^2 x}$．

2. 求极限 $\lim\limits_{x\to 0}\dfrac{\mathrm{e}^{x^2}-x^2-1}{x^2\sin^2 x}$．

3. 求极限 $\lim\limits_{x \to +\infty} \dfrac{\ln(a+be^x)}{\sqrt{a+bx^2}}$ $(a, b > 0)$.

4. 求极限 $\lim\limits_{x \to 1}(1-x^2)\tan\dfrac{\pi x}{2}$.

5. 求极限 $\lim\limits_{x \to 1}\left(\dfrac{x}{x-1} - \dfrac{1}{\ln x}\right)$.

6. 求极限 $\lim\limits_{x \to 0} \left(\dfrac{1}{\sin^2 x} - \dfrac{1}{x^2} \right)$.

7. 求极限 $\lim\limits_{x \to +\infty} (x^2 + 2x)^{\frac{1}{x}}$.

8. 求极限 $\lim\limits_{x \to +\infty} \left(\dfrac{2}{\pi} \arctan x \right)^x$.

9. 求极限 $\lim\limits_{x \to 0^+}(\cot x)^{\frac{1}{\ln x}}$.

10. 试确定常数 a, b 的值,使函数 $f(x) = \begin{cases} b(1+\sin x) + a + 2, & x \geqslant 0 \\ \mathrm{e}^{ax} - 1, & x < 0 \end{cases}$ 处处可导.

三、证明题

设 $f''(x)$ 存在,证明: $\lim\limits_{h \to 0}\dfrac{f(x+2h) - 2f(x+h) + f(x)}{h^2} = f''(x)$.

4.3 函数的单调性与极值

主要知识与方法

1. 单调性判别法

设函数 $f(x)$ 在 $[a,b]$ 上连续,在 (a,b) 内可导.

(1) 若在 (a,b) 内 $f'(x)>0$,则函数 $f(x)$ 在 $[a,b]$ 上单调增加.

(2) 若在 (a,b) 内 $f'(x)<0$,则函数 $f(x)$ 在 $[a,b]$ 上单调减少.

说明:(1) 利用单调性可证明不等式.

(2) 若 $f(x)$ 在 $[a,b]$ 上是单调的,则方程 $f(x)=0$ 在 (a,b) 内最多有一个实根.

2. 判断函数单调性或求单调区间的步骤

(1) 确定函数 $f(x)$ 的定义域.

(2) 求 $f'(x)$ 及 $f'(x)$ 的零点与不存在点得分界点.

(3) 用上述分界点把 $f(x)$ 的定义域分成若干小区间,并讨论 $f'(x)$ 在每个小区间的符号(可列表讨论).

(4) 确定函数 $f(x)$ 的单调性或单调区间.

3. 极值

设函数 $f(x)$ 在区间 (a,b) 内有定义,$x_0 \in (a,b)$. 若在 x_0 的某一去心邻域 $\overset{\circ}{U}(x_0)$ 内,有

$$f(x)<f(x_0)(\text{或} f(x)>f(x_0)),$$

则称 $f(x_0)$ 为函数 $f(x)$ 的一个极大值(或极小值),x_0 称为函数 $f(x)$ 的一个极大值点(或极小值点). 函数的极大值与极小值统称为函数的极值.

4. 取极值的必要条件

设函数 $f(x)$ 在点 $x=x_0$ 处取极值且可导,则 $f'(x_0)=0$.

5. 驻点

$f'(x)$ 的零点称为函数 $f(x)$ 的驻点.

注:对可导函数 $f(x)$,极值点一定为驻点. 反过来不成立,即驻点不一定为极值点.

6. 取极值的充分条件(判别法)

(1) 第一判别法:设函数 $f(x)$ 在点 x_0 的一个邻域内连续,在点 x_0 的某个去心

邻域 $\mathring{U}(x_0)$ 内可导,且

$$f'(x)\begin{cases} >(<)0, x \in (x_0-\delta, x_0) \\ <(>)0, x \in (x_0, x_0+\delta) \end{cases},$$

则 $f(x_0)$ 为极大(小)值.

(2) 第二判别法:设函数 $f(x)$ 在点 $x=x_0$ 处具有二阶导数且 $f'(x_0)=0$,若

$$f''(x_0) <(>)0,$$

则 $f(x_0)$ 为极大(小)值.

注:当 $f'(x)$ 只有零点且 $f''(x)$ 容易求时可采用第二判别法.

7. 采用第一判别法求函数极值的步骤

(1) 求 $f'(x)$.

(2) 求 $f'(x)$ 的零点与不存在点得可能极值点.

(3) 用可能极值点把 $f(x)$ 的定义域分成若干小区间,并讨论 $f'(x)$ 在每个小区间的符号,确定极值点(可列表讨论).

(4) 求 $f(x)$ 在每个极值点的函数值,得 $f(x)$ 的极值.

8. 求闭区间 $[a,b]$ 上连续函数最值的步骤

(1) 求 $f'(x)$.

(2) 求 $f'(x)$ 在 (a,b) 内的零点与不存在点,不妨设为 $x_1, x_2, \cdots, x_n$.

(3) 求 $f(a), f(b), f(x_1), f(x_2), \cdots, f(x_n)$.

(4) 比较上述函数值的大小,最大的为最大值,最小的为最小值,即

$$M = \max\{f(a), f(b), f(x_1), f(x_2), \cdots, f(x_n)\},$$
$$m = \min\{f(a), f(b), f(x_1), f(x_2), \cdots, f(x_n)\}.$$

注:当 $f(x)$ 在区间 (a,b) 内只有一个驻点,且在该驻点上取极大值(极小值),则该极大值(极小值)就是最大值(最小值).

9. 最值应用

先列函数关系式,再求其最值.

同步练习

一、填空题

1. 函数 $f(x)=x+\sqrt{1-x}$ 的单调减区间为_____.

2. 方程 $\ln x=\dfrac{x}{2\mathrm{e}}$ 在区间 $(0,+\infty)$ 内实根个数为_____.

3. 设函数 $f(x)=a\sin x+\dfrac{1}{3}\sin 3x$ 在 $x=\dfrac{\pi}{3}$ 处取极值,则 $a=$_____.

4. 函数 $f(x)=x+2\cos x$ 在 $\left[0,\dfrac{\pi}{2}\right]$ 上的最大值_____.

二、计算题

1. 判断函数 $y=x^2\ln x$ 的单调性.

2. 求函数 $y=x^3-3x+5$ 的单调区间.

3. 求函数 $f(x) = x^{\frac{1}{3}}(1-x)^{\frac{2}{3}}$ 的极值.

4. 求函数 $f(x) = (x-2)^2(x+1)^{\frac{2}{3}}$ 在 $[-2,2]$ 上的最大值与最小值.

5. 求函数 $f(x) = x^3 - 3x^2 - 9x - 7$ 的单调区间与极值点.

6. 设函数 $f(x)=a\ln x+bx^2-3x$ 在 $x=1,x=2$ 处取极值,求 a,b 及 $f(x)$ 极值.

7. 求函数 $f(x)=\lim\limits_{t\to\infty}x\left(\dfrac{t-x}{t+x}\right)^t$ 的极值.

8. 在半径为 R 的球内作内接正圆锥,试求圆锥体积最大时的高及最大体积.

三、证明题

1. 证明:当 $x>1$ 时,$e^x>ex$.

2. 证明:当 $x>0$ 时,$\arctan x+\dfrac{1}{x}>\dfrac{\pi}{2}$.

3. 设函数 $f(x)$ 在 $[a,+\infty)$ 上连续,在 $(a,+\infty)$ 内 $f''(x)>0$,证明:$F(x)=\dfrac{f(x)-f(a)}{x-a}$ 在 $(a,+\infty)$ 内单调增加.

4.4 曲线的凹凸性与拐点

主要知识与方法

1. 凹弧

设函数 $f(x)$ 在区间 I 上有定义,若任取 $x_1, x_2 \in I$,有

$$f\left(\frac{x_1 + x_2}{2}\right) < \frac{f(x_1) + f(x_2)}{2},$$

则称曲线 $y = f(x)$ 在区间 I 上是凹弧,区间 I 称为函数 $f(x)$ 的凹区间.

类似地,设函数 $f(x)$ 在区间 I 上有定义,若任取 $x_1, x_2 \in I$,有

$$f\left(\frac{x_1 + x_2}{2}\right) > \frac{f(x_1) + f(x_2)}{2},$$

则称曲线 $y = f(x)$ 在区间 I 上是凸弧,区间 I 称为函数 $f(x)$ 的凸区间.

2. 凹凸判别法

设函数 $f(x)$ 在 $[a, b]$ 上连续,在 (a, b) 内具有二阶导数.

(1) 若在 (a, b) 内 $f''(x) > 0$,则曲线 $y = f(x)$ 在 $[a, b]$ 上是凹弧.

(2) 若在 (a, b) 内 $f''(x) < 0$,则曲线 $y = f(x)$ 在 $[a, b]$ 上是凸弧.

3. 拐点

曲线 $y = f(x)$ 上凹弧与凸弧的分界点称为曲线的拐点.

4. 拐点判别法

设函数 $f(x)$ 在点 x_0 的一个邻域内连续,在点 x_0 的某个去心邻域 $\mathring{U}(x_0)$ 内具有二阶导数,且

$$f''(x) \begin{cases} > (<)0, x \in (x_0 - \delta, x_0) \\ < (>)0, x \in (x_0, x_0 + \delta) \end{cases},$$

则 $(x_0, f(x_0))$ 为拐点.

5. 判断曲线的凹凸性(或求凹凸区间)与拐点的步骤

(1) 求 $f'(x)$.

(2) 求 $f''(x)$ 及 $f''(x)$ 的零点与不存在点得分界点.

(3) 用上述分界点把 $f(x)$ 的定义域分成若干小区间,并讨论 $f''(x)$ 在每个小区间的符号(可列表讨论).

(4) 确定曲线的凹凸性(或凹凸区间)与拐点.

同步练习

一、填空题

1. 曲线 $y=(1-x)^3$ 的凹区间为_____.

2. 函数 $y=\dfrac{1}{x+1}$ 的凸区间为_____.

3. 曲线 $y=(x-1)^2(x-3)^2$ 的拐点个数为_____.

4. 曲线 $y=xe^{-x}$ 的拐点为_____.

二、计算题

1. 判断曲线 $y=x^4-2x^3-12x^2+3$ 的凹凸性.

2. 求曲线 $y=\sqrt[3]{x-1}$ 的拐点.

3. 求函数 $y=\dfrac{1}{4}-x^2-\ln\sqrt{x}$ 的凹凸区间与该曲线的拐点.

4. 已知 $(2,4)$ 是曲线 $y=x^3+ax^2+bx+c$ 的拐点,且对应的函数在点 $x=3$ 处取得极值,求 a,b,c.

三、证明题

当 $x>y>0$ 时,证明:$\ln\sqrt{xy}<\ln\dfrac{x+y}{2}$.

4.5 函数作图与曲率

1. 水平渐近线

若 $\lim\limits_{x\to\infty}f(x)=b$,则称直线 $y=b$ 为曲线 $y=f(x)$ 的水平渐近线.

说明:$x\to\infty$ 可换成 $x\to+\infty$ 或 $x\to-\infty$.

2. 垂直渐近线

若 $\lim\limits_{x\to x_0}f(x)=\infty$,则称直线 $x=x_0$ 为曲线 $y=f(x)$ 的垂直渐近线.

说明:$x\to x_0$ 可换成 $x\to x_0^-$ 或 $x\to x_0^+$.

3. 斜渐近线

若 $a=\lim\limits_{x\to\infty}\dfrac{f(x)}{x}$,$b=\lim\limits_{x\to\infty}[f(x)-ax]$,则称直线 $y=ax+b$ 为曲线 $y=f(x)$ 的斜渐近线.

说明:$x\to\infty$ 可换成 $x\to+\infty$ 或 $x\to-\infty$.

以上渐近线的定义也给出了求各种渐近线的方法.

4. 函数作图的一般步骤

(1) 确定函数 $f(x)$ 的定义域、奇偶性、周期性等.

(2) 求 $f'(x)$,$f''(x)$ 及 $f'(x)$,$f''(x)$ 的零点与不存在点.

(3) 用上述点把 $f(x)$ 的定义域分成若干小区间,并讨论 $f'(x)$、$f''(x)$ 在每个小区间的符号确定单调性与极值,凹凸性与拐点(一般列表讨论).

(4) 确定曲线 $y=f(x)$ 的渐近线.

(5) 求一些辅助点(例如与坐标轴的交点).

(6) 作图:先画渐近线,再描特殊点(包括极值对应的点、拐点、辅助点),最后按(3)中的表作图.

5. 曲率

设曲线 $y=f(x)$ 为光滑曲线,若极限 $\lim\limits_{\Delta x\to0}\left|\dfrac{\Delta\alpha}{\Delta s}\right|$ 存在,则称该极限为曲线 $y=f(x)$ 在点 $M(x,f(x))$ 的曲率,记为 K,即 $K=\lim\limits_{\Delta x\to0}\left|\dfrac{\Delta\alpha}{\Delta s}\right|$.

当 $\dfrac{\mathrm{d}\alpha}{\mathrm{d}s}$ 存在时,曲率存在,且有下面计算公式.

6. 曲率计算公式

(1) 设曲线的方程为 $y = f(x)$，则 $K = \dfrac{|y''|}{(1 + y'^2)^{\frac{3}{2}}}$.

(2) 设曲线的方程为 $\begin{cases} x = \varphi(t) \\ y = \psi(t) \end{cases}$，则 $K = \dfrac{|\psi''(t)\varphi'(t) - \varphi''(t)\psi'(t)|}{[\varphi'^2(t) + \psi'^2(t)]^{\frac{3}{2}}}$.

7. 曲率半径计算公式

$$\rho = \frac{1}{K}.$$

同步练习

一、填空题

1. 曲线 $y=\dfrac{x+3\sin x}{4x-5\cos x}$ 的水平渐近线为_____.

2. 曲线 $y=\dfrac{x^2-3x+2}{x^2-1}$ 的垂直渐近线为_____.

3. 曲线 $xy=4$ 在点 $(2,2)$ 处的曲率为 $K=$_____.

4. 曲线 $y=\sin x$ 在点 $\left(\dfrac{\pi}{4},\dfrac{\sqrt{2}}{2}\right)$ 处的曲率半径为 $\rho=$_____.

二、计算题

1. 求曲线 $y=x\ln\left(e+\dfrac{1}{x}\right)$ 的斜渐近线.

2. 描绘函数 $y=\dfrac{x^3}{(x-1)^2}$ 的图形.

3. 求曲线 $\begin{cases} x=\ln(1+t^2) \\ y=t-\operatorname{arc\,tan} t \end{cases}$ 在对应 $t=1$ 点处的曲率.

4. 曲线 $y=x^2-2x$ 上哪点的曲率最大？并求最大曲率.

5. 求曲线 $x^2+xy+y^2=3$ 在点 $(1,1)$ 处的曲率及曲率半径.

第5章 不定积分

5.1 不定积分的概念与性质

主要知识与方法

1. 原函数

若在区间 I 上有 $F'(x)=f(x)$,则称函数 $F(x)$ 为 $f(x)$ 在区间 I 上的原函数.

2. 原函数存在定理

若函数 $f(x)$ 在区间 I 上连续,则 $f(x)$ 在区间 I 上存在原函数.

3. 不定积分

函数 $f(x)$ 的所有原函数 $F(x)+C$ 称为 $f(x)$ 的不定积分,记为

$$\int f(x)\mathrm{d}x = F(x)+C.$$

4. 不定积分的性质

(1) $\left(\int f(x)\mathrm{d}x\right)' = f(x)$ 或 $\mathrm{d}\int f(x)\mathrm{d}x = f(x)\mathrm{d}x$.

(2) $\int F'(x)\mathrm{d}x = F(x)+C$ 或 $\int \mathrm{d}F(x) = F(x)+C$.

(3) $\int [f(x)\pm g(x)]\mathrm{d}x = \int f(x)\mathrm{d}x \pm \int g(x)\mathrm{d}x$.

(4) $\int kf(x)\mathrm{d}x = k\int f(x)\mathrm{d}x$.

5. 不定积分基本公式

① $\int k\mathrm{d}x = kx +C$;

② $\int x^{\mu}\mathrm{d}x = \dfrac{1}{\mu+1}x^{\mu+1} +C(\mu\neq -1)$;

③ $\int \dfrac{1}{x}\mathrm{d}x = \ln|x|+C$;

④ $\int \dfrac{1}{1+x^2}\mathrm{d}x = \arctan x+C$;

⑤ $\int a^x\mathrm{d}x = \dfrac{a^x}{\ln a} +C$,特别 $\int \mathrm{e}^x\mathrm{d}x = \mathrm{e}^x+C$;

⑥ $\int \cos x \mathrm{d}x = \sin x + C$;　　　　⑦ $\int \sin x \mathrm{d}x = -\cos x + C$;

⑧ $\int \sec^2 x \mathrm{d}x = \tan x + C$;　　　⑨ $\int \csc^2 x \mathrm{d}x = -\cot x + C$;

⑩ $\int \sec x \tan x \mathrm{d}x = \sec x + C$;　　⑪ $\int \csc x \cot x \mathrm{d}x = -\csc x + C$;

⑫ $\int \dfrac{1}{\sqrt{1-x^2}} \mathrm{d}x = \arcsin x + C$;　⑬ $\int \tan x \mathrm{d}x = -\ln|\cos x| + C$;

⑭ $\int \cot x \mathrm{d}x = \ln|\sin x| + C$;　　⑮ $\int \sec x \mathrm{d}x = \ln|\sec x + \tan x| + C$;

⑯ $\int \csc x \mathrm{d}x = \ln|\csc x - \cot x| + C$;

⑰ $\int \dfrac{1}{a^2 + x^2} \mathrm{d}x = \dfrac{1}{a} \arctan \dfrac{x}{a} + C$;

⑱ $\int \dfrac{1}{\sqrt{a^2 - x^2}} \mathrm{d}x = \arcsin \dfrac{x}{a} + C$;

⑲ $\int \dfrac{1}{\sqrt{x^2 + a^2}} \mathrm{d}x = \ln\left|x + \sqrt{x^2 + a^2}\right| + C$;

⑳ $\int \dfrac{1}{\sqrt{x^2 - a^2}} \mathrm{d}x = \ln\left|x + \sqrt{x^2 - a^2}\right| + C$.

同步练习

一、填空题

1. 不定积分 $\displaystyle\int x^2 \sqrt{x}\,\mathrm{d}x = $ _____.

2. 不定积分 $\displaystyle\int \cot^2 x\,\mathrm{d}x = $ _____.

3. 不定积分 $\displaystyle\int \mathrm{e}^x\left(1 - \frac{\mathrm{e}^{-x}}{x}\right)\mathrm{d}x = $ _____.

4. 不定积分 $\displaystyle\int \frac{\cos 2x}{\cos x - \sin x}\,\mathrm{d}x = $ _____.

二、计算题

1. 求不定积分 $\displaystyle\int \frac{(x-1)^3}{x}\,\mathrm{d}x$.

2. 求不定积分 $\displaystyle\int \frac{2x^2 + 3}{x^2(1 + x^2)}\,\mathrm{d}x$.

3. 求不定积分 $\int \sin^2 \dfrac{x}{2} \mathrm{d}x$.

4. 求不定积分 $\int \dfrac{3 \times 4^x - 5 \times 3^x}{4^x} \mathrm{d}x$.

5. 一曲线经过点 $(\mathrm{e}, 3)$，且在任意点处的切线斜率等于该点横坐标的倒数，求曲线方程.

5.2 换元积分法

主要知识与方法

1. 第一换元法(凑微分法)

设 $f(u)$ 为连续函数,$\varphi(x)$ 具有连续的导数,则

$$\int f[\varphi(x)]\varphi'(x)\mathrm{d}x = \int f[\varphi(x)]\mathrm{d}\varphi(x).$$

2. 常见凑微分公式

① $x\mathrm{d}x = \mathrm{d}\dfrac{x^2}{2}$; ② $x^\mu \mathrm{d}x = \dfrac{1}{\mu+1}\mathrm{d}x^{\mu+1}\ (\mu \neq -1)$;

③ $\dfrac{1}{x}\mathrm{d}x = \mathrm{d}\ln x$; ④ $\mathrm{e}^x \mathrm{d}x = \mathrm{d}\mathrm{e}^x$;

⑤ $\cos x\mathrm{d}x = \mathrm{d}\sin x$; ⑥ $\sin x\mathrm{d}x = -\mathrm{d}\cos x$;

⑦ $\sec^2 x\mathrm{d}x = \mathrm{d}\tan x$; ⑧ $\csc^2 x\mathrm{d}x = -\mathrm{d}\cot x$;

⑨ $\sec x \tan x\mathrm{d}x = \mathrm{d}\sec x$; ⑩ $\csc x \cot x\mathrm{d}x = -\mathrm{d}\csc x$;

⑪ $\dfrac{1}{\sqrt{1-x^2}}\mathrm{d}x = \mathrm{d}\arcsin x$; ⑫ $\dfrac{1}{1+x^2}\mathrm{d}x = \mathrm{d}\arctan x$.

3. 两类特殊函数的积分方法

(1) 正弦或余弦的奇数次方的积分采用分解为偶数次方与一次方的乘积再凑微分;正弦或余弦的偶数次方的积分则采用降次化为余弦的一次方再凑微分.

(2) 正弦与正弦或余弦乘积及余弦与正弦或余弦乘积的积分采用把积化为和差再凑微分.

4. 第二换元法

设 $f(x)$ 为连续函数,$x = \varphi(t)$ 单调且具有连续的导数,则

$$\int f(x)\mathrm{d}x = \left[\int f[\varphi(t)]\varphi'(t)\mathrm{d}t\right]_{t=\varphi^{-1}(x)}.$$

注:当被积函数含有根号又不能用第一换元法求出其积分时,可采用第二换元法去根号,去根号的方法:

(1) 被积函数含 $\sqrt{a^2-x^2}$;令 $x = a\sin t$.

(2) 被积函数含 $\sqrt{a^2+x^2}$,令 $x = a\tan t$.

(3) 被积函数含 $\sqrt{x^2-a^2}$,令 $x = a\sec t$.

(4) 被积函数含 $\sqrt[n]{ax+b}$，令 $\sqrt[n]{ax+b}=t$.

(5) 被积函数含 $\sqrt[n]{\dfrac{ax+b}{cx+d}}$，令 $\sqrt[n]{\dfrac{ax+b}{cx+d}}=t$.

5. 倒代换

令 $x=\dfrac{1}{t}$，则 $\displaystyle\int f(x)\mathrm{d}x=\left[\int f\left(\dfrac{1}{t}\right)\cdot\left(-\dfrac{1}{t^2}\right)\mathrm{d}t\right]_{t=\frac{1}{x}}$.

说明：当被积函数的分母为"$x^k\times$根号"时可考虑倒代换.

同步练习

一、填空题

1. 不定积分 $\int \dfrac{1}{\sqrt{3x+2}} \mathrm{d}x =$ _____ .

2. 不定积分 $\int f'(2x) \mathrm{d}x =$ _____ .

3. 不定积分 $\int \dfrac{1}{x \ln x} \mathrm{d}x =$ _____ .

4. 不定积分 $\int \dfrac{x}{\sqrt{1-x^2}} \mathrm{d}x =$ _____ .

二、计算题

1. 求不定积分 $\int \dfrac{1}{1+\mathrm{e}^x} \mathrm{d}x$.

2. 求不定积分 $\int (\cos x + \cos^5 x) \mathrm{d}x$.

3. 求不定积分 $\displaystyle\int \frac{1}{x^2(1-x^2)}\mathrm{d}x$.

4. 求不定积分 $\displaystyle\int \frac{1-x}{\sqrt{9-x^2}}\mathrm{d}x$.

5. 求不定积分 $\displaystyle\int \frac{\sin^2 x}{1+\sin^2 x}\mathrm{d}x$.

6. 求不定积分 $\displaystyle\int \frac{x^2}{\sqrt{1-x^2}}\mathrm{d}x$.

7. 求不定积分 $\displaystyle\int \frac{1}{x^2\sqrt{1+x^2}}\mathrm{d}x$.

8. 求不定积分 $\displaystyle\int \frac{\sqrt{x^2-4}}{x}\mathrm{d}x$.

9. 求不定积分 $\displaystyle\int \frac{1}{1+\sqrt[3]{1+x}}\mathrm{d}x$.

10. 求不定积分 $\displaystyle\int \frac{1}{x}\sqrt{\frac{1-x}{1+x}}\mathrm{d}x$.

11. 求不定积分 $\displaystyle\int \frac{x^3}{\sqrt{1+x^2}}\mathrm{d}x$.

12. 求不定积分 $\displaystyle\int \frac{1}{\sqrt{1+\mathrm{e}^x}}\mathrm{d}x$.

13. 求不定积分 $\displaystyle\int \frac{1}{(2x^2+1)\sqrt{1+x^2}}\mathrm{d}x$.

14. 求不定积分 $\displaystyle\int \frac{1}{x+\sqrt{1-x^2}}\mathrm{d}x$.

15. 求不定积分 $\int \sin^4 x \mathrm{d}x$.

16. 求不定积分 $\int \dfrac{\cos x}{\sin x + \cos x} \mathrm{d}x$.

17. 求不定积分 $\int \dfrac{1}{x\sqrt{1+x^4}} \mathrm{d}x$.

5.3 分部积分法

主要知识与方法

1. 分部积分公式

设函数 $u=u(x)$、$v=v(x)$可导,则

$$\int uv' \mathrm{d}x = uv - \int vu' \mathrm{d}x,$$

或

$$\int u\mathrm{d}v = uv - \int v\mathrm{d}u.$$

2. 选取 u,v' 的原则

(1) v 比较容易求出.

(2) $\int vu' \mathrm{d}x$ 比 $\int uv' \mathrm{d}x$ 更容易求出.

3. 使用分部积分求积分的被积函数类型

(1) $x^k \times$ 指数函数或三角函数.

取 $u=x^k$, $v'=$ 指数函数或三角函数.

(2) $x^k \times$ 对数函数或反三角函数.

取 $u=$ 对数函数或反三角函数, $v'=x^k$.

(3) 指数函数 $\times$ 三角函数.

取 $u=$ 指数函数, $v'=$ 三角函数.

或取 $u=$ 三角函数, $v'=$ 指数函数.

同步练习

一、填空题

1. 不定积分 $\int x\cos x\mathrm{d}x = $ _____ .

2. 不定积分 $\int x\mathrm{e}^x\mathrm{d}x = $ _____ .

3. 不定积分 $\int \log_2 x\mathrm{d}x = $ _____ .

4. 不定积分 $\int \arctan x\mathrm{d}x = $ _____ .

二、计算题

1. 求不定积分 $\int x^2\mathrm{e}^{-2x}\mathrm{d}x$.

2. 求不定积分 $\int x\sin^2 x\mathrm{d}x$.

3. 求不定积分 $\displaystyle\int \frac{\ln^2 x}{x^2}\mathrm{d}x$．

4. 求不定积分 $\displaystyle\int x\mathrm{arc\,cot}\,x\mathrm{d}x$．

5. 求不定积分 $\displaystyle\int \mathrm{e}^{2x}\sin 3x\mathrm{d}x$．

6. 求不定积分 $\int (\arcsin x)^2 \, \mathrm{d}x$.

7. 已知 $f'(\mathrm{e}^x) = x$ 且 $f(1) = 0$,求 $f(x)$.

8. 设 $f(x)$ 的一个原函数为 $\dfrac{\sin x}{x}$,求 $\int x f'(x) \, \mathrm{d}x$.

9. 求不定积分 $\int e^{\sqrt[3]{x}} \mathrm{d}x$.

10. 求不定积分 $\int \dfrac{x e^x}{(1+e^x)^2} \mathrm{d}x$.

11. 求不定积分 $\int \dfrac{\ln \sin x}{\sin^2 x} \mathrm{d}x$.

12. 求不定积分 $\displaystyle\int \cos(\ln x)\,\mathrm{d}x$.

13. 求不定积分 $\displaystyle\int \dfrac{\arctan x}{x^2(1+x^2)}\,\mathrm{d}x$.

14. 求不定积分 $\displaystyle\int \mathrm{e}^x\left(\dfrac{1}{x}+\ln x\right)\mathrm{d}x$.

5.4 几类特殊函数的积分

主要知识与方法

1. 有理函数积分

(1) 有理函数：设 $F(x)$、$G(x)$ 为多项式，则 $\dfrac{F(x)}{G(x)}$ 称为有理函数. 当 $F(x)$ 的次数低于 $G(x)$ 的次数时，称 $\dfrac{F(x)}{G(x)}$ 为有理真分式；当 $F(x)$ 的次数高于或等于 $G(x)$ 的次数时，称 $\dfrac{F(x)}{G(x)}$ 为有理假分式.

注：任何有理假分式都可表示为一个多项式与一个有理真分式之和.

(2) 分项分式定理：设 $\dfrac{F(x)}{G(x)}$ 为有理真分式，且

$$G(x) = (x-a)^{\alpha} \cdots (x-b)^{\beta}(x+px+q)^{\lambda} \cdots (x+rx+s)^{\mu}$$

则

$$\frac{F(x)}{G(x)} = \frac{A_1}{x-a} + \frac{A_2}{(x-a)^2} + \cdots + \frac{A_{\alpha}}{(x-a)^{\alpha}} + \cdots +$$

$$\frac{B_1}{x-b} + \frac{B_2}{(x-b)^2} + \cdots + \frac{B_{\beta}}{(x-b)^{\beta}} +$$

$$\frac{C_1 x + D_1}{x^2 + px + q} + \cdots + \frac{C_{\lambda} x + D_{\lambda}}{(x^2 + px + q)^{\lambda}} + \cdots +$$

$$\frac{E_1 x + F_1}{x^2 + rx + s} + \cdots + \frac{E_{\mu} x + F_{\mu}}{(x^2 + rx + s)^{\mu}}.$$

其中二次三项式无实根.

(3) 有理函数积分方法：先把有理分式拆成一些分式之和，然后再积分.

说明：对有理函数积分首先考虑能否用凑微分方法将其分成若干个可以积分的部分分式，在没有办法时才采用上述分项分式方法.

2. 简单无理函数积分

(1) 对含 $\sqrt[n]{ax+b}$ 的简单无理函数的积分，作代换 $t = \sqrt[n]{ax+b}$ 化为有理函数积分.

(2) 对含 $\sqrt[n]{\dfrac{ax+b}{cx+d}}$ 的简单无理函数的积分，作代换 $t = \sqrt[n]{\dfrac{ax+b}{cx+d}}$ 化为有理函数积分.

3.　三角函数有理式积分

作万能代换 $t = \tan \dfrac{x}{2}$ 化为有理函数积分，这时需要使用以下万能公式：

① $\sin x = \dfrac{2\tan \dfrac{x}{2}}{1 + \tan^2 \dfrac{x}{2}}$;

② $\cos x = \dfrac{1 - \tan^2 \dfrac{x}{2}}{1 + \tan^2 \dfrac{x}{2}}$;

③ $\tan x = \dfrac{2\tan \dfrac{x}{2}}{1 - \tan^2 \dfrac{x}{2}}$;

④ $\cot x = \dfrac{1 - \tan^2 \dfrac{x}{2}}{2\tan \dfrac{x}{2}}$.

说明：对三角函数有理式积分，首先尽量利用三角函数的恒等变形将其化为能够用凑微分方法积出的积分，在没有办法时才采用上述万能代换方法.

同步练习

一、填空题

1. 不定积分 $\int \dfrac{1}{x^2 - 2x - 3} \mathrm{d}x = $ _____ .

2. 不定积分 $\int \dfrac{1}{x^2 + 2x + 5} \mathrm{d}x = $ _____ .

3. 不定积分 $\int \dfrac{1}{1 + \sqrt{x}} \mathrm{d}x = $ _____ .

4. 不定积分 $\int \dfrac{1}{1 + \sin x} \mathrm{d}x = $ _____ .

二、计算题

1. 求不定积分 $\int \dfrac{x}{(x^2 + 1)(x - 2)} \mathrm{d}x$.

2. 求不定积分 $\int \dfrac{1}{(x + 1)^2 (x^2 + 1)} \mathrm{d}x$.

3. 求不定积分 $\displaystyle\int \frac{1}{x(1+x^9)}\mathrm{d}x$.

4. 求不定积分 $\displaystyle\int \frac{1}{\sqrt{1-x}+\sqrt[3]{1-x}}\mathrm{d}x$.

5. 求不定积分 $\displaystyle\int \frac{1}{\sqrt[3]{(x+1)^2(x-1)^4}}\mathrm{d}x$.

6. 求不定积分 $\displaystyle\int \frac{1}{1+\sin x+\cos x}\mathrm{d}x$.

7. 求不定积分 $\displaystyle\int \frac{1}{3+\sin^2 x}\mathrm{d}x$.

8. 求不定积分 $\displaystyle\int \frac{\sin x}{\sin x+\cos x}\mathrm{d}x$.

第6章 定积分及其应用

6.1 定积分概念与微积分基本公式

主要知识与方法

1. 定积分

$$\int_a^b f(x)\,\mathrm{d}x = \lim_{\lambda \to 0} \sum_{i=1}^n f(\xi_i)\Delta x_i.$$

注:(1) $\int_a^b f(x)\,\mathrm{d}x$ 与积分变量记法无关,即

$$\int_a^b f(x)\,\mathrm{d}x = \int_a^b f(t)\,\mathrm{d}t = \int_a^b f(u)\,\mathrm{d}u.$$

(2) $\int_a^a f(x)\,\mathrm{d}x = 0,\ \int_a^b f(x)\,\mathrm{d}x = -\int_b^a f(x)\,\mathrm{d}x$.

2. 可积的条件

(1) 若函数 $f(x)$ 在区间 $[a,b]$ 可积,则 $f(x)$ 在区间 $[a,b]$ 上有界.

(2) 若函数 $f(x)$ 在区间 $[a,b]$ 上连续,则 $f(x)$ 在区间 $[a,b]$ 上可积.

(3) 若函数 $f(x)$ 在区间 $[a,b]$ 上有界且只有有限个间断点,则 $f(x)$ 在区间 $[a,b]$ 上可积.

3. 定积分的几何意义

定积分 $\int_a^b f(x)\,\mathrm{d}x$ 表示由曲线 $y=f(x)\geqslant 0$、直线 $x=a$、$x=b$ 及 x 轴围成的平面图形面积.

4. 定积分的基本性质

(1) $\int_a^b [f(x) \pm g(x)]\,\mathrm{d}x = \int_a^b f(x)\,\mathrm{d}x \pm \int_a^b g(x)\,\mathrm{d}x$.

(2) $\int_a^b k f(x)\,\mathrm{d}x = k \int_a^b f(x)\,\mathrm{d}x$.

(3) $\int_a^b f(x)\mathrm{d}x = \int_a^c f(x)\mathrm{d}x + \int_c^b f(x)\mathrm{d}x$.

性质(3)称为定积分的可加性.

(4) $\int_a^b \mathrm{d}x = b - a$.

(5) 若函数 $f(x)$ 与 $g(x)$ 在区间 $[a,b]$ 上,有 $f(x) \leqslant g(x)$,则

$$\int_a^b f(x)\mathrm{d}x \leqslant \int_a^b g(x)\mathrm{d}x.$$

特别地,有

① 设在区间 $[a,b]$ 上,有 $f(x) \geqslant 0$,则 $\int_a^b f(x)\mathrm{d}x \geqslant 0$.

② $\left| \int_a^b f(x)\mathrm{d}x \right| \leqslant \int_a^b |f(x)|\,\mathrm{d}x (a \leqslant b)$.

(6) 设 M,m 分别是函数 $f(x)$ 在区间 $[a,b]$ 上最大值和最小值,则

$$m(b-a) \leqslant \int_a^b f(x)\mathrm{d}x \leqslant M(b-a). \text{(估值不等式)}$$

(7) 若函数 $f(x)$ 在区间 $[a,b]$ 上连续,则至少存在一点 $\xi \in [a,b]$,使得

$$\int_a^b f(x)\mathrm{d}x = f(\xi)(b-a). \text{(积分中值定理)}$$

注:$\dfrac{1}{b-a}\int_a^b f(x)\mathrm{d}x$ 称为函数在 $f(x)$ 在区间 $[a,b]$ 上的平均值.

5. 积分上限函数

设 $f(x)$ 在 $[a,b]$ 上连续,则函数 $\varphi(x) = \int_a^x f(t)\mathrm{d}t$ 称为积分上限函数.

6. 积分上限函数的导数

若函数 $f(x)$ 在 $[a,b]$ 上连续,则积分上限函数 $\varphi(x) = \int_a^x f(t)\mathrm{d}t$ 在 $[a,b]$ 上可导,且

$$\varphi'(x) = \left(\int_a^x f(t)\mathrm{d}t \right)' = f(x).$$

注:(1) 被积函数 $f(t)$ 不含自变量 x.

(2) 设函数 $f(u)$ 连续,函数 $u(x)$ 可导,则 $\left(\int_a^{u(x)} f(t)\mathrm{d}t \right)' = f[u(x)]u'(x)$.

7. 牛顿-莱布尼兹公式

设函数 $f(x)$ 在区间 $[a,b]$ 上连续,$F'(x) = f(x)$,则

$$\int_a^b f(x)\mathrm{d}x = F(x) \big|_a^b = F(b) - F(a).$$

同步练习

一、填空题

1. 设 $f(x) = \displaystyle\int_0^{x^2} \cos\sqrt{t}\,\mathrm{d}t$ ，则 $f'(x) =$ _____.

2. 极限 $\displaystyle\lim_{x \to 0} \frac{\displaystyle\int_0^x \frac{\sin 2t}{t}\mathrm{d}t}{x} =$ _____.

3. 定积分 $\displaystyle\int_0^{\frac{\pi}{4}} \tan^2 x\,\mathrm{d}x =$ _____.

4. 曲线 $y = \displaystyle\int_x^1 t\,\mathrm{e}^{-t}\mathrm{d}t$ 的拐点为_____.

二、计算题

1. 设 $F(x) = \displaystyle\int_0^x (x^2 - t^2) f(t)\,\mathrm{d}t$ ，求 $F''(x)$.

2. 设 $\displaystyle\int_0^x f(t^2)\,\mathrm{d}t = 2x^3$ ，求 $\displaystyle\int_0^1 f(x)\,\mathrm{d}x$.

3. 求极限 $\lim\limits_{x \to 0} \dfrac{\int_0^x (1 - e^{-t^2}) \, dt}{x \sin^2 x}$.

4. 设函数 $f(x) = \begin{cases} \dfrac{\int_0^x \ln(\cos t) \, dt}{x^3} & x \neq 0 \\ A & x = 0 \end{cases}$ 在点 $x = 0$ 连续，求常数 A.

5. 设 $f(x) = \begin{cases} x, & x < 1 \\ x^2, & x \geq 1 \end{cases}$，求 $F(x) = \int_0^x f(t) \, dt$ 的表达式.

6. 设 $f(x) = \dfrac{1}{1+x} + x\displaystyle\int_0^1 f(x)\mathrm{d}x$,求 $\displaystyle\int_0^1 f(x)\mathrm{d}x$.

7. 求定积分 $\displaystyle\int_0^\pi \sqrt{1-\sin x}\,\mathrm{d}x$.

8. 求定积分 $\displaystyle\int_0^{\ln2} \mathrm{e}^x(1+\mathrm{e}^x)^3\,\mathrm{d}x$.

9. 求定积分 $\displaystyle\int_0^\pi (1 - \sin^3 x)\mathrm{d}x$.

10. 求定积分 $\displaystyle\int_0^2 \max\{x, x^2\}\mathrm{d}x$.

11. 求定积分 $\displaystyle\int_1^3 (\,|x-2| + |\cos x|\,)\mathrm{d}x$.

12. 求函数 $f(x) = \int_0^x (t+1)\arctan t \, dt$ 的极小值.

13. 求定积分 $\int_0^\pi \sqrt{\sin x - \sin^3 x} \, dx$.

14. 设 $f(x) = \begin{cases} x+1, & x \leqslant 0 \\ \dfrac{1}{1+x}, & x > 0 \end{cases}$，求 $\int_{-1}^1 f(x) \, dx$.

三、证明题

1. 设 $f(x)$ 在 $[0,1]$ 上可导, 且满足条件 $f(1)=2\int_0^{\frac{1}{2}}xf(x)\mathrm{d}x$, 证明: 至少存在一点 $\xi\in(0,1)$, 使得 $f(\xi)+\xi f'(\xi)=0$.

2. 设 $f(x)$ 在 $[0,1]$ 上可导且 $\int_0^1 xf(x)\mathrm{d}x=0$, 证明: 至少存在一点 $c\in(0,1)$, 使得 $c^2 f'(c)=f(1)$.

3. 设 $f(x)$ 在 $[0,1]$ 上连续, 且 $f(x)<1$, 证明: 方程 $2x-\int_0^x f(t)\mathrm{d}t=1$ 在 $(0,1)$ 内只有一个实根.

6.2　定积分的换元法

主要知识与方法

1. 换元积分公式

设函数 $f(x)$ 在 $[a,b]$ 上连续, 函数 $x=\varphi(t)$ 满足条件:

(1) $\varphi(t)$ 在 $[\alpha,\beta]$ 或 $[\beta,\alpha]$ 上有连续导数 $\varphi'(t)$.

(2) 当 t 从 α 变到 β 时, $\varphi(t)$ 从 $\varphi(\alpha)=a$ 单调地变到 $\varphi(\beta)=b$.

则
$$\int_a^b f(x)\mathrm{d}x = \int_\alpha^\beta f[\varphi(t)]\varphi'(t)\mathrm{d}t.$$

注:利用上述换元公式求定积分时一定要换限.

2. 利用上述换元公式主要解决下面 5 种根号的定积分

(1) 被积函数含 $\sqrt{a^2-x^2}$;令 $x=a\sin t$.

(2) 被积函数含 $\sqrt{a^2+x^2}$,令 $x=a\tan t$.

(3) 被积函数含 $\sqrt{x^2-a^2}$,令 $x=a\sec t$.

(4) 被积函数含 $\sqrt[n]{ax+b}$,令 $\sqrt[n]{ax+b}=t$.

(5) 被积函数含 $\sqrt[n]{\dfrac{ax+b}{cx+d}}$,令 $\sqrt[n]{\dfrac{ax+b}{cx+d}}=t$.

3. 利用换元公式证明积分相等的方法

(1) 若证 $\displaystyle\int_0^a f(x)\mathrm{d}x = \int_0^a g(x)\mathrm{d}x$,则作变换 $x=a-t$.

(2) 若证 $\displaystyle\int_a^b f(x)\mathrm{d}x = \int_a^b g(x)\mathrm{d}x$,则作变换 $x=a+b-t$.

(3) 若证 $\displaystyle\int_1^a f(x)\mathrm{d}x = \int_{\frac{1}{a}}^1 g(x)\mathrm{d}x$,则作变换 $x=\dfrac{1}{t}$.

4. 奇偶函数在对称区间上的积分

设函数 $f(x)$ 在区间 $[-a,a]$ 上连续,则

(1) 当 $f(x)$ 为奇函数时,有 $\displaystyle\int_{-a}^a f(x)\mathrm{d}x = 0$.

(2) 当 $f(x)$ 为偶函数时,有 $\displaystyle\int_{-a}^a f(x)\mathrm{d}x = 2\int_0^a f(x)\mathrm{d}x$.

同步练习

一、填空题

1. 定积分 $\displaystyle\int_{-2}^{2} x^2 \sin^3 x \, \mathrm{d}x = $ _____ .

2. 定积分 $\displaystyle\int_{-1}^{1} \mathrm{e}^{|x|} \, \mathrm{d}x = $ _____ .

3. 设 $F(x) = \displaystyle\int_0^x \sin(x-t)^2 \, \mathrm{d}t$,则 $F'(x) = $ _____ .

4. 定积分 $\displaystyle\int_{-1}^{1} (x^2 + \sin^3 x) \, \mathrm{d}x = $ _____ .

二、计算题

1. 求定积分 $\displaystyle\int_0^2 \sqrt{4-x^2} \, \mathrm{d}x$.

2. 求定积分 $\displaystyle\int_1^{\sqrt{3}} \frac{1}{x^2 \sqrt{x^2+1}} \, \mathrm{d}x$.

3. 求定积分 $\displaystyle\int_{\sqrt{2}}^{2} \dfrac{1}{x^2\sqrt{x^2-1}}\mathrm{d}x$.

4. 求定积分 $\displaystyle\int_{0}^{1} \dfrac{1}{1+\sqrt{1-x}}\mathrm{d}x$.

5. 求定积分 $\displaystyle\int_{0}^{\ln 2} \dfrac{1}{\sqrt{\mathrm{e}^x-1}}\mathrm{d}x$.

6. 设 $f(x)=\begin{cases}2\mathrm{e}^x, & x\leqslant 0, \\ 3x^2, & x>0.\end{cases}$，求 $\displaystyle\int_{-2}^{3} f(x-1)\,\mathrm{d}x$.

7. 求定积分 $\displaystyle\int_{0}^{\frac{\sqrt{2}}{2}} \frac{x^2}{\sqrt{1-x^2}}\,\mathrm{d}x$.

8. 设 $f(x)=\begin{cases}x\sin^2 x, & x<1 \\ \dfrac{\sqrt{x^2-1}}{x}, & x\geqslant 1\end{cases}$，求 $\displaystyle\int_{-1}^{\sqrt{2}} f(x)\,\mathrm{d}x$.

9. 设 $F(x) = \int_0^x tf(x^2 - t^2)\mathrm{d}t$ ，求 $F'(x)$.

10. 求极限 $\displaystyle\lim_{x \to 0} \dfrac{\int_0^x \sin(xt)^2 \mathrm{d}t}{x^5}$.

11. 求定积分 $\int_0^{\frac{\pi}{4}} \ln(1 + \tan x)\mathrm{d}x$.

12. 求定积分 $\displaystyle\int_0^{\pi}(e^{\cos x}-e^{-\cos x})dx$.

三、证明题

1. 设 $f(x)=\displaystyle\int_1^x\dfrac{\ln(1+t)}{t}dt$，证明 $f(x)+f\left(\dfrac{1}{x}\right)=\dfrac{1}{2}\ln^2 x$.

2. 设 $f(x)$ 在 $[0,1]$ 上连续.

(1) 证明 $\displaystyle\int_0^{\frac{\pi}{2}}f(\sin x)dx=\int_0^{\frac{\pi}{2}}f(\cos x)dx$.

(2) 求 $\displaystyle\int_0^{\frac{\pi}{2}}\dfrac{\sin x}{\sin x+\cos x}dx$.

6.3　定积分的分部积分法

1. 分部积分公式

设 $u=u(x)$，$v=v(x)$ 在 $[a,b]$ 上具有连续导数，则

$$\int_a^b uv'\mathrm{d}x = (uv)\Big|_a^b - \int_a^b vu'\mathrm{d}x.$$

或

$$\int_a^b u\mathrm{d}v = (uv)\Big|_a^b - \int_a^b v\mathrm{d}u.$$

2. 利用上述公式主要解决下面三种类型的定积分

（1）$x^k \times$ 指数函数或三角函数.

取 $u=x^k$，$v'=$ 指数函数或三角函数.

（2）$x^k \times$ 对数函数或反三角函数.

取 $u=$ 对数函数或反三角函数，$v'=x^k$.

（3）指数函数 $\times$ 三角函数.

取 $u=$ 指数函数，$v'=$ 三角函数.

或取 $u=$ 三角函数，$v'=$ 指数函数.

3. 利用定积分求特殊和式极限的公式

$$\lim_{n\to\infty}\sum_{i=1}^n f\left(\frac{i}{n}\right)\cdot\frac{1}{n} = \int_0^1 f(x)\mathrm{d}x.$$

同步练习

一、填空题

1. 定积分 $\displaystyle\int_0^{\frac{\pi}{2}} x\sin x\mathrm{d}x = $ _____ .

2. 定积分 $\displaystyle\int_0^{\ln 2} x\mathrm{e}^{-x}\mathrm{d}x = $ _____ .

3. 定积分 $\displaystyle\int_1^{\mathrm{e}} \ln x\mathrm{d}x = $ _____ .

4. 定积分 $\displaystyle\int_0^{\frac{1}{2}} \arccos x\mathrm{d}x = $ _____ .

二、计算题

1. 求定积分 $\displaystyle\int_0^1 x^2\mathrm{e}^x\mathrm{d}x$.

2. 求定积分 $\displaystyle\int_0^{\frac{\pi}{4}} x\tan^2 x\mathrm{d}x$.

3. 求定积分 $\displaystyle\int_1^e x^2 \ln x \, \mathrm{d}x$.

4. 求定积分 $\displaystyle\int_0^1 x \arctan x \, \mathrm{d}x$.

5. 求定积分 $\displaystyle\int_0^1 \mathrm{e}^{-x} \cos x \, \mathrm{d}x$.

6. 求定积分 $\displaystyle\int_0^1 e^{-\sqrt{x}}\,dx$.

7. 求定积分 $\displaystyle\int_0^{\frac{\pi}{2}} \frac{x+\sin x}{1+\cos x}\,dx$.

8. 设 $f(x) = \displaystyle\int_x^{\frac{\pi}{2}} \frac{\sin t}{t}\,dt$，求 $\displaystyle\int_0^{\frac{\pi}{2}} xf(x)\,dx$.

9. 求极限 $\lim\limits_{n\to\infty}\dfrac{1+\sqrt{2}+\cdots+\sqrt{n}}{n\sqrt{n}}$.

10. 求极限 $\lim\limits_{n\to\infty}\left(\dfrac{n}{n^2+1^2}+\dfrac{n}{n^2+2^2}+\cdots+\dfrac{n}{n^2+n^2}\right)$.

11. 已知 $f(x)=\displaystyle\int_0^{x^2}(2-t)\mathrm{e}^{-t}\mathrm{d}t$,求 $f(x)$ 在 $[0,2]$ 上的最大值.

6.4 广义积分

主要知识与方法

1. 无穷区间上的广义积分

(1) $[a,+\infty)$ 上的广义积分:设函数 $f(x)$ 在 $[a,+\infty)$ 上连续,若极限

$$\lim_{b\to+\infty}\int_a^b f(x)\mathrm{d}x \quad (b>a)$$

存在,则称该极限为 $f(x)$ 在无穷区间 $[a,+\infty)$ 上的广义积分,记为 $\int_a^{+\infty} f(x)\mathrm{d}x$.

即

$$\int_a^{+\infty} f(x)\mathrm{d}x = \lim_{b\to+\infty}\int_a^b f(x)\mathrm{d}x.$$

这时也称此广义积分存在或收敛,若极限 $\lim\limits_{b\to+\infty}\int_a^b f(x)\mathrm{d}x$ 不存在,则称此广义积分不存在或发散.

类似地,可定义:

(2) $(-\infty,b]$ 上的广义积分: $\int_{-\infty}^b f(x)\mathrm{d}x = \lim\limits_{a\to-\infty}\int_a^b f(x)\mathrm{d}x$.

(3) $(-\infty,+\infty)$ 上的广义积分: $\int_{-\infty}^{+\infty} f(x)\mathrm{d}x = \lim\limits_{a\to-\infty}\int_a^c f(x)\mathrm{d}x + \lim\limits_{b\to+\infty}\int_c^b f(x)\mathrm{d}x$.
其中 c 为任意常数,通常取 $c=0$.

注:当 $\int_{-\infty}^c f(x)\mathrm{d}x$,$\int_c^{+\infty} f(x)\mathrm{d}x$ 都收敛时,广义积分 $\int_{-\infty}^{+\infty} f(x)\mathrm{d}x$ 收敛.

2. 被积函数有无穷间断点的广义积分

(1) 左端点为无穷间断点的广义积分:设 $f(x)$ 在 $(a,b]$ 上连续, $\lim\limits_{x\to a^+}f(x)=\infty$,
若极限

$$\lim_{\varepsilon\to 0^+}\int_{a+\varepsilon}^b f(x)\mathrm{d}x$$

存在,则称该极限为函数 $f(x)$ 在 $(a,b]$ 上的广义积分,记为 $\int_a^b f(x)\mathrm{d}x$.

即

$$\int_a^b f(x)\mathrm{d}x = \lim_{\varepsilon\to 0^+}\int_{a+\varepsilon}^b f(x)\mathrm{d}x.$$

这时我们也称广义积分存在或收敛,若极限 $\lim\limits_{\varepsilon\to 0^+}\int_{a+\varepsilon}^b f(x)\mathrm{d}x$ 不存在,称 $\int_a^b f(x)\mathrm{d}x$ 发散.

类似地,可定义:

(2) 右端点为无穷间断点的广义积分:

$$\int_a^b f(x)\mathrm{d}x = \lim_{\varepsilon \to 0^+} \int_a^{b-\varepsilon} f(x)\mathrm{d}x \quad \left(\lim_{x \to b^-} f(x) = \infty\right).$$

(3) 区间内有无穷间断点的广义积分:

$$\int_a^b f(x)\mathrm{d}x = \lim_{\varepsilon_1 \to 0^+} \int_a^{c-\varepsilon_1} f(x)\mathrm{d}x + \lim_{\varepsilon_2 \to 0^+} \int_{c+\varepsilon_2}^b f(x)\mathrm{d}x \quad \left(\lim_{x \to c} f(x) = \infty\right).$$

注:当 $\int_a^c f(x)\mathrm{d}x$ 与 $\int_c^b f(x)\mathrm{d}x$ 都收敛时,广义积分 $\int_a^b f(x)\mathrm{d}x$ 收敛.

说明:上述定义也给出了求广义积分的方法,但在不与定积分混淆的情况下,可用求定积分的解题过程求广义积分.

例如,$\int_0^{+\infty} \mathrm{e}^{-x}\mathrm{d}x = -\int_0^{+\infty} \mathrm{e}^{-x}\mathrm{d}(-x) = -\mathrm{e}^{-x}\Big|_0^{+\infty} = 1.$

同步练习

一、填空题

1. 广义积分 $\int_{-\infty}^{0} e^{4x} dx = $ _____ .

2. 当 p 满足_____时，广义积分 $\int_{1}^{+\infty} \dfrac{1}{x^p} dx$ 收敛 .

3. 广义积分 $\int_{0}^{1} \dfrac{1}{\sqrt{1-x^2}} dx = $ _____ .

4. 当 q 满足_____时，广义积分 $\int_{0}^{1} \dfrac{1}{x^q} dx$ 发散.

二、计算题

1. 求广义积分 $\int_{0}^{+\infty} x e^{-2x} dx$.

2. 求广义积分 $\int_{-\infty}^{0} \dfrac{x}{(1+x^2)^2} dx$.

3. 求广义积分 $\displaystyle\int_0^2 \frac{x}{\sqrt{4-x^2}}\mathrm{d}x$.

4. 求广义积分 $\displaystyle\int_1^2 \frac{x}{\sqrt{x-1}}\mathrm{d}x$.

5. 求广义积分 $\displaystyle\int_1^{+\infty} \frac{\arctan x}{x^2}\mathrm{d}x$.

6. 求广义积分 $\int_0^{+\infty} e^{-2x}\cos x\,dx$.

7. 判断下列广义积分的敛散性:

(1) $\int_1^{+\infty} \dfrac{1}{x(1+x^2)}dx$.

(2) $\int_0^2 \dfrac{1}{(1-x)^2}dx$.

6.5　定积分在几何上的应用

主要知识与方法

1. 用元素法写出所求量 U 的积分表达式的步骤

(1) 选取一个积分变量,如 x 为积分变量,确定积分区间 $[a,b]$.

(2) 任取 $[x,x+\mathrm{d}x]\subset[a,b]$,求出所求量 U 在 $[x,x+\mathrm{d}x]$ 上的近似值 $\Delta U\approx f(x)\mathrm{d}x$,记为 $\mathrm{d}U=f(x)\mathrm{d}x$,称为元素.

(3) 作积分得所求量 $U=\int_a^b f(x)\mathrm{d}x$.

2. 平面图形面积

(1) 由曲线 $y=f(x)$,$y=g(x)(f(x)\geqslant g(x))$ 及直线 $x=a$,$x=b$ 围成的平面图形面积为

$$S = \int_a^b [f(x)-g(x)]\mathrm{d}x.$$

(2) 由曲线 $x=\varphi(y)$,$x=\psi(y)(\varphi(y)\geqslant\psi(y))$ 及直线 $y=c$,$y=d$ 围成的平面图形面积为

$$S = \int_c^d [\varphi(y)-\psi(y)]\mathrm{d}y.$$

说明:先画图再选择公式.

(3) 由曲线 $r=r(\theta)$ 及射线 $\theta=\alpha$,$\theta=\beta$ 围成的平面图形面积为

$$S = \frac{1}{2}\int_\alpha^\beta [r(\theta)]^2\mathrm{d}\theta.$$

3. 旋转体体积

(1) 由曲线 $y=f(x)$,直线 $x=a$,$x=b$ 及 x 轴围成的平面图形绕 x 轴旋转一周所形成的旋转体体积为

$$V = \pi\int_a^b [f(x)]^2\mathrm{d}x.$$

(2) 由曲线 $x=\varphi(y)$,直线 $y=c$,$y=d$ 及 y 轴围成的平面图形绕 y 轴旋转一周所形成的旋转体体积为

$$V = \pi\int_c^d [\varphi(y)]^2\mathrm{d}y.$$

(3) 由曲线 $y=f(x)$,$y=g(x)[f(x)\geqslant g(x)]$ 及直线 $x=a$,$x=b$ 围成的平面图形绕 x 轴旋转一周所形成的旋转体体积为

$$V = \pi \int_a^b [f(x)]^2 dx - \pi \int_a^b [g(x)]^2 dx.$$

(4) 由曲线 $x = \varphi(y), x = \psi(y) (\varphi(y) \geqslant \psi(y))$ 及直线 $y = c, y = d$ 围成的平面图形绕 y 轴旋转一周所形成的旋转体体积为

$$V = \pi \int_c^d [\varphi(y)]^2 dy - \pi \int_c^d [\psi(y)]^2 dy.$$

说明:先画图再套公式.

4. 平行截面面积已知的立体体积

设一立体位于两个平面 $x = a, x = b$ 之间,且过点 x 的平行截面面积为 $S(x)$,则该立体体积为

$$V = \int_a^b S(x) dx.$$

5. 平面曲线长度

(1) 设曲线方程为 $y = f(x) (a \leqslant x \leqslant b)$,则其长度为

$$s = \int_a^b \sqrt{1 + y'^2} dx.$$

(2) 设曲线方程为 $\begin{cases} x = \varphi(t) \\ y = \psi(t) \end{cases} (\alpha \leqslant t \leqslant \beta)$,则其长度为

$$s = \int_\alpha^\beta \sqrt{\varphi'^2 + \psi'^2} dt.$$

(3) 设曲线方程为 $r = r(\theta) (\alpha \leqslant \theta \leqslant \beta)$,则其长度为

$$s = \int_\alpha^\beta \sqrt{r^2 + r'^2} d\theta.$$

同步练习

一、填空题

1. 由曲线 $y=\sqrt{x}$ 与直线 $x=1,y=0$ 围成的平面图形面积 $S=$_____.

2. 由曲线 $y=x^2$ 与直线 $x=1,y=0$ 围成的平面图形绕 x 轴旋转一周所形成的旋转体体积 $V=$_____.

3. 曲线 $y=\dfrac{2}{3}x^{\frac{3}{2}}$ 在区间 $[0,1]$ 上的长度 $s=$_____.

4. 曲线 $\begin{cases} x=\displaystyle\int_1^t \dfrac{\cos u}{u}\mathrm{d}u \\[2mm] y=\displaystyle\int_1^t \dfrac{\sin u}{u}\mathrm{d}u \end{cases}$ 在区间 $[1,2]$ 上的长度 $s=$_____.

二、计算题

1. 求由曲线 $y^2=x$ 与直线 $x-y=2$ 围成的平面图形面积.

2. 求由圆周 $r=\cos\theta,r=2\cos\theta$ 围成且介于 $\theta=0$ 与 $\theta=\dfrac{\pi}{4}$ 之间的平面图形面积.

3. 求由曲线 $xy=3$ 及直线 $x+y=4$ 围成的平面图形分别绕 x 轴及 y 轴旋转一周所形成的旋转体体积.

4. 一立体以抛物线 $y^2=2x$ 与直线 $x=2$ 围成的图形为底,而垂直于抛物线轴的截面都是等边三角形,求其体积.

5. 求曲线 $y=\dfrac{x^2}{4}-\dfrac{1}{2}\ln x$ 在 $[1,2]$ 上的长度.

6. 求曲线 $r = 2(1 + \cos\theta)$（图 6-1）的长度.

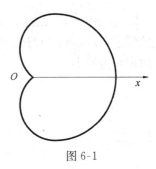

图 6-1

7. 求由曲线 $y = x^2$, $y = \dfrac{x^2 + 1}{2}$ 围成的平面图形面积及该平面图形绕 y 轴旋转一周所形成的旋转体体积.

8. 求由曲线 $y = x$, $y = \dfrac{1}{x}$, $x = 2$ 及 $y = 0$ 围成的平面图形面积及该平面图形绕 x 轴旋转一周所形成的旋转体体积.

9. 设 $y=x^2$ 定义在闭区间 $[0,1]$ 上, t 是 $[0,1]$ 上的任意一点, 当 t 为何值时, 图 6-2 中的阴影部分面积和为最小.

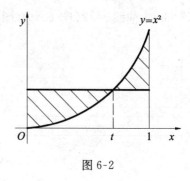

图 6-2

10. 经过坐标原点作曲线 $y=\ln x$ 的切线, 该曲线 $y=\ln x$ 与切线及 x 轴围成的平面图形为 D. 求:

(1) D 的面积.

(2) D 绕 y 轴旋转一周所形成的旋转体体积.

11. 求由曲线 $x=2\sqrt{y}$ 及直线 $x=0, y=1$ 围成的平面图形绕 $x=2$ 旋转一周所形成的旋转体体积.

6.6　定积分在物理上的应用

主要知识与方法

1. 变力沿直线所做功

物体受变力 $F(x)$ 作直线运动,从 a 移动到 b,则力 F 对物体所做的功为

$$W = \int_a^b F(x)\mathrm{d}x.$$

类似地,设有一容器(图 6-3),其顶部所在平面与铅直轴 Ox 相交于原点,水表面与 Ox 轴相截于 $x=a$,底面与与 Ox 轴相截于 $x=b$,若垂直于与 Ox 轴的平面截容器所得的截面面积为 $S(x)$,则把容器中的水全部抽出所做的功为

$$W = \int_a^b \rho g x S(x)\mathrm{d}x.$$

式中 ρ 为水的密度;g 为重力加速度.

2. 液体的侧压力

一平板由曲线 $y=f(x)$ 与 Ox 轴及直线 $x=a$ 和 $x=b$(图 6-4)所围成,铅直放置于水中,则平板一侧所受的水压力为

$$F = \int_a^b \rho g x f(x)\mathrm{d}x.$$

式中 ρ 为水的密度;g 为重力加速度.

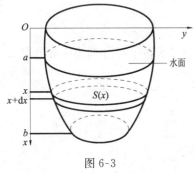

图 6-3

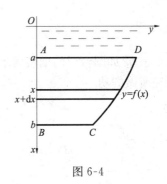

图 6-4

3. 引力

用元素法可将引力分解到横向与纵向上的两个分力求得.

4. 平均值

连续函数 $y=f(x)$ 在区间 $[a,b]$ 上的平均值为

$$\bar{y} = \frac{1}{b-a}\int_a^b f(x)\mathrm{d}x.$$

同步练习

一、填空题

1. 设半径为 R 的半球形水池盛满水,则将水全部吸完所做功 $W=$ _____.

2. 设宽 a 米,高为 h 米矩形闸门垂直放入水中,上沿与水面相齐,则闸门一侧所受压力 $F=$ _____.

3. 函数 $y=x^2+1$ 在区间 $[1,3]$ 上的平均值为 _____.

二、计算题

1. 一质点按规律 $s=t^3$ 作直线运动,式中 s 是位移,t 是时间. 已知质点运动的阻力与运动速度成正比,求质点从 $s=0$ 运动到 $s=8$ 时克服阻力所做的功.

2. 一形如圆台形的桶盛满水,桶高 $3\,\mathrm{m}$,上、下底半径分别为 $1\,\mathrm{m}$ 和 $2\,\mathrm{m}$,求将水吸完所做的功.

3. 设底边为 a，高为 h 的等腰三角形平板垂直放入水中，且底边与水面平齐，求平板一侧所受的压力.

4. 设有一半径为 R，中心角为 φ 的圆弧形细棒，其线密度为常数 ρ，在圆心处有一质量为 m 的质点 M，求这细棒对质点 M 的引力.

5. 求函数 $y = x\sin x$ 在 $[0, \pi]$ 上的平均值.

第7章 向量代数与空间解析几何

7.1 向量及其运算

主要知识与方法

1. 空间直角坐标系

过空间一点 O,作三条互相垂直的数轴,三条数轴按右手规则确定方向,这样确定的坐标系称为空间直角坐标系.

注:在空间直角坐标系中,空间一点可用三个坐标表示,即 $M(x,y,z)$.

2. 向量

既有大小又有方向的量称为向量.

3. 向量运算

(1) 加法:在空间取一点 O,作 $\overrightarrow{OA}=a$,$\overrightarrow{OB}=b$,以 OA,OB 为边构成一个平行四边形 $OACB$,则称向量 $\overrightarrow{OC}$ 为向量 a 与 b 的和,记为 $\overrightarrow{OC}=a+b$.

(2) 减法:在上述加法定义中,向量 $\overrightarrow{BA}$ 称为向量 a 与 b 的差,即 $\overrightarrow{BA}=a-b$.

(3) 数乘:λa 定义为:① $|\lambda a|=|\lambda||a|$;②当 $\lambda>0$ 时 λa 的方向与 a 相同,当 $\lambda<0$ 时 λa 的方向与 a 相反.

注:$a\,/\!/\,b\Leftrightarrow b=\lambda a$.

(4) 运算规律:

① $a+b=b+a$;

② $(a+b)+c=a+(b+c)$;

③ $a+0=a$;

④ $a+(-a)=0$;

⑤ $1\cdot a=a$;

⑥ $\lambda(\mu a)=(\lambda\mu)a$;

⑦ $(\lambda+\mu)a=\lambda a+\mu a$;

⑧ $\lambda(a+b)=\lambda a+\lambda b$.

4. 向量夹角

在空间取一点 O,作 $\overrightarrow{OA}=a$,$\overrightarrow{OB}=b$,则不超过 π 的 $\angle AOB$ 称为向量 a 与 b 的

夹角.

5. 投影

(1) 投影:数 $|a|\cos\varphi$ 称为向量 a 在有向轴 u 上的投影(其中 φ 为向量 a 与轴 u 的夹角),记为 $\mathrm{Prj}_u a$,即 $\mathrm{Prj}_u a = |a|\cos\varphi$.

(2) 投影性质:

① $\mathrm{Prj}_u (a+b) = \mathrm{Prj}_u a + \mathrm{Prj}_u b$; ②$\mathrm{Prj}_u (\lambda a) = \lambda \mathrm{Prj}_u a$.

6. 向量坐标

设向量 a 在三个坐标轴上的投影分别为 a_x, a_y, a_z,则向量 a 表示为 $a = a_x i + a_y j + a_z k$,投影 a_x, a_y, a_z 称为向量 a 的坐标,记为 $a = \{a_x, a_y, a_z\}$.

注:设空间两点 $A(x_1, y_1, z_1), B(x_2, y_2, z_2)$,则 $\overrightarrow{AB} = \{x_2 - x_1, y_2 - y_1, z_2 - z_1\}$.

7. 模的计算公式

设 $a = \{a_x, a_y, a_z\}$,则 $|a| = \sqrt{a_x^2 + a_y^2 + a_z^2}$.

注:空间两点距离 $d = \sqrt{(x_2 - x_1)^2 + (y_2 - y_1)^2 + (z_2 - z_1)^2}$.

8. 方向角余弦的计算公式

设 $a = \{a_x, a_y, a_z\}$,则

$$\cos\alpha = \frac{a_x}{\sqrt{a_x^2 + a_y^2 + a_z^2}}, \quad \cos\beta = \frac{a_y}{\sqrt{a_x^2 + a_y^2 + a_z^2}},$$

$$\cos\gamma = \frac{a_z}{\sqrt{a_x^2 + a_y^2 + a_z^2}}.$$

9. 数量积

(1) 数量积:数 $|a||b|\cos\theta$ 称为向量 a 与 b 的数量积(其中 θ 为向量 a 与 b 的夹角),记为 $a \cdot b$,即 $a \cdot b = |a||b|\cos\theta$.

(2) 规律:

① $a \cdot b = b \cdot a$; ② $(\lambda a) \cdot b = a \cdot (\lambda b) = \lambda(a \cdot b)$;

③ $(a+b) \cdot c = a \cdot c + b \cdot c$.

(3) 有关结论:

① $a \cdot a = |a|^2$; ② $a \cdot b = |a|\mathrm{Prj}_a b = |b|\mathrm{Prj}_b a$;

③ 设 $a \neq 0, b \neq 0$,则 $a \perp b \Longleftrightarrow a \cdot b = 0$.

(4) 计算公式:设 $a = \{a_x, a_y, a_z\}, b = \{b_x, b_y, b_z\}$,则

$$a \cdot b = a_x b_x + a_y b_y + a_z b_z.$$

(5) 夹角余弦的计算公式:$\cos\theta = \dfrac{a_x b_x + a_y b_y + a_z b_z}{\sqrt{a_x^2 + a_y^2 + a_z^2}\sqrt{b_x^2 + b_y^2 + b_z^2}}$.

(6) 投影计算公式:$\mathrm{Prj}_b a = \dfrac{a \cdot b}{|b|}$.

10. 向量积

(1) 向量积:设向量 c 满足 $|c|=|a||b|\sin\theta$(其中 θ 为向量 a 与 b 的夹角),且 c 垂直 a 与 b 确定的平面,方向按右手规则从 a 转向 b,则称向量 c 为 a 与 b 的向量积,记为 $c=a\times b$.

(2) 规律:

① $a\times b=-b\times a$;　　　　② $(\lambda a)\times b=a\times(\lambda b)=\lambda(a\times b)$;

③ $(a+b)\times c=a\times c+b\times c$.

(3) 有关结论:

① $a\times a=0$;

② 以向量 a,b 为边的平行四边形面积 $S=|a\times b|$;

③ 设 $a\neq 0,b\neq 0$,则 $a//b\Leftrightarrow a\times b=0$.

(3) 计算公式:设 $a=\{a_x,a_y,a_z\},b=\{b_x,b_y,b_z\}$,则

$$a\times b=\begin{vmatrix} i & j & k \\ a_x & a_y & a_z \\ b_x & b_y & b_z \end{vmatrix}=\{a_yb_z-a_zb_y,a_zb_x-a_xb_z,a_xb_y-a_yb_x\}.$$

11. 混合积

(1) 混合积:数 $(a\times b)\cdot c$ 称为向量 a,b,c 的混合积,记为 $[a,b,c]$.

(2) 规律:$[a,b,c]=[b,c,a]=[c,a,b]$.

(3) 计算公式:设 $a=\{a_x,a_y,a_z\},b=\{b_x,b_y,b_z\},c=\{c_x,c_y,c_z\}$,则

$$[a,b,c]=\begin{vmatrix} a_x & a_y & a_z \\ b_x & b_y & b_z \\ c_x & c_y & c_z \end{vmatrix}.$$

(4) 三个向量共面的条件:

设 $a=\{a_x,a_y,a_z\},b=\{b_x,b_y,b_z\},c=\{c_x,c_y,c_z\}$,则

$$a,b,c \text{ 共面}\Leftrightarrow\begin{vmatrix} a_x & a_y & a_z \\ b_x & b_y & b_z \\ c_x & c_y & c_z \end{vmatrix}=0.$$

(5) 体积计算公式:

① 以 a,b,c 为棱的平行六面体的体积 $V=|(a\times b)\cdot c|$.

② 以 a,b,c 为棱的四面体的体积 $V=\dfrac{1}{6}|(a\times b)\cdot c|$.

同步练习

一、填空题

1. 设 $a=\{1,-2,3\}$，$b=\{-1,1,2\}$，则 $3a-2b=$ _____．

2. 已知向量 $a=\{1,-1,2\}$ 与 $b=\{2,3,\lambda\}$ 垂直，则 $\lambda=$ _____．

3. 向量 $a=\{4,-3,4\}$，$b=\{2,2,1\}$，则 $\mathrm{Prj}_b a=$ _____．

4. 设 $A(1,2,3)$，$B(-1,1,5)$，则与 $\overrightarrow{AB}$ 平行的单位向量为 _____．

二、计算题

1. 求与向量 $a=2i-j+2k$ 共线且满足 $a \cdot x=-18$ 的向量 x．

2. 设 $a=\{2,-3,1\}$，$b=\{1,-1,3\}$，$c=\{1,-2,0\}$，求：

(1) $-(b \cdot c)a+(a \cdot c)b$．

(2) $(a \times b) \times c$．

3. 设 $a=i+j,b=-2j+k$,求以 a,b 为边的平行四边形对角线的长度.

4. 指出非零向量 a,b 应分别满足什么条件才能使下列各式成立.

(1) $|a+b|=|a-b|$.

(2) $|a+b|<|a-b|$.

(3) $|a-b|=|a|+|b|$.

5. 已知向量 a 同时垂直向量 $b=\{3,6,8\}$ 及 x 轴,且 $|a|=2$,求 a.

6. 已知向量 $\overrightarrow{AB}$ 的终点坐标为 $B(2,-1,4)$，且 $\overrightarrow{AB}$ 在 x,y,z 轴上的投影分别为 $-1,3,2$，求起点 A 的坐标.

7. 已知 $\overrightarrow{OA}=i+3k,\overrightarrow{OB}=j+3k$，求 $\triangle OAB$ 的面积.

8. 设 $a+3b$ 与 $7a-5b$ 垂直，$a-4b$ 与 $7a-2b$ 垂直，求向量 a 与 b 的夹角.

9. 设 $a=\{1,-1,1\}, b=\{3,-4,5\}, c=a+\lambda b$, 问 λ 取何值时, $|c|$ 最小? 并证明当 $|c|$ 最小时, $c \perp b$.

10. 已知 $|a|=6, |b|=3, |c|=3, a$ 与 b 的夹角为 $\frac{\pi}{6}, c \perp a, c \perp b$, 求 $[a, b, c]$.

三、证明题

试证 $p=b-\dfrac{(a \cdot b)a}{|a|^2}$ 垂直 a.

7.2　曲面与空间曲线

主要知识与方法

1. 曲面方程

空间曲面的一般方程:$F(x,y,z)=0$.

2. 球面方程

设球面的球心为(x_0,y_0,z_0),半径为 R,则球面方程为

$$(x-x_0)^2+(y-y_0)^2+(z-z_0)^2=R^2.$$

3. 旋转曲面方程

(1) yOz 平面上曲线 $f(y,z)=0$ 绕 z 轴旋转一周所形成的曲面方程为

$$f(\pm\sqrt{x^2+y^2},z)=0.$$

特别地,有:

旋转抛物面方程:$z=x^2+y^2$.

圆锥面方程:$z^2=x^2+y^2$.

同理,yOz 平面上曲线 $f(y,z)=0$ 绕 y 轴旋转一周所形成的曲面方程为

$$f(y,\pm\sqrt{x^2+z^2})=0.$$

(2) zOx 平面上曲线 $f(z,x)=0$ 绕 x 轴旋转一周所形成的曲面方程为

$$f(\pm\sqrt{y^2+z^2},x)=0.$$

同理,zOx 平面上曲线 $f(z,x)=0$ 绕 z 轴旋转一周所形成的曲面方程为

$$f(z,\pm\sqrt{x^2+y^2})=0.$$

(3) xOy 平面上曲线 $f(x,y)=0$ 绕 y 轴旋转一周所形成的曲面方程为

$$f(\pm\sqrt{x^2+z^2},y)=0.$$

同理,xOy 平面上曲线 $f(x,y)=0$ 绕 x 轴旋转一周所形成的曲面方程为

$$f(x,\pm\sqrt{y^2+z^2})=0.$$

4. 柱面方程

(1) 准线为 xOy 平面上曲线 $f(x,y)=0$,母线平行 z 轴的柱面方程为

$$f(x,y)=0.$$

特别地,有

圆柱面方程:$x^2+y^2=R^2$.

（2）准线为 yOz 平面上曲线 $f(y,z)=0$,母线平行 x 轴的柱面方程为
$$f(y,z) = 0.$$

（3）准线为 zOx 平面上曲线 $f(z,x)=0$,母线平行 y 轴的柱面方程为
$$f(z,x) = 0.$$

5. 空间曲线方程

（1）空间曲线的一般方程：$\begin{cases} F(x,y,z)=0 \\ G(x,y,z)=0 \end{cases}.$

（2）空间曲线的参数方程：$\begin{cases} x=\varphi(t) \\ y=\psi(t). \\ z=\omega(t) \end{cases}$

6. 投影曲线方程

（1）设空间曲线 L 的一般方程为 $\begin{cases} F(x,y,z)=0 \\ G(x,y,z)=0 \end{cases}$,且从方程组 $\begin{cases} F(x,y,z)=0 \\ G(x,y,z)=0 \end{cases}$
消去 z 得 $H(x,y)=0$,则曲线 L 在 xOy 平面上的投影曲线方程为
$$\begin{cases} H(x,y) = 0 \\ z = 0 \end{cases}.$$

（2）设空间曲线 L 的一般方程为 $\begin{cases} F(x,y,z)=0 \\ G(x,y,z)=0 \end{cases}$,且从方程组 $\begin{cases} F(x,y,z)=0 \\ G(x,y,z)=0 \end{cases}$
消去 x 得 $R(y,z)=0$,则曲线 L 在 yOz 平面上的投影曲线方程为
$$\begin{cases} R(y,z) = 0 \\ x = 0 \end{cases}.$$

（3）设空间曲线 L 的一般方程为 $\begin{cases} F(x,y,z)=0 \\ G(x,y,z)=0 \end{cases}$,且从方程组 $\begin{cases} F(x,y,z)=0 \\ G(x,y,z)=0 \end{cases}$
消去 y 得 $T(z,x)=0$,则曲线 L 在 zOx 平面上的投影曲线方程为
$$\begin{cases} T(z,x) = 0 \\ y = 0 \end{cases}.$$

同步练习

一、填空题

1. 球心为 $(2,3,1)$，半径为 3 的球面方程为_____.

2. 双曲线 $\begin{cases} \dfrac{x^2}{a^2}-\dfrac{z^2}{c^2}=1 \\ y=0 \end{cases}$ 绕 z 轴旋转一周所形成的曲面方程为_____.

3. 圆心在原点，半径为 2 的圆的方程为_____.

4. 曲线 $\begin{cases} x^2+y^2+z^2=9 \\ y+z=1 \end{cases}$ 在 xOy 平面上的投影曲线方程为_____.

二、计算题

1. 求到点 $A(1,-1,2)$ 和 $B(3,1,4)$ 距离相等的点的轨迹方程.

2. 求母线分别平行 x 轴、y 轴且通过曲线 $\begin{cases} 2x^2+y^2+z^2=16 \\ x^2-y^2+z^2=0 \end{cases}$ 的柱面方程.

3. 说明旋转曲面 $\dfrac{x^2}{4}+\dfrac{y^2}{9}+\dfrac{z^2}{9}=1$ 是怎样形成的.

4. 求球面 $x^2+y^2+z^2=4$ 与平面 $x+z=1$ 的交线在 xOy 平面上的投影曲线方程.

5. 将曲线的一般方程 $\begin{cases} x^2+y^2+z^2=4 \\ y+z=0 \end{cases}$ 化为参数方程.

7.3　平面及其方程

主要知识与方法

1. 法向量

设非零向量 n 垂直平面 Π,则称向量 n 为平面 Π 的法向量.

注:(1) 法向量 n 垂直平面 Π 内任何向量.

(2) 设 a,b 为平面 Π 内两个相交向量,则法向量可取为 $n=a\times b$.

2. 平面的点法式方程

设平面 Π 过点 $M(x_0,y_0,z_0)$,且法向量 $n=\{A,B,C\}$,则平面 Π 的方程为

$$A(x-x_0)+B(y-y_0)+C(z-z_0)=0.$$

上述方程称为平面的点法式方程.

3. 平面的一般方程

方程 $Ax+By+Cz+D=0$ 称为平面的一般方程. 这时,平面的法向量 $n=\{A,B,C\}$.

4. 几种特殊平面

(1) 当 $D=0$ 时,平面过原点.

(2) 当 $A=0$ 时,平面平行 x 轴.

(3) 当 $A=D=0$ 时,平面过 x 轴.

(4) 当 $A=B=0$ 时,平面平行 xOy 平面.

类似可得其他情况.

5. 平面夹角

(1) 定义:两个平面法向量的夹角称为两个平面的夹角.

(2) 计算公式:设两个平面的法向量分别为 n_1,n_2,则夹角 θ 的余弦为

$$\cos\theta=\frac{n_1\cdot n_2}{|n_1||n_2|}.$$

特别地,有:

①平面 $\Pi_1\,/\!/\,$平面 $\Pi_2\Leftrightarrow n_1\,/\!/\,n_2$;

② 平面 $\Pi_1\perp$ 平面 $\Pi_2\Leftrightarrow n_1\perp n_2$.

6. 距离

(1) 平面外一点到平面的距离:平面外一点 $P_0(x_0,y_0,z_0)$ 到平面 $Ax+By+Cz+D=0$ 的距离为

$$d = \frac{|Ax_0 + By_0 + Cz_0 + D|}{\sqrt{A^2 + B^2 + C^2}}.$$

（2）两个平行平面的距离：平行平面 $Ax + By + Cz + D_1 = 0$ 与 $Ax + By + Cz + D_2 = 0$ 的距离为

$$d = \frac{|D_2 - D_1|}{\sqrt{A^2 + B^2 + C^2}}.$$

同步练习

一、填空题

1. 点 $M(1,2,1)$ 到平面 $x+2y+2z-10=0$ 的距离为＿＿＿＿．
2. 设平面 $x-2y+z-1=0$ 与平面 $2x+\lambda y-4z+3=0$ 垂直,则 $\lambda=$ ＿＿＿＿．
3. 平面 $2x-y+z-7=0$ 与平面 $x+y+2z-11=0$ 的夹角是＿＿＿＿．
4. 过点 $(1,-1,2)$ 且平行平面 $x-y+3z-4=0$ 的平面方程为＿＿＿＿．

二、计算题

1. 求过点 $A(2,1,-1),B(3,2,1),C(1,-2,3)$ 的平面方程.

2. 设一平面与平面 $x-2y+2z=1$ 平行,且点 $(2,-1,1)$ 到该平面的距离为 1,求该平面方程.

3. 已知平面过点 $M(3,-2,5)$，$N(2,3,1)$，且平行 z 轴，求其方程.

4. 已知两点 $A(-7,2,-1)$ 和 $B(3,4,10)$，一平面通过点 B 且垂直于 AB，求其方程.

5. 连接两点 $M(3,10,-5)$ 和 $N(0,12,z)$ 的线段平行平面 $7x+4y+z-1=0$，确定 N 点的未知坐标.

6. 自点 $P(2,3,-5)$ 分别向各坐标面作垂线,求过三个垂足的平面方程.

7. 确定 k,使点 $M(1,-1,1)$ 到平面 $2x-y+2z+k=0$ 的距离为 3.

8. 一平面经过原点及点 $A(6,-3,2)$,且与平面 $4x-y+2z=8$ 垂直,求其方程.

7.4 空间直线及其方程

主要知识与方法

1. 方向向量

设非零向量 s 平行直线 L，则称向量 s 为空间直线 L 的方向向量.

2. 直线的标准式方程

设直线 L 过点 $P(x_0, y_0, z_0)$，且方向向量 $s = \{l, m, n\}$，则直线 L 的方程为

$$\frac{x - x_0}{l} = \frac{y - y_0}{m} = \frac{z - z_0}{n}.$$

上述方程称为直线 L 的标准式方程或对称式方程.

由标准式方程可得，过点 $P_1(x_1, y_1, z_1)$，$P_2(x_2, y_2, z_2)$ 的直线方程为

$$\frac{x - x_1}{x_2 - x_1} = \frac{y - y_1}{y_2 - y_1} = \frac{z - z_1}{z_2 - z_1}.$$

3. 直线的参数方程

方程 $\begin{cases} x = x_0 + lt \\ y = y_0 + mt \\ z = z_0 + nt \end{cases}$ 称为直线 L 的参数方程.

这时，直线的方向向量 $s = \{l, m, n\}$，且过点 $P(x_0, y_0, z_0)$.

4. 直线的一般方程

方程 $\begin{cases} A_1 x + B_1 y + C_1 z + D_1 = 0 \\ A_2 x + B_2 y + C_2 z + D_2 = 0 \end{cases}$ 称为直线的一般方程.

这时，直线的方向向量 $s = n_1 \times n_2$，其中 $n_1 = \{A_1, B_1, C_1\}$，$n_2 = \{A_2, B_2, C_2\}$.
而直线上的点的坐标为方程组的一个解.

5. 直线夹角

(1) 定义：两条直线方向向量的夹角称为两条直线的夹角.

(2) 计算公式：设两条直线的方向向量分别为 s_1，s_2，则夹角 θ 的余弦为

$$\cos\theta = \frac{s_1 \cdot s_2}{|s_1| |s_2|}.$$

特别地，有：①直线 L_1 // 直线 $L_2 \Leftrightarrow s_1 // s_2$；②直线 $L_1 \perp$ 直线 $L_2 \Leftrightarrow s_1 \perp s_2$.

6. 直线与平面夹角

(1) 定义：直线与它在平面内投影的夹角称为直线与平面的夹角.

（2）计算公式：设直线 L 的方向向量为 s，平面 Π 的法向量为 n，则直线 L 与平面 Π 夹角 φ 的正弦为

$$\sin\varphi = \frac{|s \cdot n|}{|s||n|}.$$

特别地，有：①直线 $L /\!/$ 平面 $\Pi \Leftrightarrow s \perp n$；②直线 $L \perp$ 平面 $\Pi \Leftrightarrow s /\!/ n$.

7. 点到直线距离

直线外一点 $P_0(x_0, y_0, z_0)$ 到直线 $L : \dfrac{x-x_1}{l} = \dfrac{y-y_1}{m} = \dfrac{z-z_1}{n}$ 的距离为

$$d = \frac{|P_1P_0 \times s|}{|s|}.$$

其中 $P_1(x_1, y_1, z_1)$ 为直线 L 上一点，$s = \{l, m, n\}$ 为直线 L 的方向向量.

8. 两条直线的距离

（1）两条平行直线的距离：

设有两条平行直线 $L_1 : \dfrac{x-x_1}{l} = \dfrac{y-y_1}{m} = \dfrac{z-z_1}{n}$ 与 $L_2 : \dfrac{x-x_2}{l} = \dfrac{y-y_2}{m} = \dfrac{z-z_2}{n}$，

则直线 L_1 与 L_2 的距离为

$$d = \frac{|\overrightarrow{P_1P_2} \times s|}{|s|},$$

其中 $P_1(x_1, y_1, z_1)$ 为直线 L_1 上一点，$P_2(x_2, y_2, z_2)$ 为直线 L_2 上一点，$s = \{l, m, n\}$ 为直线 L_1 或 L_2 的方向向量.

（2）两条异面直线的距离：

设有两条异面直线 $L_1 : \dfrac{x-x_1}{l_1} = \dfrac{y-y_1}{m_1} = \dfrac{z-z_1}{n_1}$ 与 $L_2 : \dfrac{x-x_2}{l_2} = \dfrac{y-y_2}{m_2} = \dfrac{z-z_2}{n_2}$，

则直线 L_1 与 L_2 的距离为

$$d = \frac{|\overrightarrow{P_1P_2} \cdot (s_1 \times s_2)|}{|s_1 \times s_2|},$$

其中 $P_1(x_1, y_1, z_1)$ 为直线 L_1 上一点，$P_2(x_2, y_2, z_2)$ 为直线 L_2 上一点，$s_1 = \{l_1, m_1, n_1\}$ 为直线 L_1 的方向向量，$s_2 = \{l_2, m_2, n_2\}$ 为直线 L_2 的方向向量.

9. 平面束

（1）定义：过一直线的所有平面称为平面束.

（2）方程：过直线 $\begin{cases} A_1x + B_1y + C_1z + D_1 = 0 \\ A_2x + B_2y + C_2z + D_2 = 0 \end{cases}$ 的平面束方程为

$$A_1x + B_1y + C_1z + D_1 + \lambda(A_2x + B_2y + C_2z + D_2) = 0.$$

说明：上述平面束方程不包含第二个平面.

同步练习

一、填空题

1. 过点 $A(3,-2,1),B(-1,0,2)$ 的直线方程为_____.

2. 直线 $\begin{cases} 2x-y+z-2=0 \\ 3x+y-2z+4=0 \end{cases}$ 的方向向量 $s=$_____.

3. 过点 $M(4,-1,2)$ 且平行直线 $\dfrac{x-3}{2}=y=\dfrac{z-1}{3}$ 的直线方程为_____.

4. 直线 $\dfrac{x-1}{2}=\dfrac{y-3}{-2}=\dfrac{z+1}{1}$ 与平面 $y-z+4=0$ 的夹角为_____.

二、计算题

1. 一直线过点 $M(-1,1,2)$ 且方向向量 s 垂直向量 $a=\{2,1,3\},b=\{1,-2,1\}$，求其方程.

2. 一直线求过点 $A(2,-1,3)$ 且平行于直线 $\begin{cases} x-y+z-2=0 \\ 2x+y-2z+1=0 \end{cases}$，求其标准式方程及参数方程.

3. 求空间直线 $\begin{cases} x=2z+5 \\ y=6z-7 \end{cases}$ 的标准式方程.

4. 求直线 $l_1:\begin{cases} x+y+z=5 \\ x-y+z=2 \end{cases}$ 与直线 $l_2:\begin{cases} y+3z=4 \\ 3y-5z=1 \end{cases}$ 的夹角.

5. 一平面过点 $M(3,1,-2)$ 及直线 $\begin{cases} x+y-z-1=0 \\ x-y+z+1=0 \end{cases}$,求其方程.

6. 一平面过直线 $\begin{cases} x+4y+z=0 \\ x-z+4=0 \end{cases}$,且原点到该平面的距离为 2,求其方程.

7. 求点 $P_0(1,-1,1)$ 到直线 $l: \begin{cases} x=0 \\ y-z+1=0 \end{cases}$ 的距离.

8. 求直线 $\begin{cases} x+y-z-1=0 \\ x-y+z+1=0 \end{cases}$ 在平面 $x+y+z=0$ 上的投影直线方程.

9. 求过点 $(2,1,3)$ 且与直线 $\dfrac{x+1}{3}=\dfrac{y-1}{2}=\dfrac{z}{-1}$ 垂直相交的直线方程.

10. 一直线过点 $P(1,1,1)$,且与直线 $l_1:\dfrac{x-1}{2}=\dfrac{y-2}{1}=\dfrac{z-3}{4}$ 垂直,与直线 $l_2:$ $x=\dfrac{y}{2}=\dfrac{z}{3}$ 相交,求其方程.

11. 求两直线 $l_1:\begin{cases}x+2y+5=0\\2y-z-4=0\end{cases}$ 及 $l_2:\begin{cases}y=0\\x+2z+4=0\end{cases}$ 的公垂线方程.

12. 设一直线过点 $P(2,1,3)$ 并与 z 轴相交，且垂直于直线 $\dfrac{z-1}{-3}=\dfrac{y}{2}=\dfrac{z+1}{1}$，求其参数方程.

13. 求直线 $L_1:\dfrac{x-1}{-2}=\dfrac{y-1}{-2}=\dfrac{z+2}{1}$ 与 $L_2:\dfrac{x-2}{-2}=\dfrac{y-3}{-2}=\dfrac{z+1}{1}$ 的距离.

14. 求直线 $L_1:\begin{cases}x-y=0\\z=0\end{cases}$ 与直线 $L_2:\dfrac{x-2}{4}=\dfrac{y-1}{-2}=\dfrac{z-3}{-1}$ 的距离.

第8章 多元函数及其应用

8.1 多元函数极限与连续

主要知识与方法

1. 二元函数的概念

(1) 定义:设 D 是一个非空平面点集,如果对任意 $P(x,y) \in D$,按照对应法则 f,存在唯一 $z \in \mathbf{R}$ 与 (x,y) 对应,则称 f 为定义在 D 上的函数,记为 $z = f(x,y)$ 或 $z = f(P)$,其中平面点集 D 称为函数的定义域,记为 $D(f)$.

而集合 $Z(f) = \{z \mid z = f(x,y), (x,y) \in D\}$ 称为函数的值域.

(2) 图形:空间点集 $\{(x,y,z) \mid z = f(x,y), (x,y) \in D(f)\}$ 称为函数 $z = f(x,y)$ 的图形.

函数 $z = f(x,y)$ 的图形通常为一个曲面.

(3) 定义域的求法:先根据表达式有意义列出不等式(组),再解不等式(组) 得定义域.

类似可定义 $n(n \geqslant 3)$ 元函数概念.

2. 二元函数极限

设二元函数 $f(x,y)$ 的定义域为 $D, P_0(x_0,y_0)$ 是 D 的一个聚点,若任意的 $\varepsilon > 0$,存在 $\delta > 0$,当 $(x,y) \in D \bigcap \mathring{U}(P_0, \delta)$,有

$$| f(x,y) - A | < \varepsilon,$$

则称 A 为函数 $f(x,y)$ 当 $P(x,y) \to P_0(x_0,y_0)$ 时的极限,记为

$$\lim_{\substack{x \to x_0 \\ y \to y_0}} f(x,y) = A \text{ 或 } \lim_{P \to P_0} f(P) = A.$$

说明:定义中 $P \to P_0$ 的方式是任意的,且多元函数的极限性质与运算法则类似于一元函数的极限.

3. 判断二元函数极限不存在的方法

（1）选取 $P \to P_0$ 的两种不同方式，通常取 P 沿两条过点 P_0 的直线或曲线无限趋于 P_0，使得按此两种方式函数 $z = f(x,y)$ 的极限不同.

（2）选取 $P \to P_0$ 的一种方式，通常取 P 沿某条过点 P_0 的直线或曲线无限趋于 P_0，使得按此方式 $z = f(x,y)$ 的极限不存在.

4. 连续

设 $\lim\limits_{\substack{x \to x_0 \\ y \to y_0}} f(x,y) = f(x_0, y_0)$，则称函数 $f(x,y)$ 在点 $P_0(x_0, y_0)$ 处连续. 否则称

函数 $f(x,y)$ 在点 P_0 处不连续，而点 P_0 称为函数 $f(x,y)$ 的间断点.

注：① 一切多元初等函数在其定义区域内连续.

②二元函数的间断点有可能为一条曲线.

5. 有界闭区域上多元连续函数的性质

（1）有界定理：设多元函数 $u = f(P)$ 在有界闭区域 D 上连续，则 $u = f(P)$ 在 D 上有界，即存在 $M > 0$，使得 $|f(P)| \leqslant M$.

（2）最大值与最小值值定理：设多元函数 $u = f(P)$ 在有界闭区域 D 上连续，则 $u = f(P)$ 在 D 上存在最大值与最小值，即存在 $P_1, P_2 \in D$，使得

$$f(P_1) = \max_{P \in D} f(P), f(P_2) = \min_{P \in D} f(P).$$

（3）介值定理：设多元函数 $u = f(P)$ 在有界闭区域 D 上连续，则 $u = f(P)$ 在 D 上必取得介于最小值 m 和最大值 M 之间的任何值，即对任意 $\mu \in (m, M)$，存在 $P_0 \in D$，使得 $f(P_0) = \mu$.

6. 求二元函数极限常用方法

（1）极限运算法则.

（2）夹逼准则.

（3）两个重要极限.

（4）无穷小量乘有界函数为无穷小量.

（5）等价无穷小替代.

（6）初等函数的连续性.

同步练习

一、填空题

1. 极限 $\lim\limits_{\substack{x\to a\\y\to 0}} \dfrac{\arctan(xy)}{y} = $ _____.

2. 极限 $\lim\limits_{\substack{x\to\infty\\y\to\infty}} \left(\dfrac{1}{x}\sin y + \dfrac{1}{y}\sin x\right) = $ _____.

3. 极限 $\lim\limits_{\substack{x\to 1\\y\to 0}} \dfrac{\cos(\pi x + y)}{\ln(x + \mathrm{e}^y)} = $ _____.

4. 函数 $z = \dfrac{y^2 + 2x}{y^2 - 2x}$ 的间断点为_____.

二、计算题

1. 求极限 $\lim\limits_{\substack{x\to 0\\y\to 0}} \dfrac{\sqrt{xy+4}-2}{xy}$.

2. 求极限 $\lim\limits_{\substack{x\to 0\\y\to 0}} \dfrac{x^2 y}{x^2 + y^2}$.

3. 求极限 $\lim\limits_{\substack{x \to \infty \\ y \to 0}} \left(1 + \dfrac{2}{x}\right)^{\frac{x^2}{x+y}}$.

4. 判断极限 $\lim\limits_{\substack{x \to 0 \\ y \to 0}} \dfrac{xy + y^2}{x^2 + y^2}$ 是否存在.

三、证明题

证明极限 $\lim\limits_{\substack{x \to 0 \\ y \to 0}} \dfrac{\sqrt{xy+1}-1}{x+y}$ 不存在.

8.2 偏导数与全微分

主要知识与方法

1. 偏导数

$$f'_x(x_0, y_0) = \lim_{\Delta x \to 0} \frac{f(x_0 + \Delta x, y_0) - f(x_0, y_0)}{\Delta x}.$$

$$f'_y(x_0, y_0) = \lim_{\Delta y \to 0} \frac{f(x_0, y_0 + \Delta y) - f(x_0, y_0)}{\Delta y}.$$

也可记为 $z'_x\Big|_{\substack{x=x_0\\y=y_0}}, z'_y\Big|_{\substack{x=x_0\\y=y_0}}$ 或 $\frac{\partial f}{\partial x}\Big|_{\substack{x=x_0\\y=y_0}}, \frac{\partial f}{\partial y}\Big|_{\substack{x=x_0\\y=y_0}}, \frac{\partial z}{\partial x}\Big|_{\substack{x=x_0\\y=y_0}}, \frac{\partial z}{\partial y}\Big|_{\substack{x=x_0\\y=y_0}}.$

2. 偏导数的几何意义

二元函数 $z = f(x, y)$ 在点 $P_0(x_0, y_0)$ 处的偏导数为 $f'_x(x_0, y_0)$ 是曲面 $z = f(x, y)$ 被平面 $y = y_0$ 截得的空间曲线 $\begin{cases} z = f(x, y) \\ y = y_0 \end{cases}$ 在点 $M_0(x_0, y_0, f(x_0, y_0))$ 处切线对 x 轴的斜率; $f'_y(x_0, y_0)$ 是曲面 $z = f(x, y)$ 被平面 $x = x_0$ 所截得的空间曲线 $\begin{cases} z = f(x, y) \\ x = x_0 \end{cases}$ 在点 $M_0(x_0, y_0, f(x_0, y_0))$ 处切线对 y 轴的斜率.

3. 偏导函数

如果函数 $z = f(x, y)$ 在区域 D 内任一点 $P(x, y)$ 处对 x、对 y 的偏导数都存在,分别称为函数 $z = f(x, y)$ 对 x, y 的偏导函数,并分别记为 $\frac{\partial z}{\partial x}, \frac{\partial z}{\partial y}$ 或 $\frac{\partial f}{\partial x}, \frac{\partial f}{\partial y}$ 或 z'_x, z'_y 或 $f'_x(x, y), f'_y(x, y)$.

注:二元函数的偏导数可以推广到 $n(n > 2)$ 元函数的偏导数.

4. 偏导数求法

将其余自变量看成常数,利用一元函数的求导方法对该自变量求导.

5. 二阶偏导数

偏导数 $\frac{\partial z}{\partial x}, \frac{\partial z}{\partial y}$ 的偏导数 $\frac{\partial}{\partial x}\left(\frac{\partial z}{\partial x}\right), \frac{\partial}{\partial y}\left(\frac{\partial z}{\partial x}\right), \frac{\partial}{\partial x}\left(\frac{\partial z}{\partial y}\right), \frac{\partial}{\partial y}\left(\frac{\partial z}{\partial y}\right)$ 称为二阶偏导数,记为 $\frac{\partial^2 z}{\partial x^2}, \frac{\partial^2 z}{\partial x \partial y}, \frac{\partial^2 z}{\partial y \partial x}, \frac{\partial^2 z}{\partial y^2}$ 或 $z''_{xx}, z''_{xy}, z''_{yx}, z''_{yy}$. 其中 z''_{xy}, z''_{yx} 称为混合偏导数.

同理可定义其他高阶偏导数,例如 $\frac{\partial^3 z}{\partial x^2 \partial y} = \frac{\partial}{\partial y}\left(\frac{\partial^2 z}{\partial x^2}\right), \frac{\partial^3 z}{\partial y^3} = \frac{\partial}{\partial y}\left(\frac{\partial^2 z}{\partial y^2}\right).$

注:混合偏导数求导顺序从左到右.

6. 混合偏导数的关系

如果函数 $z = f(x, y)$ 的二阶混合偏导数 $\dfrac{\partial^2 z}{\partial x \partial y}$ 及 $\dfrac{\partial^2 z}{\partial y \partial x}$ 在区域 D 内连续,则

$$\frac{\partial^2 z}{\partial x \partial y} = \frac{\partial^2 z}{\partial y \partial x}.$$

7. 全微分

设函数 $z = f(x, y)$ 在点 $P_0(x_0, y_0)$ 的某邻域内有定义,若

$$\Delta z = A\Delta x + B\Delta y + o(\rho),$$

其中 A, B 为常数,$\rho = \sqrt{(\Delta x)^2 + (\Delta y)^2}$,则称 $z = f(x, y)$ 在点 $P_0(x_0, y_0)$ 处可微,且 $A\Delta x + B\Delta y$ 称为函数 $z = f(x, y)$ 在点 $P_0(x_0, y_0)$ 处的微分,记为 $\mathrm{d}z = A\Delta x + B\Delta y$.

同理可定义函数 $z = f(x, y)$ 在区域 D 内任意一点的微分,即函数微分.

8. 可微的条件

(1) 若 $z = f(x, y)$ 在点 $P(x, y)$ 处可微,则 $z = f(x, y)$ 在点 $P(x, y)$ 处的连续.

(2) 若 $z = f(x, y)$ 在点 $P(x, y)$ 处可微,则 $z = f(x, y)$ 在点 $P(x, y)$ 处的偏导数 $f'_x(x, y), f'_y(x, y)$ 存在,且 $A = f'_x(x, y), B = f'_y(x, y)$.

(3) 若 $z = f(x, y)$ 的偏导数 $f'_x(x, y), f'_y(x, y)$ 在点 $P(x, y)$ 处连续,则 $z = f(x, y)$ 在点 $P(x, y)$ 处可微.

9. 微分计算公式

$$\mathrm{d}z = \frac{\partial z}{\partial x}\mathrm{d}x + \frac{\partial z}{\partial y}\mathrm{d}y.$$

说明:上述公式可推广到 n 元函数的微分,例如 $u = f(x, y, z)$,则

$$\mathrm{d}u = u'_x \mathrm{d}x + u'_y \mathrm{d}y + u'_z \mathrm{d}z.$$

同步练习

一、填空题

1. 设 $z = \mathrm{e}^{x^2 y}$，则 $\dfrac{\partial z}{\partial x} = $ _____．

2. 设 $f(x, y) = x\ln(xy)$，则 $f_x'(1, \mathrm{e}) = $ _____．

3. 设 $z = \sin(xy)$，则 $\mathrm{d}z = $ _____．

4. 设 $z = x^3 y - xy^3$，则 $\dfrac{\partial^2 z}{\partial x \partial y} = $ _____．

二、计算题

1. 求曲线 $\begin{cases} z = \dfrac{x^2 + y^2}{2} \\ y = 1 \end{cases}$ 在点 $(1, 1, 1)$ 处的切线对于 x 轴正向所成的倾角 α．

2. 设 $z = 2\cos^2\left(x - \dfrac{y}{2}\right)$，求 $\dfrac{\partial z}{\partial x}, \dfrac{\partial z}{\partial y}$．

3. 设 $z = x\ln(x+y)$，求其二阶偏导数.

4. 设 $z = x^3\sin y - y\mathrm{e}^x$，求 $\dfrac{\partial^3 z}{\partial x^2 \partial y}$.

5. 设 $z = \arctan\dfrac{y}{x}$，求 $\mathrm{d}z$.

6. 设 $u = a^{x+yz} - \ln x^a (a > 0)$,求 $\mathrm{d}u$.

7. 设 $f(t)$ 为连续函数,$u = xyz + \displaystyle\int_{yz}^{xy} f(t)\,\mathrm{d}t$,求 $\mathrm{d}u$.

8. 设 $f(x,y,z) = \left(\dfrac{x}{y}\right)^z$,求 $\mathrm{d}f(1,1,1)$.

9. 讨论函数 $f(x,y) = \begin{cases} \dfrac{xy}{\sqrt{x^2+y^2}}, & x^2+y^2 \neq 0 \\ 0, & x^2+y^2 = 0 \end{cases}$ 在点 $(0,0)$ 处的可微性.

三、证明题

1. 设 $z = \dfrac{y}{f(x^2-y^2)}$,其中 $f(u)$ 可导,证明:$\dfrac{1}{x}\dfrac{\partial z}{\partial x} + \dfrac{1}{y}\dfrac{\partial z}{\partial y} = \dfrac{z}{y^2}$.

2. 设 $r = \sqrt{x^2+y^2+z^2}$,证明:$\dfrac{\partial^2 r}{\partial x^2} + \dfrac{\partial^2 r}{\partial y^2} + \dfrac{\partial^2 r}{\partial z^2} = \dfrac{2}{r}$.

8.3　多元复合函数求导与隐函数求导

主要知识与方法

1. 复合函数求导法则

（1）设 $u = \varphi(t), v = \psi(t), z = f(u, v)$，则 $\dfrac{\mathrm{d}z}{\mathrm{d}t} = \dfrac{\partial z}{\partial u} \cdot \dfrac{\mathrm{d}u}{\mathrm{d}t} + \dfrac{\partial z}{\partial v} \cdot \dfrac{\mathrm{d}v}{\mathrm{d}t}$.

上述导数称为全导数.

（2）设 $u = \varphi(x, y)$ 及 $v = \psi(x, y), z = f(u, v)$，则

$$\frac{\partial z}{\partial x} = \frac{\partial z}{\partial u} \cdot \frac{\partial u}{\partial x} + \frac{\partial z}{\partial v} \cdot \frac{\partial v}{\partial x}, \frac{\partial z}{\partial y} = \frac{\partial z}{\partial u} \cdot \frac{\partial u}{\partial y} + \frac{\partial z}{\partial v} \cdot \frac{\partial v}{\partial y}.$$

（3）设 $u = \varphi(x, y), z = f(x, y, u)$，则

$$\frac{\partial z}{\partial x} = \frac{\partial f}{\partial x} + \frac{\partial f}{\partial u} \cdot \frac{\partial u}{\partial x}, \frac{\partial z}{\partial y} = \frac{\partial f}{\partial y} + \frac{\partial f}{\partial u} \cdot \frac{\partial u}{\partial y}.$$

2. 全微分的形式不变性

设函数 $z = f(u, v)$ 可微，则 $\mathrm{d}z = \dfrac{\partial z}{\partial u} \mathrm{d}u + \dfrac{\partial z}{\partial v} \mathrm{d}v$.

3. 隐函数的求导法则

（1）设函数 $y = y(x)$ 由方程 $F(x, y) = 0$ 确定，则 $\dfrac{\mathrm{d}y}{\mathrm{d}x} = -\dfrac{F'_x}{F'_y}$.

（2）设函数 $z = z(x, y)$ 由方程 $F(x, y, z) = 0$ 确定，则 $\dfrac{\partial z}{\partial x} = -\dfrac{F'_x}{F'_z}, \dfrac{\partial z}{\partial y} = -\dfrac{F'_y}{F'_z}$.

（3）设函数 $y = y(x), z = z(x)$ 由方程组 $\begin{cases} F(x, y, z) = 0 \\ G(x, y, z) = 0 \end{cases}$ 确定，则

$$\frac{\mathrm{d}y}{\mathrm{d}x} = -\frac{\begin{vmatrix} F'_x & F'_z \\ G'_x & G'_z \end{vmatrix}}{\begin{vmatrix} F'_y & F'_z \\ G'_y & G'_z \end{vmatrix}}, \frac{\mathrm{d}z}{\mathrm{d}x} = -\frac{\begin{vmatrix} F'_y & F'_x \\ G'_y & G'_x \end{vmatrix}}{\begin{vmatrix} F'_y & F'_z \\ G'_y & G'_z \end{vmatrix}}.$$

（4）设函数 $u = u(x, y), v = v(x, y)$ 由方程组 $\begin{cases} F(x, y, u, v) = 0 \\ G(x, y, u, v) = 0 \end{cases}$ 确定，则

$$\frac{\partial u}{\partial x} = -\frac{\begin{vmatrix} F'_x & F'_v \\ G'_x & G'_v \end{vmatrix}}{\begin{vmatrix} F'_u & F'_v \\ G'_u & G'_v \end{vmatrix}}, \frac{\partial v}{\partial x} = -\frac{\begin{vmatrix} F'_u & F'_x \\ G'_u & G'_x \end{vmatrix}}{\begin{vmatrix} F'_u & F'_v \\ G'_u & G'_v \end{vmatrix}},$$

$$\frac{\partial u}{\partial y} = -\frac{\begin{vmatrix} F'_y & F'_v \\ G'_y & G'_v \end{vmatrix}}{\begin{vmatrix} F'_u & F'_v \\ G'_u & G'_v \end{vmatrix}}, \frac{\partial v}{\partial y} = -\frac{\begin{vmatrix} F'_u & F'_y \\ G'_u & G'_y \end{vmatrix}}{\begin{vmatrix} F'_u & F'_v \\ G'_u & G'_v \end{vmatrix}}.$$

说明：由于上述(3)与(4)中的隐函数求导或偏导公式其本质是求解以导数或偏导数为未知量的线性方程组，所以先对每个方程求导或偏导再解方程组.

4. 求隐函数二阶导数或偏导数的步骤

(1) 求一阶导数或偏导数.

(2) 在一阶导数或偏导数的基础上求二阶导数或偏导数的表达式.

(3) 把一阶导数或偏导数代入二阶导数或偏导数的表达式得结果.

5. 抽象复合函数求二阶偏导数的步骤

(1) 求一阶偏导数.

(2) 利用导数的运算求二阶偏导数的表达式.

(3) 求一阶偏导数 f'_1、f'_2 等对 $x(y)$ 的偏导数(类似(1)).

(4) 整理并合并混合偏导数.

同步练习

一、填空题

1. 设 $z = \dfrac{y}{x}$，而 $x = e^t, y = 1 - \cos t$，则 $\dfrac{\mathrm{d}z}{\mathrm{d}t} = $ _____.

2. 设 $u = e^{x^2 + y^2 + z^2}$，而 $z = x^2 \sin y$，则 $\dfrac{\partial u}{\partial x} = $ _____.

3. 设函数 $y = y(x)$ 由方程 $\sin y + e^x = xy^2$ 确定，则 $\dfrac{\mathrm{d}y}{\mathrm{d}x} = $ _____.

4. 设函数 $z = z(x,y)$ 由方程 $\dfrac{x}{z} = \ln \dfrac{z}{y}$ 确定，则 $\dfrac{\partial z}{\partial x} = $ _____.

二、试解下列各题

1. 设 $z = \arctan(xy)$，且 $y = e^x$，求 $\dfrac{\mathrm{d}z}{\mathrm{d}x}, \dfrac{\mathrm{d}z}{\mathrm{d}y}$.

2. 设 $z = u^2 \ln v$，且 $u = \dfrac{x}{y}, v = 4x - 3y$，求 $\dfrac{\partial z}{\partial x}, \dfrac{\partial z}{\partial y}$.

3. 设 $z = f(x,u,v)$，且 $u = 2x+y, v = xy$，其中 f 具有一阶连续偏导，求 dz.

4. 设函数 $z = z(x,y)$ 由方程 $xz = \sin y + f(xy, z+y)$ 确定，其中 f 具有一阶连续偏导，求 dz.

5. 设函数 $z = z(x,y)$ 由方程 $z^5 - xz^4 + yz^3 = 1$ 确定，求 $\dfrac{\partial z}{\partial x}\Big|_{\substack{x=0\\y=0}}, \dfrac{\partial z}{\partial y}\Big|_{\substack{x=0\\y=0}}$.

6. 设 $u = f(x,y,z)$ 具有一阶连续偏导，$y = y(x)$ 及 $z = z(x)$ 分别由方程 $e^{xy} - xy = 2$ 及 $e^x = \int_0^{x-z} \frac{\sin t}{t} dt$ 确定，求 $\frac{du}{dx}$.

7. 设 $z = x^3 f\left(xy, \frac{y}{x}\right)$，而 $f(u,v)$ 具有二阶连续偏导，$\frac{\partial^2 z}{\partial y^2}, \frac{\partial^2 z}{\partial x \partial y}$.

8. 设函数 $y = y(x)$，$z = z(x)$ 由方程组 $\begin{cases} z = xf(x+y) \\ F(x,y,z) = 0 \end{cases}$ 确定，求 $\frac{dz}{dx}$.

9. 设函数 $u = u(x,y)$, $v = v(x,y)$ 由方程组 $\begin{cases} xu - yv = 0 \\ yu + xv = 1 \end{cases}$ 确定，求 $\dfrac{\partial u}{\partial x}$, $\dfrac{\partial v}{\partial x}$ 及 $\dfrac{\partial u}{\partial y}$, $\dfrac{\partial v}{\partial y}$.

三、证明题

1. 设函数 $z = f(x,y)$ 由方程 $F(x-y, y-z, z-x) = 0$ 确定，$F(u,v,\omega)$ 具有连续偏导数，且 $F'_v - F'_\omega \neq 0$，证明：$\dfrac{\partial z}{\partial x} + \dfrac{\partial z}{\partial y} = 1$.

2. 设函数 $z = f(x,y)$ 由方程 $\phi\left(x + \dfrac{z}{y}, y + \dfrac{z}{x}\right) = 0$ 确定，其中 $\phi(u,v)$ 具有连续偏导数，证明：$x\dfrac{\partial z}{\partial x} + y\dfrac{\partial z}{\partial y} = z - xy$.

8.4 几何应用与方向导数

1. 空间曲线的切线与法平面

(1) 设空间曲线 C 的方程为 $\begin{cases} x=\varphi(t) \\ y=\psi(t) \\ z=\omega(t) \end{cases}$，则切向量为 $\boldsymbol{T}=\{\varphi'(t_0),\psi'(t_0),\omega'(t_0)\}$.

曲线 C 点在 $M_0(x_0,y_0,z_0)$ 处的切线方程为

$$\frac{x-x_0}{\varphi'(t_0)}=\frac{y-y_0}{\psi'(t_0)}=\frac{z-z_0}{\omega'(t_0)}.$$

曲线 C 在点 $M_0(x_0,y_0,z_0)$ 处的法平面方程为

$$\varphi'(t_0)(x-x_0)+\psi'(t_0)(y-y_0)+\omega'(t_0)(z-z_0)=0.$$

(2) 设曲线 C 的方程为 $\begin{cases} y=\varphi(x) \\ z=\psi(x) \end{cases}$，则切向量为 $\boldsymbol{T}=\{1,\varphi'(x_0),\psi'(x_0)\}$.

曲线 C 在点 $M_0(x_0,y_0,z_0)$ 处的切线方程为

$$\frac{x-x_0}{1}=\frac{y-y_0}{\varphi'(x_0)}=\frac{z-x_0}{\psi'(x_0)}.$$

曲线 C 在点 $M_0(x_0,y_0,z_0)$ 处的法平面方程为

$$(x-x_0)+\varphi'(x_0)(y-y_0)+\psi'(x_0)(z-z_0)=0.$$

(3) 设空间曲线 C 的方程为 $\begin{cases} F(x,y,z)=0 \\ G(x,y,z)=0 \end{cases}$，则切向量为

$$\boldsymbol{T}=\left\{\begin{vmatrix} F'_y & F'_z \\ G'_y & G'_z \end{vmatrix}_{M_0}, \begin{vmatrix} F'_z & F'_x \\ G'_z & G'_x \end{vmatrix}_{M_0}, \begin{vmatrix} F'_x & F'_y \\ G'_x & G'_y \end{vmatrix}_{M_0}\right\}$$

曲线 C 在点 $M_0(x_0,y_0,z_0)$ 处的切线方程为

$$\frac{x-x_0}{\begin{vmatrix} F'_y & F'_z \\ G'_y & G'_z \end{vmatrix}_{M_0}}=\frac{y-y_0}{\begin{vmatrix} F'_z & F'_x \\ G'_z & G'_x \end{vmatrix}_{M_0}}=\frac{z-z_0}{\begin{vmatrix} F'_x & F'_y \\ G'_x & G'_y \end{vmatrix}_{M_0}}.$$

曲线 C 在点 $M_0(x_0,y_0,z_0)$ 处的法平面方程为

$$\begin{vmatrix} F'_y & F'_z \\ G'_y & G'_z \end{vmatrix}_{M_0}(x-x_0)+\begin{vmatrix} F'_z & F'_x \\ G'_z & G'_x \end{vmatrix}_{M_0}(y-y_0)+\begin{vmatrix} F'_x & F'_y \\ G'_x & G'_y \end{vmatrix}_{M_0}(z-z_0)=0.$$

说明:将每个方程两边对 x 求导 $y'(x_0),z'(x_0)$，化为情况(2).

2. 曲面的切平面与法线

(1) 设曲面 $\sum$ 的方程为 $F(x,y,z)=0$,则法向量为

$$\boldsymbol{n}=\{F'_x(x_0,y_0,z_0),F'_y(x_0,y_0,z_0),F'_z(x_0,y_0,z_0)\}.$$

曲面 $\sum$ 在点 $M_0(x_0,y_0,z_0)$ 处的切平面方程为

$$F'_x(x_0,y_0,z_0)(x-x_0)+F'_y(x_0,y_0,z_0)(y-y_0)+F'_z(x_0,y_0,z_0)(z-z_0)=0.$$

曲面 $\sum$ 在点 $M_0(x_0,y_0,z_0)$ 处的法线方程为

$$\frac{x-x_0}{F'_x(x_0,y_0,z_0)}=\frac{y-y_0}{F'_y(x_0,y_0,z_0)}=\frac{z-z_0}{F'_z(x_0,y_0,z_0)}.$$

(2) 设曲面 $\sum$ 的方程为 $z=f(x,y)$,则法向量为

$$\boldsymbol{n}=\{f'_x(x_0,y_0),f'_y(x_0,y_0),-1\}.$$

曲面 $\sum$ 在点 $M_0(x_0,y_0,z_0)$ 处的切平面方程为

$$f'_x(x_0,y_0)(x-x_0)+f'_y(x_0,y_0)(y-y_0)-(z-z_0)=0.$$

曲面 $\sum$ 在点 $M_0(x_0,y_0,z_0)$ 处的法线方程为

$$\frac{x-x_0}{f'_x(x_0,y_0)}=\frac{y-y_0}{f'_y(x_0,y_0)}=\frac{z-z_0}{-1}.$$

3. 方向导数

(1) 定义:设函数 $z=f(x,y)$ 在点 $P(x,y)$ 的某一邻域内有定义,自点 P 引射线 l,当 P' 沿着 l 趋于 P 时,若极限 $\lim\limits_{\rho\to0}\dfrac{f(x+\Delta x,y+\Delta y)-f(x,y)}{\rho}$ 存在,则称该极限为函数 $z=f(x,y)$ 在点 $P(x,y)$ 沿方向 l 的方向导数,其中 $\rho=\sqrt{(\Delta x)^2+(\Delta y)^2}$. 记为 $\dfrac{\partial f}{\partial l}\Big|_P$,即 $\dfrac{\partial f}{\partial l}\Big|_P=\lim\limits_{\rho\to0}\dfrac{f(x+\Delta x,y+\Delta y)-f(x,y)}{\rho}$

类似地,可定义 $\dfrac{\partial f}{\partial l}\Big|_P=\lim\limits_{\rho\to0}\dfrac{f(x+\Delta x,y+\Delta y,z+\Delta z)-f(x,y,z)}{\rho}$.

(2) 计算公式:设函数 $z=f(x,y)$ 在点 $P(x,y)$ 处可微,则

$$\frac{\partial f}{\partial l}=\frac{\partial f}{\partial x}\cos\alpha+\frac{\partial f}{\partial y}\cos\beta,$$

其中 α,β 分别为方向 l 与 x 轴正向、y 轴正向的夹角.

类似地,有

$$\frac{\partial f}{\partial l}=\frac{\partial f}{\partial x}\cos\alpha+\frac{\partial f}{\partial y}\cos\beta+\frac{\partial f}{\partial z}\cos\gamma,$$

其中 α,β,γ 分别为方向 l 与 x 轴正向、y 轴正向、z 轴正向的夹角.

4. 梯度

向量 $\{f'_x(x_0,y_0),f'_y(x_0,y_0)\}$ 称为函数 $f(x,y)$ 在点 (x_0,y_0) 处的梯度,记为 $\mathbf{grad}f(x_0,y_0)$,即 $\mathbf{grad}f(x_0,y_0)=\{f'_x(x_0,y_0),f'_y(x_0,y_0)\}$.

类似地,有 $\mathbf{grad}f(x_0,y_0,z_0)=\{f'_x(x_0,y_0,z_0),f'_y(x_0,y_0,z_0),f'_z(x_0,y_0,z_0)\}$.

同步练习

一、填空题

1. 曲线 $x = \cos t, y = \sin 2t, z = \cos 3t$ 在 $t = \dfrac{\pi}{4}$ 处的切线方程为＿＿＿＿.

2. 曲面 $z = x^2 - y^2$ 在点 $(1, 2, -3)$ 处的切平面方程为＿＿＿＿.

3. 函数 $f(x, y) = x e^{2y}$ 在点 $(1, 0)$ 处沿方向 $l = \{-3, 4\}$ 的方向导数 $\dfrac{\partial f}{\partial l} = $ ＿＿＿.

4. 函数 $f(x, y) = \dfrac{x^2 + y^2}{2}$ 在点 $(1, 1)$ 处的梯度 $\mathbf{grad}\, f = $ ＿＿＿＿.

二、计算题

1. 求曲线 $\begin{cases} y = 2x^2 \\ z = x^3 \end{cases}$ 在点 $(1, 2, 1)$ 处的切线与法平面方程.

2. 求曲线 $\begin{cases} x^2 + y^2 + z^2 = 4 \\ x^2 + y^2 = 2x \end{cases}$ 在点 $(1, 1, \sqrt{2})$ 处的切线与法平面方程.

3. 在曲线 $x = t, y = -t^2, z = t^3$ 上求一点,使得曲线在该点处的切线平行于平面 $x + 2y + z = 4$.

4. 求曲面 $e^z + xy = z + 3$ 在点 $(2, 1, 0)$ 处的切平面与法线方程.

5. 在曲面 $z = x^2 + \dfrac{y^2}{2}$ 求一点,使得曲面在该点处的切平面平行于平面 $2x + 2y - z = 0$,并求切平面方程.

6. 设直线 $l: \begin{cases} x+y+b=0 \\ x+ay-z-3=0 \end{cases}$ 在平面 π 上，而平面 π 与曲面 $z=x^2+y^2$ 相切于点 $(1,-2,5)$，求 a,b.

7. 求曲面 $3x^2+y^2+z^2=16$ 上点 $(-1,-2,3)$ 处的切平面与 xOy 面的夹角.

8. 求函数 $u=\ln(x+\sqrt{y^2+z^2})$ 在点 $A(1,0,1)$ 处沿 A 指向点 $B(2,-2,3)$ 的方向导数.

9. 求函数 $u = xy^2 + z^3 - xyz$ 在点 $P(1,1,1)$ 处沿曲面 $x^2 + 2y^2 + z^2 = 4$ 在点 P 处外法向量方向的方向导数.

10. 求函数 $u = xy^2z$ 在点 $P(1,-1,2)$ 处的梯度.

三、证明题

证明曲面 $\sqrt{x} + \sqrt{y} + \sqrt{z} = \sqrt{a}(x,y,z,a > 0)$ 上任一点的切平面在坐标轴上截距之和为常数.

8.5　多元函数极值

主要知识与方法

1. 二元函数极值

(1) 极大值:设函数 $f(x,y)$ 点 $P_0(x_0,y_0)$ 的某个邻域 $U(P_0)$ 内有定义,若对任意 $(x,y) \in \overset{\circ}{U}(P_0)$ 内,有
$$f(x,y) < f(x_0,y_0),$$
则称 $f(x_0,y_0)$ 为函数 $f(x,y)$ 的极大值,(x_0,y_0) 称为函数 $f(x,y)$ 的极大值点.

(2) 极小值:设函数 $f(x,y)$ 点 $P_0(x_0,y_0)$ 的某个邻域 $U(P_0)$ 内有定义,若对任意 $(x,y) \in \overset{\circ}{U}(P_0)$ 内,有
$$f(x,y) > f(x_0,y_0),$$
则称 $f(x_0,y_0)$ 为函数 $f(x,y)$ 的极小值,(x_0,y_0) 称为函数 $f(x,y)$ 的极小值点.

函数的极大值与极小值统称为函数的极值.

2. 取极值的必要条件

设函数 $z = f(x,y)$ 在点 (x_0,y_0) 处可微分,且在点 (x_0,y_0) 处取极值,则
$$f'_x(x_0,y_0) = 0, f'_y(x_0,y_0) = 0.$$

3. 驻点

方程组 $\begin{cases} f'_x(x,y) = 0 \\ f'_y(x,y) = 0 \end{cases}$ 的解称为函数 $z = f(x,y)$ 的驻点.

注:对具有偏导函数 $f(x,y)$,极值点一定为驻点.

反过来不成立,即驻点不一定为极值点.

4. 取极值的充分条件(取极值的判别法)

设函数 $z = f(x,y)$ 在点 (x_0,y_0) 的某个邻域内连续且具有一阶和二阶连续偏导数,又 $f'_x(x_0,y_0) = 0, f'_y(x_0,y_0) = 0.$ 令
$$A = f''_{xx}(x_0,y_0), B = f''_{xy}(x_0,y_0), C = f''_{yy}(x_0,y_0),$$
则

(1) 当 $B^2 - AC < 0$ 时,函数 $z = f(x,y)$ 在点 (x_0,y_0) 处取极值,且 $A < 0$ 时 $f(x_0,y_0)$ 为极大值,$A > 0$ 时 $f(x_0,y_0)$ 为极小值.

(2) 当 $B^2 - AC > 0$ 时,函数 $z = f(x, y)$ 在点 (x_0, y_0) 处不取极值.

(3) 当 $B^2 - AC = 0$,函数 $z = f(x, y)$ 在点 (x_0, y_0) 处可能取极值,也可能不取极值,需另作讨论.

5. 求具有二阶连续偏导数的函数 $f(x, y)$ 极值的步骤

(1) 求 $f'_x(x, y)$, $f'_y(x, y)$,并解方程组 $\begin{cases} f'_x(x, y) = 0 \\ f'_y(x, y) = 0 \end{cases}$ 得驻点.

(2) 求 $f''_{xx}(x, y)$, $f''_{xy}(x, y)$, $f''_{yy}(x, y)$.

(3) 在每一个驻点上判断 $B^2 - AC$ 的符号,确定极值点,并确定是极大值点还是极小值点.

(4) 在每个极值点上,求出极值.

6. 有界闭区域 D 上二元连续函数最大值与最小值的求法

(1) 求函数 $f(x, y)$ 在 D 内的所有驻点处的函数值.

(2) 求函数 $f(x, y)$ 在 D 的边界上的最大值和最小值.

注:转为求一元函数在闭区间上的最大值与最小值或条件极值.

(3) 将上述值进行比较,其中最大的就是最大值,最小的就是最小值.

特别地,在通常遇到的实际问题中,根据问题的性质,知道函数 $f(x, y)$ 的最大值(最小值)一定在区域 D 的内部取得,而函数 $f(x, y)$ 在 D 内只有一个驻点,那么可以肯定该驻点处的函数值就是函数 $f(x, y)$ 在 D 上的最大值(最小值).

7. 条件极值(拉格朗日乘数法)

(1) 求函数 $z = f(x, y)$ 在条件 $\varphi(x, y) = 0$ 下的可能极值点.

构造函数

$$F(x, y) = f(x, y) + \lambda \varphi(x, y),$$

解方程组

$$\begin{cases} f'_x(x, y) + \lambda \varphi'_x(x, y) = 0 \\ f'_y(x, y) + \lambda \varphi'_y(x, y) = 0 \\ \varphi(x, y) = 0 \end{cases}$$

得函数 $z = f(x, y)$ 的可能极值点.

(2) 求函数 $u = f(x, y, z, t)$ 在条件 $\varphi(x, y, z, t) = 0$,$\psi(x, y, z, t) = 0$ 下的可能极值点.

构造函数

$$F(x, y, z, t) = f(x, y, z, t) + \lambda_1 \varphi(x, y, z, t) + \lambda_2 \psi(x, y, z, t),$$

解方程组

$$
\begin{cases}
f'_x(x,y,z,t)+\lambda_1\varphi'_x(x,y,z,t)+\lambda_2\psi'_x(x,y,z,t)=0 \\
f'_y(x,y,z,t)+\lambda_1\varphi'_y(x,y,z,t)+\lambda_2\psi'_y(x,y,z,t)=0 \\
f'_z(x,y,z,t)+\lambda_1\varphi'_z(x,y,z,t)+\lambda_2\psi'_z(x,y,z,t)=0 \\
f'_t(x,y,z,t)+\lambda_1\varphi'_t(x,y,z,t)+\lambda_2\psi'_t(x,y,z,t)=0 \\
\varphi(x,y,z,t)=0 \\
\psi(x,y,z,t)=0
\end{cases}
$$

得函数 $u=f(x,y,z,t)$ 的可能极值点.

　　应该注意,上述方法(拉格朗日乘数法) 只给出函数取极值的必要条件. 因此,按照这种方法求出来的点是否极值点,还需要加以讨论,不过在实际问题中,往往可以根据问题本身的性质来判断所求的点是不是极值点.

同步练习

一、填空题

1. 函数 $f(x,y) = 4(x-y) - x^2 - y^2$ 的极大值为_____.

2. 函数 $f(x,y) = x^2 - xy + y^2 + 3x$ 的极小值为_____.

3. 函数 $z = xy$ 在条件 $x + y = 1$ 下的极大值为_____.

二、计算题

1. 求函数 $f(x,y) = x^3 + y^3 - 3xy + 4$ 的极值.

2. 求函数 $f(x,y) = x^3 + y^3 - 3x^2 - 3y^2$ 的极值.

3. 求函数 $f(x,y) = x^2(2+y^2) + y\ln y$ 的极值.

4. 设函数 $z = z(x,y)$ 由方程 $x^2 - 6xy + 10y^2 - 2yz - z^2 + 18 = 0$ 确定,求函数 $z = z(x,y)$ 的极值.

5. 求二元函数 $f(x,y) = x^2y(4-x-y)$ 在直线 $x+y = 6$, x 轴和 y 轴所围成的区域 D 上的最大值和最小值.

6. 在曲面 $z = \sqrt{x^2 + y^2}$ 上求一点,使它到点 $(1, \sqrt{2}, 3\sqrt{3})$ 的距离最短,并求最短距离.

7. 求过点 $\left(2, 1, \dfrac{1}{3}\right)$ 的平面,使它与三个坐标平面在第 Ⅰ 卦限所围成的立体体积最小.

8. 求函数 $f(x, y) = x^2 + 2y^2 - x^2 y^2$ 在区域 $D = \{(x, y) \mid x^2 + y^2 \leqslant 4, y \geqslant 0\}$ 上的最大值和最小值.

第9章　重积分

9.1　二重积分的概念与计算

主要知识与方法

1. 二重积分

$$\iint\limits_{D} f(x,y)\mathrm{d}\sigma = \lim_{\lambda \to 0} \sum_{i=1}^{n} f(\xi_i, \eta_i)\Delta\sigma_i.$$

特别,在直角坐标系下,有 $\iint\limits_{D} f(x,y)\mathrm{d}\sigma = \iint\limits_{D} f(x,y)\mathrm{d}x\mathrm{d}y.$

2. 可积的条件

(1) 设函数 $f(x,y)$ 在闭区域 D 上的二重积分存在,则 $f(x,y)$ 在 D 上有界.

(2) 设函数 $f(x,y)$ 在闭区域 D 上连续,则 $f(x,y)$ 在 D 上可积.

3. 几何意义

$\iint\limits_{D} f(x,y)\mathrm{d}\sigma$ 表示以连续曲面 $z = f(x,y) \geqslant 0$ 为顶,以 xOy 平面上的区域 D 为

底的曲顶柱体体积.

4. 二重积分的性质

(1) $\iint\limits_{D} [f(x,y) \pm g(x,y)]\mathrm{d}\sigma = \iint\limits_{D} f(x,y)\mathrm{d}\sigma \pm \iint\limits_{D} g(x,y)\mathrm{d}\sigma.$

(2) $\iint\limits_{D} kf(x,y)\mathrm{d}\sigma = k\iint\limits_{D} f(x,y)\mathrm{d}\sigma.$

(3) 设 $D = D_1 + D_2$,则 $\iint\limits_{D} f(x,y)\mathrm{d}\sigma = \iint\limits_{D_1} f(x,y)\mathrm{d}\sigma + \iint\limits_{D_2} f(x,y)\mathrm{d}\sigma.$

性质(3) 称为二重积分的可加性.

(4) $\iint\limits_{D} \mathrm{d}\sigma = \sigma$,其中 σ 为区域 D 的面积.

(5) 设在 D 上有 $f(x,y) \leqslant g(x,y)$，则 $\iint\limits_{D} f(x,y)\mathrm{d}\sigma \leqslant \iint\limits_{D} g(x,y)\mathrm{d}\sigma$.

(6) 设 M,m 分别是 $f(x,y)$ 在闭区域 D 上的最大值和最小值，则

$$m\sigma \leqslant \iint\limits_{D} f(x,y)\mathrm{d}\sigma \leqslant M\sigma,\text{其中 } \sigma \text{ 为区域 } D \text{ 的面积}.$$

(7) 设函数 $f(x,y)$ 在闭区域 D 上连续，则在 D 上至少存在一点 (ξ,η)，使

$$\iint\limits_{D} f(x,y)\mathrm{d}\sigma = f(\xi,\eta)\sigma,\text{其中 } \sigma \text{ 为区域 } D \text{ 的面积}.$$

5. 二重积分的对称性质

(1) 设积分区域 D 关于 y 轴对称，且 D_1 为右半区域，则

① 当 $f(-x,y) = -f(x,y)$ 时，有 $\iint\limits_{D} f(x,y)\mathrm{d}\sigma = 0$；

② 当 $f(-x,y) = f(x,y)$ 时，有 $\iint\limits_{D} f(x,y)\mathrm{d}\sigma = \iint\limits_{D_1} f(x,y)\mathrm{d}\sigma$.

（2）设积分区域 D 关于 x 轴对称，且 D_1 为上半区域，则

① 当 $f(x,-y) = -f(x,y)$ 时，有 $\iint\limits_{D} f(x,y)\mathrm{d}\sigma = 0$；

② 当 $f(x,-y) = f(x,y)$ 时，有 $\iint\limits_{D} f(x,y)\mathrm{d}\sigma = \iint\limits_{D_1} f(x,y)\mathrm{d}\sigma$.

(3) 设积分区域 D 关于直线 $y = x$ 对称，则

$$\iint\limits_{D} f(x,y)\mathrm{d}\sigma = \iint\limits_{D} f(y,x)\mathrm{d}\sigma.$$

(4) 设积分区域 D 关于直线 $y = -x$ 对称，则

$$\iint\limits_{D} f(x,y)\mathrm{d}\sigma = \iint\limits_{D} f(-y,-x)\mathrm{d}\sigma.$$

6. 利用直角坐标计算二重积分

(1) 设区域 $D = \{(x,y) \mid \varphi_1(x) \leqslant y \leqslant \varphi_2(x), a \leqslant x \leqslant b\}$（$X$ 型区域），则

$$\iint\limits_{D} f(x,y)\mathrm{d}\sigma = \int_a^b \mathrm{d}x \int_{\varphi_1(x)}^{\varphi_2(x)} f(x,y)\mathrm{d}y.$$

（2）设区域 $D = \{(x,y) \mid \phi_1(y) \leqslant x \leqslant \phi_2(y), c \leqslant y \leqslant d\}$（$Y$ 型区域），则

$$\iint\limits_{D} f(x,y)\mathrm{d}\sigma = \int_c^d \mathrm{d}y \int_{\phi_1(y)}^{\phi_2(y)} f(x,y)\mathrm{d}x.$$

注：① 先画区域 D 的图形，再选择积分次序.

② 上述二次积分的积分次序从右到左.

(3) 若区域 D 既不是 X 型区域也不是 Y 型区域，则把区域 D 分成 X 型区域或

Y 型区域,利用二重积分的可加性求.

7. 利用直角坐标计算二重积分的步骤

(1) 根据积分区域 D 的图形化为二次积分.

(2) 计算右边定积分(第一个定积分).

说明:可以只写结果,不写过程.

(3) 计算左边定积分(第二个定积分) 的原函数.

(4) 计算原函数在上限与下限的函数值的差.

8. 利用极坐标计算二重积分

(1) 变换公式: $\iint\limits_{D} f(x,y)\mathrm{d}x\mathrm{d}y = \iint\limits_{D} f(r\cos\theta, r\sin\theta)r\,\mathrm{d}r\,\mathrm{d}\theta$.

(2) 积分方法:一般化为先对 r,再对 θ 的二次积分. 特别,有

① 当极点在区域 D 的外部时,即 $D = \{(\theta, r)\,|\,\varphi_1(\theta)\leqslant r\leqslant\varphi_2(\theta), \alpha\leqslant\theta\leqslant\beta\}$,则

$$\iint\limits_{D} f(x,y)\mathrm{d}\sigma = \int_{\alpha}^{\beta}\mathrm{d}\theta\int_{\varphi_1(\theta)}^{\varphi_2(\theta)} f(r\cos\theta, r\sin\theta)r\,\mathrm{d}r.$$

② 当极点在区域 D 的边界上时,即 $D = \{(\theta, r)\,|\,0\leqslant r\leqslant\varphi(\theta), \alpha\leqslant\theta\leqslant\beta\}$,则

$$\iint\limits_{D} f(x,y)\mathrm{d}\sigma = \int_{\alpha}^{\beta}\mathrm{d}\theta\int_{0}^{\varphi(\theta)} f(r\cos\theta, r\sin\theta)r\,\mathrm{d}r.$$

③ 当极点在区域 D 的内部时,即 $D = \{(\theta, r)\,|\,0\leqslant r\leqslant\varphi(\theta), 0\leqslant\theta\leqslant 2\pi\}$,则

$$\iint\limits_{D} f(x,y)\mathrm{d}\sigma = \int_{0}^{2\pi}\mathrm{d}\theta\int_{0}^{\varphi(\theta)} f(r\cos\theta, r\sin\theta)r\,\mathrm{d}r.$$

注:当被积函数 $f(x,y) = g(x^2 + y^2)$ 或 $f(x,y) = g\left(\dfrac{y}{x}\right)$ 且 D 为圆域时采用极坐标计算二重积分.

9. 利用极坐标计算二重积分的步骤

(1) 化为先对 r 再对 θ 的二次积分.

(2) 计算关于 r 的定积分(第一个定积分).

说明:可以只写结果,不写过程.

(3) 计算关于 θ 定积分的原函数(第二个定积分).

(4) 计算原函数在上限与下限的函数值的差.

同步练习

一、填空题

1. 设 D 是由坐标轴与直线 $x+y=2$ 围成的区域,则 $\iint\limits_D (3x+2y)\mathrm{d}\sigma = $ _____.

2. 设函数 $f(x,y)$ 连续,交换积分次序 $\int_1^e \mathrm{d}y \int_0^{\ln y} f(x,y)\mathrm{d}x = $ _____.

3. 二次积分 $\int_0^1 \mathrm{d}x \int_0^x y\mathrm{d}y = $ _____.

4. 设 $D = \{(x,y) \mid 4 \leqslant x^2 + y^2 \leqslant 9\}$,则 $\iint\limits_D \mathrm{d}\sigma = $ _____.

5. 设 $D = \{(x,y) \mid x^2 + y^2 \leqslant 1, y \geqslant 0\}$,则 $\iint\limits_D (x^2 + y^2)\mathrm{d}\sigma = $ _____.

二、计算题

1. 求二重积分 $\iint\limits_D \dfrac{2x}{y}\mathrm{d}\sigma$,式中 $D = \{(x,y) \mid y \leqslant x \leqslant 2, 1 \leqslant y \leqslant 2\}$.

2. 求二重积分 $\iint\limits_D (x+y)\mathrm{d}x\mathrm{d}y$,式中 D 是由直线 $y = |x|, y = |2x|, y = 1$ 围成的区域.

3. 求二重积分 $\iint\limits_{D} x^2 \mathrm{e}^{-y^2} \mathrm{d}x\mathrm{d}y$，式中 D 是由直线 $y=x$，$y=1$ 及 y 轴围成的区域.

4. 求二重积分 $\iint\limits_{D} \dfrac{\sin x}{x} \mathrm{d}x\mathrm{d}y$，式中 D 是由直线 $y=x$，$y=\dfrac{x}{2}$，$x=2$ 围成的区域.

5. 求二重积分 $\iint\limits_{D} (x^2+y^2) \mathrm{d}\sigma$，式中 D 是由直线 $y=x$，$y=x+a$，$y=a$ 及 $y=3a(a>0)$ 围成的区域.

6. 求二重积分 $\iint\limits_{D} |xy| \, d\sigma$，式中 $D = \{(x,y) \mid |x| + |y| \leqslant 1\}$.

7. 交换积分次序 $\int_{\frac{1}{4}}^{\frac{1}{2}} dy \int_{\frac{1}{2}}^{\sqrt{y}} f(x,y) dx + \int_{\frac{1}{2}}^{1} dy \int_{y}^{\sqrt{y}} f(x,y) dx$.

8. 求二次积分 $\int_{0}^{1} dy \int_{\arcsin y}^{\pi - \arcsin y} x \, dx$.

9. 设函数 $f(x)$ 在 $[0,1]$ 上连续，且 $\int_0^1 f(x)\mathrm{d}x = A$，求 $\int_0^1 \mathrm{d}x \int_x^1 f(x)f(y)\mathrm{d}y$.

10. 求二重积分 $\iint\limits_D \mathrm{e}^{-x^2-y^2}\mathrm{d}\sigma$，式中 $D = \{(x,y)\,|\,x^2+y^2 \leqslant a^2\}$.

11. 求二重积分 $\iint\limits_D \sqrt{x^2+y^2}\,\mathrm{d}x\mathrm{d}y$，式中 $D = \{(x,y)\,|\,0 \leqslant y \leqslant x, x^2+y^2 \leqslant 2x\}$.

12. 求二重积分 $\iint\limits_{D} |\, x^2 + y^2 - 4\,|\, \mathrm{d}\sigma$，式中 $D = \{(x,y)\,|\,x^2 + y^2 \leqslant 9\}$.

13. 求二重积分 $\iint\limits_{D} \dfrac{x^2}{x^2 + y^2} \mathrm{d}\sigma$，式中 $D = \{(x,y)\,|\,x^2 + y^2 \leqslant 1\}$.

三、证明题

证明：$\displaystyle\int_0^1 \mathrm{d}y \int_0^{\sqrt{y}} \mathrm{e}^y f(x) \mathrm{d}x = \int_0^1 (\mathrm{e} - \mathrm{e}^{x^2}) f(x) \mathrm{d}x.$

9.2 三重积分的概念与计算

主要知识与方法

1. 三重积分

$$\iiint\limits_{\Omega} f(x,y,z)\mathrm{d}v = \lim_{\lambda \to 0} \sum_{i=1}^{n} f(\xi_i,\eta_i,\zeta_i)\Delta v_i.$$

注:① 三重积分具有与二重积分类似的基本性质.

② $\iiint\limits_{\Omega} \mathrm{d}v$ 表示区域 Ω 的体积.

③ 在直角坐标下,有 $\iiint\limits_{\Omega} f(x,y,z)\mathrm{d}v = \iiint\limits_{\Omega} f(x,y,z)\mathrm{d}x\mathrm{d}y\mathrm{d}z.$

2. 利用直角坐标计算三重积分

(1) 设 $\Omega = \{(x,y,z) \mid z_1(x,y) \leqslant z \leqslant z_2(x,y),(x,y) \in D_{xy}\}$,其中 D_{xy} 为区域 Ω 在坐标面 xOy 上的投影区域,则

$$\iiint\limits_{\Omega} f(x,y,z)\mathrm{d}v = \iint\limits_{D_{xy}} \mathrm{d}x\mathrm{d}y \int_{z_1(x,y)}^{z_2(x,y)} f(x,y,z)\mathrm{d}z.$$

进一步,若 $D_{xy} = \{(x,y) \mid \varphi_1(x) \leqslant y \leqslant \varphi_2(x), a \leqslant x \leqslant b\}$,则

$$\iiint\limits_{\Omega} f(x,y,z)\mathrm{d}v = \int_a^b \mathrm{d}x \int_{\varphi_1(x)}^{\varphi_2(x)} \mathrm{d}y \int_{z_1(x,y)}^{z_2(x,y)} f(x,y,z)\mathrm{d}z.$$

注:① 上述三次积分的积分次序从右到左.

② 类似可将三重积分化为其他形式的三次积分.

(2) 设 $\Omega = \{(x,y,z) \mid (x,y) \in D_z, c_1 \leqslant z \leqslant c_2\}$,则

$$\iiint\limits_{\Omega} f(x,y,z)\mathrm{d}v = \int_{c_1}^{c_2} \mathrm{d}z \iint\limits_{D_z} f(x,y,z)\mathrm{d}x\mathrm{d}y.$$

上述方法称为截面法.

注:当 $f(x,y,z) = g(z)$ 或 $f(x,y,z) = g(x^2 + y^2)$ 且 D_z 为圆域时采用截面法计算三重积分较简单.

3. 利用直角坐标计算三重积分的步骤

(1) 一般化为先对 z 再对 y 最后对 x 的三次积分.

(2) 计算关于 z 的定积分(第一个定积分).

说明:可以只写结果,不写过程.

(3) 计算关于 y 的定积分(第二个定积分).

说明:可以只写结果,不写过程.

(4) 计算关于 x 定积分(第三个定积分) 的原函数.

(5) 计算原函数在上限与下限的函数值的差.

4. 利用柱面坐标计算三重积分

(1) 变换公式: $\iiint\limits_{\Omega} f(x,y,z)\mathrm{d}v = \iiint\limits_{\Omega^*} f(r\cos\theta, r\sin\theta, z) r\,\mathrm{d}r\,\mathrm{d}\theta\mathrm{d}z.$

(2) 计算方法:一般化为先对 z,再对 r,最后对 θ 的三次积分.

注:当被积函数或围成 Ω 边界曲面方程中含 $x^2 + y^2$ 或 $x^2 + y^2 + z^2$ 时采用柱面坐标计算其三重积分,特别 Ω 由圆柱面 $x^2 + y^2 = R^2$ 及平面 $z = a, z = b$ 围成时采用该方法较简单.

5. 利用柱面坐标计算三重积分的步骤

(1) 一般化为先对 z 再对 r 最后对 θ 的三次积分.

(2) 计算关于 z 的定积分(第一个定积分).

说明:可以只写结果,不写过程.

(3) 计算关于 r 的定积分(第二个定积分).

说明:可以只写结果,不写过程.

(4) 计算关于 θ 定积分(第三个定积分) 的原函数.

(5) 计算原函数在上限与下限的函数值的差.

6. 利用球面坐标计算三重积分

(1) 变换公式:

$$\iiint\limits_{\Omega} f(x,y,z)\mathrm{d}v = \iiint\limits_{\Omega^*} f(\rho\sin\varphi\cos\theta, \rho\sin\varphi\sin\theta, \rho\cos\varphi)\rho^2 \sin\varphi\mathrm{d}\rho\mathrm{d}\varphi\mathrm{d}\theta.$$

(2) 计算方法:一般化为先对 ρ,再对 φ,最后对 θ 的三次积分.

注:当被积函数或围成 Ω 边界曲面方程中含 $x^2 + y^2 + z^2$ 或 $x^2 + y^2$ 时采用球面坐标计算其三重积分,特别 Ω 由球面 $x^2 + y^2 + z^2 = R^2$ 围成时采用该方法较简单.

7. 利用球面坐标计算三重积分的步骤

(1) 一般化为先对 ρ 再对 φ 最后对 θ 的三次积分.

(2) 计算关于 ρ 的定积分(第一个定积分).

说明:可以只写结果,不写过程.

(3) 计算关于 φ 的定积分(第二个定积分).

说明:可以只写结果,不写过程.

(4) 计算关于 θ 定积分(第三个定积分) 的原函数.

(5) 计算原函数在上限与下限的函数值的差.

同步练习

一、填空题

1. 三次积分 $\int_0^1 \mathrm{d}x \int_0^x \mathrm{d}y \int_0^y \mathrm{d}z =$ _____ .

2. 设 Ω 是由曲面 $x^2 + y^2 = 2z$ 及平面 $z = 2$ 围成的区域, 则 $\iiint\limits_{\Omega} z\,\mathrm{d}v =$ _____ .

3. 设 $\Omega = \{(x,y,z) \mid x^2 + y^2 \leqslant 1, 0 \leqslant z \leqslant 2\}$, 则 $\iiint\limits_{\Omega} \sqrt{x^2 + y^2}\,\mathrm{d}v =$ _____ .

4. 设 $\Omega = \{(x,y,z) \mid x^2 + y^2 + z^2 \leqslant 1\}$, 则 $\iiint\limits_{\Omega} (x^2 + y^2 + z^2)\,\mathrm{d}v =$ _____ .

二、计算题

1. 求三重积分 $\iiint\limits_{\Omega} \dfrac{1}{(1+x+y+z)^3}\,\mathrm{d}v$, 式中 Ω 是由平面 $x + y + z = 1$ 与三个坐标面围成的区域.

2. 求三重积分 $\iiint\limits_{\Omega} y\sqrt{1-x^2}\,\mathrm{d}v$, 式中 Ω 是由曲面 $y = -\sqrt{1-x^2-z^2}$, $x^2 + z^2 = 1$ 及平面 $y = 1$ 围成的区域.

3. 求三重积分 $\iiint\limits_{\Omega} z^2 \mathrm{d}v$, 式中 Ω 是由椭球面 $\dfrac{x^2}{a^2} + \dfrac{y^2}{b^2} + \dfrac{z^2}{c^2} = 1$ 围成.

4. 求三重积分 $\iiint\limits_{\Omega} (x^2 + y^2) \mathrm{d}v$, 式中 Ω 是由锥面 $x^2 + y^2 = z^2$ 及平面 $z = a$ 围成的区域.

5. 求三重积分 $\iiint\limits_{\Omega} r\cos\theta \mathrm{d}r\,\mathrm{d}\theta\mathrm{d}z$, 式中 $\Omega = \{(\theta, r, z) \mid 0 \leqslant \theta \leqslant \dfrac{\pi}{2}, 1 \leqslant r \leqslant 2, 0 \leqslant z \leqslant 1\}$.

6. 求三重积分 $\iiint\limits_{\Omega} z \, \mathrm{d}v$，式中 Ω 是由球面 $x^2+y^2+z^2=4$ 及旋转抛物面 $x^2+y^2=3z$ 围成的区域.

7. 求三重积分 $\iiint\limits_{\Omega} (y+z) \, \mathrm{d}v$，式中 Ω 是由锥面 $z=\sqrt{x^2+y^2}$ 与平面 $z=1$ 围成的区域.

8. 求三重积分 $\iiint\limits_{\Omega} \sqrt{x^2+y^2} \, \mathrm{d}v$，式中 Ω 是由曲面 $x^2+y^2=2z$ 及平面 $z=2$ 围成的区域.

9. 求三重积分 $\iiint\limits_{\Omega} |z - x^2 - y^2| \mathrm{d}v$，式中 $\Omega = \{(x, y, z) \mid x^2 + y^2 \leqslant 1, 0 \leqslant z \leqslant 1\}$.

10. 求三重积分 $\iiint\limits_{\Omega} \dfrac{1}{\sqrt{x^2 + y^2 + z^2}} \mathrm{d}v$，式中 Ω 是由球面 $x^2 + y^2 + z^2 = 2z$ 围成的区域.

11. 求三重积分 $\iiint\limits_{\Omega} z\sqrt{x^2 + y^2 + z^2} \mathrm{d}v$，式中 $\Omega = \{(x, y, z) \mid x^2 + y^2 + z^2 \leqslant 1, z \geqslant \sqrt{3(x^2 + y^2)}\}$.

12. 求由曲面 $z = x^2 + 2y^2$ 与 $z = 6 - 2x^2 - y^2$ 围成的立体体积.

13. 求三重积分 $\iiint\limits_{\Omega} (x^2 + y^2 + z^2) \mathrm{d}v$,式中 Ω 是由曲线 $\begin{cases} y^2 = 2z \\ x = 0 \end{cases}$ 绕 z 轴旋转一周而形成的曲面与平面 $z = 4$ 围成的区域.

三、证明题

设 $f(x)$ 是连续函数,且 $f(0) = 0, f'(0) = 2$,证明:
$$\lim_{t \to 0} \frac{1}{t^4} \iiint\limits_{x^2 + y^2 + z^2 \leqslant t^2} f(\sqrt{x^2 + y^2 + z^2}) \mathrm{d}v = 2\pi.$$

9.3　重积分应用

$\boxed{\textbf{主要知识与方法}}$

1. 曲面面积

设曲面 Σ 的方程为 $z = f(x,y)$，且曲面 Σ 在 xOy 面上投影区域为 D_{xy}，则曲面 Σ 的面积为

$$S = \iint\limits_{D_{xy}} \sqrt{1 + z_x'^2 + z_y'^2}\,\mathrm{d}x\mathrm{d}y.$$

类似地有：

（1）设曲面 Σ 的方程为 $x = g(y,z)$，且曲面 Σ 在 yOz 面上投影区域为 D_{yz}，则曲面 Σ 的面积为

$$S = \iint\limits_{D_{yz}} \sqrt{1 + x_y'^2 + x_z'^2}\,\mathrm{d}y\mathrm{d}z.$$

（2）设曲面 Σ 的方程为 $y = h(z,x)$，且曲面 Σ 在 zOx 面上投影区域为 D_{zx}，则曲面 Σ 的面积为

$$S = \iint\limits_{D_{zx}} \sqrt{1 + y_z'^2 + y_x'^2}\,\mathrm{d}z\mathrm{d}x.$$

2. 质量

设平面薄片占有平面区域 D，密度函数为 $\rho(x,y)$，则该平面薄片的质量为

$$M = \iint\limits_{D} \rho(x,y)\,\mathrm{d}x\mathrm{d}y.$$

类似地，设物体占有空间区域 Ω，密度函数为 $\rho(x,y,z)$，则该物体的质量为

$$M = \iiint\limits_{\Omega} \rho(x,y,z)\,\mathrm{d}v.$$

3. 质心

设平面薄片占有平面区域 D，密度函数为 $\rho(x,y)$，则该平面薄片的质心坐标为

$$\bar{x} = \frac{\iint\limits_{D} x\rho(x,y)\,\mathrm{d}\sigma}{\iint\limits_{D} \rho(x,y)\,\mathrm{d}\sigma},\ \bar{y} = \frac{\iint\limits_{D} y\rho(x,y)\,\mathrm{d}\sigma}{\iint\limits_{D} \rho(x,y)\,\mathrm{d}\sigma}.$$

类似地，设物体占有空间区域 Ω，密度函数为 $\rho(x,y,z)$，则该物体的质心为

$$\bar{x} = \dfrac{\iiint\limits_{\Omega} x\rho(x,y,z)\mathrm{d}v}{\iiint\limits_{\Omega} \rho(x,y,z)\mathrm{d}v},\bar{y} = \dfrac{\iiint\limits_{\Omega} y\rho(x,y,z)\mathrm{d}v}{\iiint\limits_{\Omega} \rho(x,y,z)\mathrm{d}v},\bar{z} = \dfrac{\iiint\limits_{\Omega} z\rho(x,y,z)\mathrm{d}v}{\iiint\limits_{\Omega} \rho(x,y,z)\mathrm{d}v}.$$

说明:当物体为均匀时,质心称为形心.这时形心坐标为

$$\bar{x} = \frac{1}{V}\iiint\limits_{\Omega} x\,\mathrm{d}v,\bar{y} = \frac{1}{V}\iiint\limits_{\Omega} y\,\mathrm{d}v,\bar{z} = \frac{1}{V}\iiint\limits_{\Omega} z\,\mathrm{d}v.$$

其中 V 为物体的体积.

4. 转动惯量

设平面薄片占有平面区域 D,密度函数为 $\rho(x,y)$,则该平面薄片对于 x 轴、y 轴及原点的转动惯量分别为

$$I_x = \iint\limits_{D} y^2\rho(x,y)\mathrm{d}\sigma,I_y = \iint\limits_{D} x^2\rho(x,y)\mathrm{d}\sigma,I_O = \iint\limits_{D} (x^2+y^2)\rho(x,y)\mathrm{d}\sigma.$$

类似地,设物体占有空间区域 Ω,密度函数为 $\rho(x,y,z)$,则该物体对于 x 轴、xOy 平面及原点的转动惯量分别为

$$I_x = \iiint\limits_{\Omega} (y^2+z^2)\rho(x,y,z)\mathrm{d}v,I_{xOy} = \iiint\limits_{\Omega} z^2\rho(x,y,z)\mathrm{d}v,$$

$$I_O = \iiint\limits_{\Omega} (x^2+y^2+z^2)\rho(x,y,z)\mathrm{d}v.$$

类似可得物体对于其他坐标轴及坐标平面的转动惯量.

同步练习

1. 求锥面 $z = \sqrt{x^2 + y^2}$ 被柱面 $z^2 = 2x$ 所割下部分的曲面面积.

2. 求曲面 $x = yz$ 被柱面 $y^2 + z^2 = 1$ 所割下部分的曲面面积.

3. 设球体 $x^2 + y^2 + z^2 \leqslant 2z$ 上各点的密度等于该点到坐标原点的距离平方，求该球体的质量.

4. 设均匀物体占有空间区域 $\Omega = \{(x,y,z) \mid x^2 + y^2 \leqslant z \leqslant 1\}$,求其形心.

5. 设有一等腰直角三角形薄片,腰长为 4,各点处的面密度等于该点到直角顶点的距离平方,求该薄片的质心.

6. 求高为 h,半顶角为 $\dfrac{\pi}{4}$ 的均匀正圆锥体绕其对称轴旋转的转动惯量.

第10章 曲线积分与曲面积分

10.1 曲线积分的概念与计算

主要知识与方法

1. 第一类曲线积分

$$\int_C f(x,y)\mathrm{d}s = \lim_{\lambda \to 0}\sum_{i=1}^{n} f(\xi_i,\eta_i)\Delta s_i.$$

类似地,有$\int_L f(x,y,z)\mathrm{d}s = \lim_{\lambda \to 0}\sum_{i=1}^{n} f(\xi_i,\eta_i,\zeta_i)\Delta s_i.$

注:第一类曲线积分也称为对弧长的曲线积分.

2. 第一类曲线积分的性质

(1) $\int_C [f(x,y) \pm g(x,y)]\mathrm{d}s = \int_C f(x,y)\mathrm{d}s \pm \int_C g(x,y)\mathrm{d}s.$

(2) $\int_C kf(x,y)\mathrm{d}s = k\int_C f(x,y)\mathrm{d}s.$

(3) 设 $C = C_1 + C_2$,则$\int_C f(x,y\mathrm{d}s = \int_{C_1} f(x,y)\mathrm{d}s + \int_{C_2} f(x,y)\mathrm{d}s.$

(4) 设在曲线 C 上 $f(x,y) \leqslant g(x,y)$,则$\int_C f(x,y)\mathrm{d}s \leqslant \int_C g(x,y)\mathrm{d}s.$

3. 计算方法

(1) 设平面曲线 C 的方程为 $\begin{cases} x = \varphi(t) \\ y = \psi(t) \end{cases}(\alpha \leqslant t \leqslant \beta)$,则

$$\int_C f(x,y)\mathrm{d}s = \int_\alpha^\beta f[\varphi(t),\psi(t)]\sqrt{\varphi'^2(t) + \psi'^2(t)}\mathrm{d}t.$$

(2) 设平面曲线 C 的方程为 $y = \varphi(x)(a \leqslant x \leqslant b)$,则

$$\int_C f(x,y)\mathrm{d}s = \int_a^b f[x,\varphi(x)]\sqrt{1 + \varphi'^2(x)}\mathrm{d}x.$$

（3）设平面曲线 C 的方程为 $x = \psi(y)(c \leqslant y \leqslant d)$，则

$$\int_C f(x,y)\mathrm{d}s = \int_c^d f[\psi(y),y] \sqrt{1+\psi'^2(y)}\mathrm{d}y.$$

（4）设空间曲线 L 的参数方程为 $\begin{cases} x = \varphi(t) \\ y = \psi(t) \\ z = \omega(t) \end{cases}(\alpha \leqslant t \leqslant \beta)$，则

$$\int_L f(x,y,z)\mathrm{d}s = \int_\alpha^\beta f[\varphi(t),\psi(t),\omega(t)] \sqrt{\varphi'^2(t)+\psi'^2(t)+\omega'^2(t)}\mathrm{d}t.$$

注：以上方法是把第一类曲线积分化为定积分，且定积分的下限小于上限.

4. 第二类曲线积分

$$\int_C P(x,y)\mathrm{d}x = \lim_{\lambda \to 0} \sum_{i=1}^n P(\xi_i,\eta_i)\Delta x_i,$$

$$\int_C Q(x,y)\mathrm{d}y = \lim_{\lambda \to 0} \sum_{i=1}^n Q(\xi_i,\eta_i)\Delta y_i.$$

类似地，有 $\displaystyle\int_L P(x,y,z)\mathrm{d}x = \lim_{\lambda \to 0} \sum_{i=1}^n P(\xi_i,\eta_i,\zeta_i)\Delta x_i,$

$$\int_L Q(x,y,z)\mathrm{d}y = \lim_{\lambda \to 0} \sum_{i=1}^n Q(\xi_i,\eta_i,\zeta_i)\Delta y_i,$$

$$\int_L R(x,y,z)\mathrm{d}z = \lim_{\lambda \to 0} \sum_{i=1}^n R(\xi_i,\eta_i,\zeta_i)\Delta z_i.$$

注：① 第二类曲线积分也称为对坐标的曲线积分.

② $\displaystyle\int_C P\mathrm{d}x + \int_C Q\mathrm{d}y = \int_C P\mathrm{d}x + Q\mathrm{d}y = \int_C \boldsymbol{F}(x,y) \cdot \mathrm{d}\boldsymbol{r},$

式中 $\boldsymbol{F}(x,y) = \{P(x,y),Q(x,y)\}, \mathrm{d}\boldsymbol{r} = \{\mathrm{d}x,\mathrm{d}y\}.$

$$\int_L P\mathrm{d}x + \int_L Q\mathrm{d}y + \int_L R\mathrm{d}z = \int_L P\mathrm{d}x + Q\mathrm{d}y + R\mathrm{d}z = \int_L \boldsymbol{F}(x,y,z) \cdot \mathrm{d}\boldsymbol{r},$$

式中 $\boldsymbol{F}(x,y,z) = \{P(x,y,z),Q(x,y,z),R(x,y,z)\}, \mathrm{d}\boldsymbol{r} = \{\mathrm{d}x,\mathrm{d}y,\mathrm{d}z\}.$

③ 变力 $\boldsymbol{F}(x,y,z) = P(x,y,z)\boldsymbol{i} + Q(x,y,z)\boldsymbol{j} + R(x,y,z)\boldsymbol{k}$ 沿曲线 L 移动所做的功为

$$W = \int_L P\mathrm{d}x + Q\mathrm{d}y + R\mathrm{d}z.$$

5. 第二类曲线积分的性质

（1）$\displaystyle\int_C [\boldsymbol{F}(x,y) \pm \boldsymbol{G}(x,y)] \cdot \mathrm{d}\boldsymbol{r} = \int_C \boldsymbol{F}(x,y) \cdot \mathrm{d}\boldsymbol{r} \pm \int_C \boldsymbol{G}(x,y) \cdot \mathrm{d}\boldsymbol{r}.$

（2）$\displaystyle\int_C k\boldsymbol{F}(x,y) \cdot \mathrm{d}\boldsymbol{r} = k \int_C \boldsymbol{F}(x,y) \cdot \mathrm{d}\boldsymbol{r}.$

(3) 设 $C = C_1 + C_2$，则 $\displaystyle\int_C \boldsymbol{F}(x,y) \cdot \mathrm{d}\boldsymbol{r} = \int_{C_1} \boldsymbol{F}(x,y) \cdot \mathrm{d}\boldsymbol{r} + \int_{C_2} \boldsymbol{F}(x,y) \cdot \mathrm{d}\boldsymbol{r}.$

(4) $\displaystyle\int_{C^-} \boldsymbol{F}(x,y) \cdot \mathrm{d}\boldsymbol{r} = -\int_C \boldsymbol{F}(x,y) \cdot \mathrm{d}\boldsymbol{r}$，其中曲线 C^- 是 C 的反向曲线弧.

6. 计算方法

(1) 设平面曲线 C 的方程为 $\begin{cases} x = \varphi(t) \\ y = \psi(t) \end{cases}$，且 α 对应曲线的起点、β 对应曲线的终点，则

$$\int_C P\,\mathrm{d}x + Q\,\mathrm{d}y = \int_\alpha^\beta \{ P[\varphi(t),\psi(t)]\varphi'(t) + Q[\varphi(t),\psi(t)]\psi'(t) \}\,\mathrm{d}t.$$

(2) 设平面曲线 C 的方程为 $y = \varphi(x)$，且 a 对应曲线的起点、b 对应曲线的终点，则

$$\int_C P\,\mathrm{d}x + Q\,\mathrm{d}y = \int_a^b \{ P[x,\varphi(x)] + Q[x,\varphi(x)]\varphi'(x) \}\,\mathrm{d}x.$$

(3) 设平面曲线 C 的方程为 $x = \psi(y)$，且 c 对应曲线的起点、d 对应曲线的终点，则

$$\int_C P\,\mathrm{d}x + Q\,\mathrm{d}y = \int_c^d \{ P[\psi(y),y]\psi'(y) + Q[\psi(y),y] \}\,\mathrm{d}y.$$

(4) 设空间曲线 L 的参数方程为 $\begin{cases} x = \varphi(t) \\ y = \psi(t) \\ z = \omega(t) \end{cases}$，且 α 对应曲线的起点、β 对应曲线的终点，则

$$\int_L P\,\mathrm{d}x + Q\,\mathrm{d}y + R\,\mathrm{d}z = \int_\alpha^\beta \{ P[\varphi(t),\psi(t),\omega(t)]\varphi'(t) + Q[\varphi(t),\psi(t),\omega(t)]\psi'(t) +$$
$$R[\varphi(t),\psi(t),\omega(t)]\omega'(t) \}\,\mathrm{d}t.$$

注：以上方法是把第二类曲线积分化为定积分，且定积分的下限对应曲线的起点，上限对应曲线的终点.

7. 两类曲线积分的关系

(1) 设平面曲线 C 在点 (x,y) 处的切向量的方向角为 α,β，则

$$\int_C P\,\mathrm{d}x + Q\,\mathrm{d}y = \int_C (P\cos\alpha + Q\cos\beta)\,\mathrm{d}s.$$

(2) 设空间曲线 L 在点 (x,y,z) 处的切向量的方向角为 α,β,γ，则

$$\int_L P\,\mathrm{d}x + Q\,\mathrm{d}y + R\,\mathrm{d}z = \int_L (P\cos\alpha + Q\cos\beta + R\cos\gamma)\,\mathrm{d}s.$$

8. 质心

（1）平面曲线弧的质心坐标

$$\bar{x} = \frac{\int_C x\rho(x,y)\mathrm{d}s}{\int_C \rho(x,y)\mathrm{d}s}, \bar{y} = \frac{\int_C y\rho(x,y)\mathrm{d}s}{\int_C \rho(x,y)\mathrm{d}s}.$$

（2）空间曲线弧的质心坐标

$$\bar{x} = \frac{\int_L x\rho(x,y,z)\mathrm{d}s}{\int_L \rho(x,y,z)\mathrm{d}s}, \bar{y} = \frac{\int_L y\rho(x,y,z)\mathrm{d}s}{\int_L \rho(x,y,z)\mathrm{d}s}, \bar{z} = \frac{\int_L z\rho(x,y,z)\mathrm{d}s}{\int_L \rho(x,y,z)\mathrm{d}s}.$$

9. 转动惯量

（1）平面曲线弧对于 x 轴、y 轴及原点的转动惯量分别为

$$I_x = \int_C y^2\rho(x,y)\mathrm{d}s, I_y = \int_C x^2\rho(x,y)\mathrm{d}s, I_O = \int_C (x^2+y^2)\rho(x,y)\mathrm{d}s.$$

（2）空间曲线弧对于 x 轴、xOy 平面及原点的转动惯量分别为

$$I_x = \int_L (y^2+z^2)\rho(x,y,z)\mathrm{d}s, I_{xOy} = \int_L z^2\rho(x,y,z)\mathrm{d}s,$$

$$I_O = \int_L (x^2+y^2+z^2)\rho(x,y,z)\mathrm{d}s.$$

类似可得空间曲线弧对于其他坐标轴及坐标平面的转动惯量.

同步练习

一、填空题

1. 设 C 是曲线 $y = \sqrt{1-x^2}$ 上从点 $(1,0)$ 到点 $(0,1)$ 的弧段,则 $\int_C x \mathrm{d}s =$ _____.

2. 设 L 是曲线 $x = e^t \cos t, y = e^t \sin t, z = e^t$ 上对应 $t = 0$ 到 $t = 2$ 的弧段,则 $\int_L \dfrac{1}{x^2 + y^2 + z^2} \mathrm{d}s =$ _____.

3. 设 C 是抛物线 $y = x^2$ 上从点 $O(0,0)$ 到点 $A(1,1)$ 的弧段,则 $\int_C x^2 \mathrm{d}y =$ _____.

4. 设 L 是曲线 $x = t, y = t^2, z = t^3$ 上对应 $t = 0$ 到 $t = 1$ 的弧段,则 $\int_L (y^2 - z^2)\mathrm{d}x + 2yz\,\mathrm{d}y - x^2\,\mathrm{d}z =$ _____.

二、计算题

1. 求 $\int_C (x^3 + y^2)\mathrm{d}s$,式中 C 是连接点 $A(2,0), O(0,0)$ 到 $B(0,3)$ 的折线段.

2. 求 $\int_L (x + y - z)\mathrm{d}s$,式中 L 是连接点 $A(1,2,1), B(2,4,3)$ 直线段.

3. 求 $\oint_C \sqrt{x^2 + y^2}\,\mathrm{d}s$,其中 C 是圆周 $x^2 + y^2 = ax(a > 0)$.

4. 求 $\oint_L \sqrt{2y^2 + z^2}\,\mathrm{d}s$,其中 L 是曲面 $x^2 + y^2 + z^2 = a^2$ 与 $y = x$ 的交线.

5. 求 $\int_C 2\sqrt{y}\,\mathrm{d}x + (x^2 - y)\,\mathrm{d}y$,其中 C 是抛物线 $y = x^2$ 从点 $A(1,1)$ 到点 $B(2,4)$ 的弧段.

6. 求 $\int_C (x+y-3)(y-x)\mathrm{d}x - (x-y+1)(x+y)\mathrm{d}y$,其中 C 是从点 $A(-1,0)$ 沿直线 $y = x+1$ 到点 $B(1,2)$,再沿直线 $x+y = 3$ 到点 $D(3,0)$ 的折线段.

7. 求 $\int_C x\sin(xy)\mathrm{d}x - y\cos(xy)\mathrm{d}y$,其中 C 是从点 $O(0,0)$ 到点 $A(1,\pi)$ 的线段.

8. 求 $\int_C (x^2+y^2)\mathrm{d}x + (x^2-y^2)\mathrm{d}y$,其中 C 是曲线 $y = 1-|1-x|$ 上从对应于 $x = 0$ 的点到 $x = 2$ 的点.

9. 求 $\int_L x^3 \, \mathrm{d}x + 3zy^2 \, \mathrm{d}y - x^2 y \, \mathrm{d}z$, 其中 L 是从点 $A(3,2,1)$ 到点 $O(0,0,0)$ 的线段.

10. 一质点沿曲线 $L: x = 0, y = t, z = t^2$ 从点 $O(0,0,0)$ 移动到点 $A(0,1,1)$, 求此过程力 $\boldsymbol{F} = \{\sqrt{1+x^4}, -y, 1\}$ 所做的功.

11. 把第二类曲线积分 $\int_C P \, \mathrm{d}x + Q \, \mathrm{d}y$ 化为第一类曲线积分, 其中 C 是抛物线 $y = x^2$ 上从点 $O(0,0)$ 到点 $A(2,4)$ 的弧段.

12. 设 L 是曲线 $x = t, y = t, z = 1 - \sqrt{1 - 2t^2}$ 从对应于 $t = 0$ 的点到 $t = \dfrac{\sqrt{2}}{2}$ 的点的弧段,将第二类曲线积分 $\displaystyle\int_L P\mathrm{d}x + Q\mathrm{d}y + R\mathrm{d}z$ 化为第一类曲线积分.

13. 求半径为 2,中心角为 $\dfrac{\pi}{3}$ 的均匀圆弧 $(\rho = 1)$ 的质心.

14. 设空间曲线的方程为 $x = 2\cos t, y = 2\sin t, z = 3t$,其中 $0 \leqslant t \leqslant 2\pi$,且线密度为 $\rho = x^2 + y^2 + z^2$,求该曲线对于 z 轴的转动惯量.

10.2　格林公式及其应用

主要知识与方法

1. 格林公式

设函数 $P(x,y)$、$Q(x,y)$ 在有界闭区域 D 上具有一阶连续偏导数,则

$$\iint\limits_{D}\Big(\frac{\partial Q}{\partial x}-\frac{\partial P}{\partial y}\Big)\mathrm{d}x\mathrm{d}y=\oint_{C}P\mathrm{d}x+Q\mathrm{d}y,$$

式中 C 是有界闭区域 D 的边界曲线,且取正向.

注:① 利用格林公式可以把复杂的曲线积分化为较简单的曲线积分.

② 利用格林公式可以把曲线积分转为二重积分,这时曲线 C 必须为封闭能够围成区域 D,且为区域 D 的边界曲线的正向.

2. 平面上第二类曲线积分与路径无关的条件

(1) 设函数 $P(x,y)$,$Q(x,y)$ 在单连通区域 D 上具有一阶连续偏导数,则

$$\int_{C}P\mathrm{d}x+Q\mathrm{d}y \text{ 与路径无关} \Leftrightarrow \oint_{C'}P\mathrm{d}x+Q\mathrm{d}y=0,$$

式中 C' 为 D 内任意封闭曲线.

(2) 设函数 $P(x,y)$,$Q(x,y)$ 在单连通区域 D 上具有一阶连续偏导数,则

$$\int_{C}P\mathrm{d}x+Q\mathrm{d}y \text{ 与路径无关} \Leftrightarrow \text{在区域 } D \text{ 内,有} \frac{\partial Q}{\partial x}=\frac{\partial P}{\partial y}.$$

注:① 当 $\int_{C}P\mathrm{d}x+Q\mathrm{d}y$ 与路径无关时,曲线积分可记为 $\int_{M_0}^{M}P\mathrm{d}x+Q\mathrm{d}y$.

② 当 $\int_{C}P\mathrm{d}x+Q\mathrm{d}y$ 与路径无关时,可采用平行坐标轴的折线段求其曲线积分,即

$$\int_{C}P\mathrm{d}x+Q\mathrm{d}y=\int_{x_0}^{x_1}P(x,y_0)\mathrm{d}x+\int_{y_0}^{y_1}Q(x_1,y)\mathrm{d}y.$$

或

$$\int_{C}P\mathrm{d}x+Q\mathrm{d}y=\int_{y_0}^{y_1}Q(x_0,y)\mathrm{d}y+\int_{x_0}^{x_1}P(x,y_1)\mathrm{d}x.$$

3. 二元函数全微分求积

(1) 二元函数 $u(x,y)$ 存在的条件:$P\mathrm{d}x+Q\mathrm{d}y$ 在区域 D 内是一个二元函数 $u(x,y)$ 的全微分(即 $P\mathrm{d}x+Q\mathrm{d}y=\mathrm{d}u$)的充分必要条件是

$$\frac{\partial Q}{\partial x} = \frac{\partial P}{\partial y}.$$

在 D 内恒成立.

（2）二元函数 $u(x,y)$ 的求法：

① $u(x,y) = \int_{x_0}^{x} P(x,y_0)\mathrm{d}x + \int_{y_0}^{y} Q(x,y)\mathrm{d}y.$

② $u(x,y) = \int_{y_0}^{y} Q(x_0,y)\mathrm{d}y + \int_{x_0}^{x} P(x,y)\mathrm{d}x.$

其中点 (x_0,y_0) 是区域 D 内一点.

4. 平面上第二类曲线积分计算时注意的问题

（1）当 $\dfrac{\partial Q}{\partial x} = \dfrac{\partial P}{\partial y}$，可选取简单的平行于 x 或 y 轴的折线段代替原积分曲线，直接化为定积分计算，但要注意折线方向.

（2）当 $\dfrac{\partial Q}{\partial x} - \dfrac{\partial P}{\partial y}$ 虽不为零但比较简单，考虑用格林公式，要注意曲线方向.

说明：

① 当第二类曲线积分的路径封闭，可以考虑直接利用格林公式将其化为二重积分计算.

② 当第二类曲线积分的路径不封闭，可添加一些平行于 x 或 y 轴的直线段，使得路径封闭后再考虑用格林公式将其化为二重积分计算，最后要注意减去添加的线段上的曲线积分.

同步练习

一、填空题

1. 设曲线 C 是圆 $x^2 + y^2 = 1$，取逆时针方向，则 $\oint_C -y\mathrm{d}x + x\mathrm{d}y =$ _____.

2. 设曲线 C 是正向椭圆 $\dfrac{x^2}{a^2} + \dfrac{y^2}{b^2} = 1$，则 $\oint_C (3x+2y)\mathrm{d}x - (x-4y)\mathrm{d}y =$ _____.

3. 设曲线 C 是圆 $x^2 + y^2 = a^2$，取逆时针方向，则 $\oint_C -xy^2\mathrm{d}y + x^2 y\mathrm{d}x =$ _____.

4. 设曲线 C 是圆 $y = \sqrt{2x - x^2}$ 从点 $A(2,0)$ 到点 $O(0,0)$ 的一段弧，则
$\int_C (\mathrm{e}^x \sin y + x)\mathrm{d}x + (\mathrm{e}^x \cos y + 5y)\mathrm{d}y =$ _____.

二、计算题

1. 求 $\oint_C \dfrac{1}{x} \arctan \dfrac{y}{x} \mathrm{d}x + \dfrac{2}{y} \arctan \dfrac{x}{y} \mathrm{d}y$，式中 C 是曲线 $x^2 + y^2 = 1, x^2 + y^2 = 4,$
$y = x, y = \sqrt{3}x$ 在第 I 象限围成区域 D 的正向边界曲线.

2. 求 $\oint_C \dfrac{y\mathrm{d}x - x\mathrm{d}y}{4(x^2 + y^2)}$，式中 C 是圆 $(x-1)^2 + y^2 = 2$，取逆时针方向.

3. 求 $\oint_C (e^y + 3x^2) dx + (xe^y + 2y) dy$, 式中 C 是过点 $O(0,0)$, $A(0,1)$, $B(1,2)$ 的圆弧, 从点 O 到点 B.

4. 求 $\int_C (x^2 - e^x \cos y) dx + (e^x \sin y + 3x) dy$, 式中 C 是圆 $x = \sqrt{2y - y^2}$ 从点 $O(0,0)$ 到点 $A(0,2)$ 的一段弧.

5. 求 $\oint_C (x+y)^2 dx + (x^2 - y^2) dy$, 式中 C 是以 $A(1,1)$, $B(3,2)$, $D(3,5)$ 为顶点的三角形正向边界曲线.

6. 求 $\displaystyle\int_C (x^2+2xy)\mathrm{d}x+(x^2+y^4)\mathrm{d}y$，式中 C 是曲线 $y=\sin\dfrac{\pi}{2}x$ 从点 $O(0,0)$ 到点 $A(2,0)$ 的一段弧.

7. 求 $\displaystyle\int_C (x+\mathrm{e}^{\sin y})\mathrm{d}y-\left(y-\dfrac{1}{2}\right)\mathrm{d}x$，式中 C 为从点 $A(1,0)$ 沿 $x+y=1$ 到点 从点 $B(0,1)$，再沿 $x^2+y^2=1$ 到点 $D(-1,0)$ 的曲线段.

8. 求 $\displaystyle\int_{(0,0)}^{(1,2)}(x^4+4xy^3)\mathrm{d}x+(6x^2y^2-5y^4)\mathrm{d}y$.

9. 求函数 $u(x,y)$，使得 $\mathrm{d}u = (2x\cos y + y^2\cos x)\mathrm{d}x + (2y\sin x - x^2\sin y)\mathrm{d}y$.

10. 求 $\oint_C (x+y)\mathrm{d}y - \mathrm{d}x$，式中 C 是曲线 $\rho = \sin 2\theta$ 上从点 $\theta = 0$ 到点 $\theta = \dfrac{\pi}{2}$ 的弧段.

11. 求 $\displaystyle\int_C [e^x\sin y - b(x+y)]\mathrm{d}x + (e^x\cos y - ax)\mathrm{d}y$，式中 a,b 为常数，C 是圆 $y = \sqrt{2ax - x^2}$ 上从点 $A(2a,0)$ 到点 $O(0,0)$ 的一段弧.

10.3　曲面积分的概念与计算

主要知识与方法

1. 第一类曲面积分

$$\iint\limits_{S} f(x,y,z)\mathrm{d}S = \lim_{\lambda \to 0} \sum_{i=1}^{n} f(\xi_i, \eta_i, \zeta_i) \Delta S.$$

注:① 第一类曲面积分也称为对面积的曲面积分.

② 第一类曲面积分有类似于第一类曲线积分的性质.

2. 计算方法

(1) 设光滑曲面 S 的方程为 $z = z(x,y)$,其中 $(x,y) \in D_{xy}$,则

$$\iint\limits_{S} f(x,y,z)\mathrm{d}S = \iint\limits_{D_{xy}} f[x,y,z(x,y)] \sqrt{1 + z_x'^2 + z_y'^2}\,\mathrm{d}x\mathrm{d}y.$$

(2) 设光滑曲面 S 的方程为 $y = y(z,x)$,其中 $(z,x) \in D_{zx}$,则

$$\iint\limits_{S} f(x,y,z)\mathrm{d}S = \iint\limits_{D_{zx}} f[x,y(z,x),z] \sqrt{1 + y_x'^2 + y_z'^2}\,\mathrm{d}z\mathrm{d}x.$$

(3) 设光滑曲面 S 的方程为 $x = x(y,z)$,其中 $(y,z) \in D_{yz}$,则

$$\iint\limits_{S} f(x,y,z)\mathrm{d}S = \iint\limits_{D_{yz}} f[x(y,z),y,z] \sqrt{1 + x_y'^2 + x_z'^2}\,\mathrm{d}y\mathrm{d}z,$$

式中积分区域是曲面 S 在相应坐标平面上的投影区域.

3. 第二类曲面积分

$$\iint\limits_{S} P(x,y,z)\mathrm{d}y\mathrm{d}z = \lim_{\lambda \to 0} \sum_{i=1}^{n} P(\xi_i, \eta_i, \zeta_i)(\Delta S_i)_{yz}.$$

类似地,可定义

$$\iint\limits_{S} Q(x,y,z)\mathrm{d}z\mathrm{d}x = \lim_{\lambda \to 0} \sum_{i=1}^{n} Q(\xi_i, \eta_i, \zeta_i)(\Delta S_i)_{zx},$$

$$\iint\limits_{S} R(x,y,z)\mathrm{d}x\mathrm{d}y = \lim_{\lambda \to 0} \sum_{i=1}^{n} R(\xi_i, \eta_i, \zeta_i)(\Delta S_i)_{xy},$$

式中 (ΔS_i) 为有向光滑曲面 S 在相应坐标平面上的投影区域代数面积.

注:① 第二类曲面积分也称为对坐标的曲面积分.

② 组合形式为

$$\iint\limits_{S} P\mathrm{d}x\mathrm{d}z + \iint\limits_{S} Q\mathrm{d}z\mathrm{d}x + \iint\limits_{S} R\mathrm{d}x\mathrm{d}y = \iint\limits_{S}(P\mathrm{d}y\mathrm{d}z + Q\mathrm{d}z\mathrm{d}x + R\mathrm{d}x\mathrm{d}y).$$

③ 第二类曲面积分有类似于第二类曲线积分的性质.

例如，$\iint\limits_{S^{+}} P\mathrm{d}y\mathrm{d}z + Q\mathrm{d}z\mathrm{d}x + R\mathrm{d}x\mathrm{d}y = -\iint\limits_{S^{-}} P\mathrm{d}y\mathrm{d}z + Q\mathrm{d}z\mathrm{d}x + R\mathrm{d}x\mathrm{d}y.$

④ 流体以 $\boldsymbol{v} = P\boldsymbol{i} + Q\boldsymbol{j} + R\boldsymbol{k}$ 的速度单位时间内从曲面 S 负侧流向正侧的总流量为 $\varPhi = \iint\limits_{S} P\mathrm{d}y\mathrm{d}z + Q\mathrm{d}z\mathrm{d}x + R\mathrm{d}x\mathrm{d}y.$

4. 计算方法

(1) 设光滑曲面 S 的方程为 $z = z(x,y)$，式中 $(x,y) \in D_{xy}$，若 S 取上侧，则

$$\iint\limits_{S} R(x,y,z)\mathrm{d}x\mathrm{d}y = \iint\limits_{D_{xy}} R[x,y,z(x,y)]\mathrm{d}x\mathrm{d}y.$$

若 S 取下侧，则 $\iint\limits_{S} R(x,y,z)\mathrm{d}x\mathrm{d}y = -\iint\limits_{D_{xy}} R[x,y,z(x,y)]\mathrm{d}x\mathrm{d}y.$

(2) 设光滑曲面 S 的方程为 $x = x(y,z)$，式中 $(y,z) \in D_{yz}$，若 S 取前侧，则

$$\iint\limits_{S} P(x,y,z)\mathrm{d}y\mathrm{d}z = \iint\limits_{D_{yz}} P[x(y,z),y,z]\mathrm{d}y\mathrm{d}z.$$

若 S 取后侧，则 $\iint\limits_{S} P(x,y,z)\mathrm{d}y\mathrm{d}z = -\iint\limits_{D_{yz}} P[x(y,z),y,z]\mathrm{d}y\mathrm{d}z.$

(3) 设光滑曲面 S 的方程为 $y = y(z,x)$，式中 $(z,x) \in D_{zx}$，若 S 取右侧，则

$$\iint\limits_{S} Q(x,y,z)\mathrm{d}z\mathrm{d}x = \iint\limits_{D_{zx}} Q[x,y(z,x),z]\mathrm{d}z\mathrm{d}x.$$

若 S 取左侧，则

$$\iint\limits_{S} Q(x,y,z)\mathrm{d}z\mathrm{d}x = -\iint\limits_{D_{zx}} Q[x,y(z,x),z]\mathrm{d}z\mathrm{d}x,$$

式中平面区域是曲面 S 在相应坐标平面上的投影区域.

5. 两类曲面积分的关系

设光滑曲面 S 在点 (x,y,z) 处的法向量的方向角为 α,β,γ，则

$$\iint\limits_{S} P\mathrm{d}y\mathrm{d}z + Q\mathrm{d}z\mathrm{d}x + R\mathrm{d}x\mathrm{d}y = \iint\limits_{S}(P\cos\alpha + Q\cos\beta + R\cos\gamma)\mathrm{d}S.$$

同步练习

一、填空题

1. 设 S 是平面 $x+y+z=1$ 与三个坐标面围成四面体的表面, 则 $\oiint\limits_S \mathrm{d}S =$ ____.

2. 设 S 是平面 $2x+2y+z=6$ 在第 I 卦限部分平面, 则 $\iint\limits_S x^2 \mathrm{d}S =$ _____.

3. 设 S 是平面 $x+y+z=1$ 在第 I 卦限部分平面的上侧, 则 $\iint\limits_S z\mathrm{d}x\mathrm{d}y =$ _____.

4. 设 S 是平面 $x-y+z=1$ 在第 IV 卦限部分平面的左侧, 则 $\iint\limits_S y\mathrm{d}z\mathrm{d}x =$ _____.

二、计算题

1. 求 $\iint\limits_S (x+y+z)\mathrm{d}S$, 其中 S 是平面 $y+z=5$ 被曲面 $x^2+y^2=25$ 所截得部分平面.

2. 求 $\iint\limits_S (x^2+y^2+z^2)\mathrm{d}S$, 其中 S 是平面 $x+y+z=1$ 在第 I 卦限部分平面.

3. 设 S 是椭球面 $\dfrac{x^2}{2}+\dfrac{y^2}{2}+z^2=1$ 的上半部分,点 $P(x,y,z)\in S$,Π 为 S 在点 P 的切平面,$\rho(x,y,z)$ 为点 $O(0,0,0)$ 到平面 Π 的距离,求 $\displaystyle\iint_S \dfrac{z}{\rho(x,y,z)}\mathrm{d}S.$

4. 求 $\displaystyle\iint_S xyz\,\mathrm{d}x\mathrm{d}y$,式中 S 是抛物面 $z=x^2+y^2$ 被平面 $x=0,x=1,y=0,y=1$ 所截得部分曲面的上侧.

5. 求 $\displaystyle\oiint_S x^2\mathrm{d}y\mathrm{d}z$,式中 S 是球面 $(x-a)^2+y^2+z^2=a^2(a>0)$ 的外侧.

6. 求 $\oiint\limits_{S} x^2 \mathrm{d}y\mathrm{d}z + y^2 \mathrm{d}z\mathrm{d}x + z^2 \mathrm{d}x\mathrm{d}y$，其中 S 是长方体 $0 \leqslant x \leqslant a, 0 \leqslant y \leqslant b,$ $0 \leqslant z \leqslant c$ 表面的外侧.

7. 求 $\oiint\limits_{S} xy \mathrm{d}y\mathrm{d}z + yz \mathrm{d}z\mathrm{d}x + zx \mathrm{d}x\mathrm{d}y$，其中 S 是 $x + y + z = 1$ 与三个坐标面围成四面体表面的外侧.

8. 将第二类曲面积分 $\iint\limits_{S} P\mathrm{d}y\mathrm{d}z + Q\mathrm{d}z\mathrm{d}x + R\mathrm{d}x\mathrm{d}y$ 化为第一类的曲面积分，其中 S 是平面 $3x + 2y + 2\sqrt{3}z = 6$ 在第 Ⅰ 卦限部分平面的外侧.

10.4 高斯公式与斯托克斯公式

1. 高斯公式

设空间闭区域 Ω 是由分片光滑的闭曲面 S 所围成,函数 $P(x,y,z)$,$Q(x,y,z)$,$R(x,y,z)$ 在 Ω 上有一阶连续偏导,则

$$\iiint\limits_{\Omega}\left(\frac{\partial P}{\partial x}+\frac{\partial Q}{\partial y}+\frac{\partial R}{\partial z}\right)\mathrm{d}v=\oiint\limits_{S}P\,\mathrm{d}y\mathrm{d}z+Q\,\mathrm{d}z\mathrm{d}x+R\,\mathrm{d}x\mathrm{d}y$$

或

$$\iiint\limits_{\Omega}\left(\frac{\partial P}{\partial x}+\frac{\partial Q}{\partial y}+\frac{\partial R}{\partial z}\right)\mathrm{d}v=\iint\limits_{S}(P\cos\alpha+Q\cos\beta+R\cos\gamma)\mathrm{d}S,$$

式中曲面 S 是 Ω 的整个边界曲面的外侧,且 α,β,γ 是曲面 S 在点 (x,y,z) 处的法向量的方向角.

2. 斯托克斯公式

设 L 是空间分段光滑的闭曲线,曲面 S 是以 L 为边界的分片光滑的有向曲面,且 L 的正向与 S 的侧符合右手规则,若函数 $P(x,y,z)$,$Q(x,y,z)$,$R(x,y,z)$ 在 S 上有一阶连续偏导,则

$$\iint\limits_{S}\left(\frac{\partial R}{\partial y}-\frac{\partial Q}{\partial z}\right)\mathrm{d}y\mathrm{d}z+\left(\frac{\partial P}{\partial z}-\frac{\partial R}{\partial x}\right)\mathrm{d}z\mathrm{d}x+\left(\frac{\partial Q}{\partial x}-\frac{\partial P}{\partial y}\right)\mathrm{d}x\mathrm{d}y$$

$$=\oint_{L}P\,\mathrm{d}x+Q\,\mathrm{d}y+R\,\mathrm{d}z.$$

为方便起见,把上述公式记为

$$\iint\limits_{S}\begin{vmatrix}\mathrm{d}y\mathrm{d}z & \mathrm{d}z\mathrm{d}x & \mathrm{d}x\mathrm{d}y \\ \dfrac{\partial}{\partial x} & \dfrac{\partial}{\partial y} & \dfrac{\partial}{\partial z} \\ P & Q & R\end{vmatrix}=\oint_{L}P\,\mathrm{d}x+Q\,\mathrm{d}y+R\,\mathrm{d}z.$$

同步练习

1. 求 $\oiint\limits_{S}(x-y)\mathrm{d}x\mathrm{d}y+(y-z)\mathrm{d}y\mathrm{d}z$，其中 S 是由柱面 $x^2+y^2=1$ 及平面 $z=0$，$z=3$ 围成的空间闭区域表面的外侧．

2. 求 $\iint\limits_{S}x\mathrm{d}y\mathrm{d}z+y\mathrm{d}z\mathrm{d}x+z\mathrm{d}x\mathrm{d}y$，其中 S 是上半球面 $x^2+y^2+z^2=a^2(z\geqslant 0)$ 的外侧．

3. 求 $\oiint\limits_{S}x^3\mathrm{d}y\mathrm{d}z+y^3\mathrm{d}z\mathrm{d}x+z^3\mathrm{d}x\mathrm{d}y$，其中 S 是球面 $x^2+y^2+z^2=a^2$ 的内侧．

4. 求 $\oint_L (z-y)\mathrm{d}x + (x-z)\mathrm{d}y + (y-x)\mathrm{d}z$,其中 L 是以点 $A(a,0,0)$, $B(0,a,0)$, $C(0,0,a)$ 为顶点的三角形沿 $ABCA$ 的方向的闭曲线.

5. 求 $\oint_L 2y\mathrm{d}x + 3x\mathrm{d}y - z^2\mathrm{d}z$,其中 L 是圆周 $\begin{cases} x^2+y^2+z^2=9 \\ z=0 \end{cases}$,且从 z 轴正向看下去时取逆时针方向.

6. 求 $\oiint\limits_S \dfrac{x\mathrm{d}y\mathrm{d}z + y\mathrm{d}z\mathrm{d}x + z\mathrm{d}x\mathrm{d}y}{(x^2+y^2+z^2)^{\frac{3}{2}}}$,其中 S 是曲面 $x^2+y^2+z^2=4$ 的外侧.

第11章 无穷级数

11.1 常数项级数的概念与判别

主要知识与方法

1. 常数项级数收敛

设级数 $\sum\limits_{n=1}^{\infty} u_n$ 的前 n 项和为 $S_n = \sum\limits_{i=1}^{n} u_i$，若 $\lim\limits_{n \to \infty} S_n = S$，则称无穷级数 $\sum\limits_{n=1}^{\infty} u_n$ 收敛，且其和为 S. 即

$$\sum_{n=1}^{\infty} u_n \text{ 收敛} \Leftrightarrow \lim_{n \to \infty} S_n = S.$$

注：若 $\lim\limits_{n \to \infty} S_n$ 不存在，则称无穷级数 $\sum\limits_{n=1}^{\infty} u_n$ 发散.

2. 收敛级数的基本性质

(1) 当 $k \neq 0$ 时，级数 $\sum\limits_{n=1}^{\infty} u_n$ 与级数 $\sum\limits_{n=1}^{\infty} k u_n$ 具有相同的敛散性.

(2) 设级数 $\sum\limits_{n=1}^{\infty} u_n$，$\sum\limits_{n=1}^{\infty} v_n$ 均收敛，则 $\sum\limits_{n=1}^{\infty} (u_n \pm v_n)$ 收敛，且

$$\sum_{n=1}^{\infty} (u_n \pm v_n) = \sum_{n=1}^{\infty} u_n \pm \sum_{n=1}^{\infty} v_n.$$

(3) 在级数 $\sum\limits_{n=1}^{\infty} u_n$ 中删去、增加、改变有限项，不改变其敛散性. 但在收敛时，其和一般会改变.

(4) 收敛级数 $\sum\limits_{n=1}^{\infty} u_n$ 加括号后(不改变各项顺序)所得到的新级数仍收敛，且其和不变.

3. 级数收敛的必要条件

设级数 $\sum\limits_{n=1}^{\infty} u_n$ 收敛，则 $\lim\limits_{n\to\infty} u_n = 0$.

注:① 反过来不成立,即由 $\lim\limits_{n\to\infty} u_n = 0$ 推不出级数 $\sum\limits_{n=1}^{\infty} u_n$ 收敛.

② 若 $\lim\limits_{n\to\infty} u_n \neq 0$,则级数 $\sum\limits_{n=1}^{\infty} u_n$ 发散.

4. 两个重要级数的敛散性

(1) 几何级数 $\sum\limits_{n=1}^{\infty} aq^{n-1}$:当 $|q| < 1$ 时,$\sum\limits_{n=1}^{\infty} aq^{n-1}$ 收敛且其和 $S = \dfrac{a}{1-q}$;当 $|q| \geqslant 1$ 时,$\sum\limits_{n=1}^{\infty} aq^{n-1}$ 发散.

(2) $p-$级数 $\sum\limits_{n=1}^{\infty} \dfrac{1}{n^p}$:当 $p > 1$ 时,$\sum\limits_{n=1}^{\infty} \dfrac{1}{n^p}$ 收敛;当 $p \leqslant 1$ 时,$\sum\limits_{n=1}^{\infty} \dfrac{1}{n^p}$ 发散.

5. 正项级数的审敛法

(1) 收敛的充要条件:正项级数 $\sum\limits_{n=1}^{\infty} u_n$ 收敛 $\Leftrightarrow$ 部分和数列 $\{S_n\}$ 有界.

(2) 比较审敛法:设 $\sum\limits_{n=1}^{\infty} u_n$,$\sum\limits_{n=1}^{\infty} v_n$ 为正项级数,且 $u_n \leqslant v_n (n = 1, 2, 3, \cdots)$,则

① 若 $\sum\limits_{n=1}^{\infty} v_n$ 收敛,则 $\sum\limits_{n=1}^{\infty} u_n$ 也收敛.

② 若 $\sum\limits_{n=1}^{\infty} u_n$ 发散,则 $\sum\limits_{n=1}^{\infty} v_n$ 也发散.

注:上述结论反过来不成立,即若 $\sum\limits_{n=1}^{\infty} u_n$ 收敛,则 $\sum\limits_{n=1}^{\infty} v_n$ 未必收敛;若 $\sum\limits_{n=1}^{\infty} v_n$ 发散,则 $\sum\limits_{n=1}^{\infty} u_n$ 未必发散.

(3) 比较审敛法的极限形式:设 $\sum\limits_{n=1}^{\infty} u_n$,$\sum\limits_{n=1}^{\infty} v_n$ 为正项级数,且 $\lim\limits_{n\to\infty} \dfrac{u_n}{v_n} = l$,则

① 当 $0 < l < +\infty$ 时,级数 $\sum\limits_{n=1}^{\infty} u_n$ 与 $\sum\limits_{n=1}^{\infty} v_n$ 有相同的敛散性.

② 当 $l = 0$ 时,如果 $\sum\limits_{n=1}^{\infty} v_n$ 收敛,则级数 $\sum\limits_{n=1}^{\infty} u_n$ 收敛.

③ 当 $l = +\infty$ 时,如果 $\sum\limits_{n=1}^{\infty} v_n$ 发散,则 $\sum\limits_{n=1}^{\infty} u_n$ 发散.

说明:比较审敛法的参考级数一般为几何级数与 p-级数.

(4) 比值审敛法:设 $\sum\limits_{n=1}^{\infty} u_n$ 为正项级数,且 $\lim\limits_{n\to\infty}\dfrac{u_{n+1}}{u_n}=\rho$,则

① 当 $\rho<1$ 时,级数收敛.

② 当 $\rho>1$(或 $\rho=+\infty$) 时,级数发散.

③ 当 $\rho=1$ 时,级数可能收敛也可能发散.

(5) 根值审敛法:设 $\sum\limits_{n=1}^{\infty} u_n$ 为正项级数,且 $\lim\limits_{n\to\infty}\sqrt[n]{u_n}=\rho$,则

① 当 $\rho<1$ 时,级数收敛.

② 当 $\rho>1$(或 $\rho=+\infty$) 时,级数发散.

③ 当 $\rho=1$ 时,级数可能收敛也可能发散.

注:当 $u_n=[f(n)]^n$ 时采用极限值审敛法.

6. 交错级数的审敛法

若交错级数 $\sum\limits_{n=1}^{\infty}(-1)^{n-1}u_n(u_n>0)$ 满足:

(1) $u_n\geqslant u_{n+1}(n=1,2,\cdots)$.

(2) $\lim\limits_{n\to\infty}u_n=0$.

则交错级数 $\sum\limits_{n=1}^{\infty}(-1)^{n-1}u_n$ 收敛,且其和 $S\leqslant u_1$,其余项 r_n 的绝对值 $|r_n|\leqslant u_{n+1}$.

注:级数 $\sum\limits_{n=1}^{\infty}\dfrac{(-1)^{n-1}}{n}$,$\sum\limits_{n=1}^{\infty}\dfrac{(-1)^n}{n}$ 收敛.

7. 任意项级数的敛散性

(1) 绝对收敛:若级数 $\sum\limits_{n=1}^{\infty}|u_n|$ 收敛,则称 $\sum\limits_{n=1}^{\infty}u_n$ 绝对收敛.

(2) 条件收敛:若级数 $\sum\limits_{n=1}^{\infty}u_n$ 收敛,但级数 $\sum\limits_{n=1}^{\infty}|u_n|$ 发散,则称 $\sum\limits_{n=1}^{\infty}u_n$ 为条件收敛.

(3) 绝对收敛的性质:

① 若级数 $\sum\limits_{n=1}^{\infty}u_n$ 绝对收敛,则级数 $\sum\limits_{n=1}^{\infty}u_n$ 收敛.

② 任意交换绝对收敛级数的各项次序所得的新级数仍然绝对收敛,且其和不变.

同步练习

一、填空题

1. 当 p 满足_____时,级数 $\sum\limits_{n=1}^{\infty} \dfrac{1}{n^{p+1}}$ 收敛.

2. 级数 $\sum\limits_{n=1}^{\infty} \dfrac{(-1)^n n}{n+1}$ 是_____(填收敛或发散).

3. 级数 $\sum\limits_{n=1}^{\infty} (-1)^n \sin\dfrac{1}{\sqrt{n}}$ 是_____(填绝对收敛或条件收敛).

4. 级数 $\sum\limits_{n=1}^{\infty} \dfrac{(-1)^n}{n^2}$ 是_____(填绝对收敛或条件收敛).

5. 级数 $\sum\limits_{n=1}^{\infty} \left(\dfrac{100}{n(n+1)} - \dfrac{100}{3^n}\right)$ 的和 $S =$ _____.

二、计算题

1. 设级数 $\sum\limits_{n=1}^{\infty} u_n$ 的部分和 $S_n = \dfrac{3^n - 1}{3^{n-1}}$.

(1) 求 u_n.

(2) 判别级数 $\sum\limits_{n=1}^{\infty} u_n$ 的敛散性,若收敛求其和.

2. 判别级数 $\sum\limits_{n=1}^{\infty} \dfrac{(-1)^n n}{3n-1}$ 的敛散性.

3. 判别级数 $\displaystyle\sum_{n=1}^{\infty} \frac{1}{(5n-4)(5n+1)}$ 的敛散性,若收敛求其和.

4. 判别级数 $\displaystyle\sum_{n=1}^{\infty} \frac{1}{1+a^n} (a > 0)$ 的敛散性.

5. 判别级数 $\displaystyle\sum_{n=1}^{\infty} \frac{n^n}{a^n n!} (a > 0, a \neq e)$ 的敛散性.

6. 判别级数 $\displaystyle\sum_{n=1}^{\infty}(-1)^{n-1}\arcsin\dfrac{1}{n}$ 的敛散性,若收敛是绝对收敛还是条件收敛.

7. 判别级数 $\displaystyle\sum_{n=1}^{\infty}(-1)^{n+1}\dfrac{n^3}{2^n}$ 的敛散性,若收敛是绝对收敛还是条件收敛.

8. 判别级数 $\displaystyle\sum_{n=1}^{\infty}\dfrac{2\times5\times\cdots\times(3n-1)}{1\times5\times\cdots\times(4n-3)}$ 的敛散性.

9. 判别级数 $\sum\limits_{n=1}^{\infty} \dfrac{(n+1)!}{n^{n+1}}$ 的敛散性.

10. 判别级数 $\sum\limits_{n=1}^{\infty} \dfrac{n}{(n+1)!}$ 的敛散性,若其收敛求其和.

11. 判别级数 $\sum\limits_{n=1}^{\infty} \dfrac{3^n}{\left(\dfrac{n+1}{n}\right)^{n^2}}$ 的敛散性.

12. 设级数 $\sum\limits_{n=1}^{\infty} u_n (u_n > 0)$ 的部分和 S_n,记 $v_n = \dfrac{1}{S_n}$,且 $\sum\limits_{n=1}^{\infty} v_n$ 收敛,判别级数 $\sum\limits_{n=1}^{\infty} u_n$ 的敛散性.

13. 判别级数 $\sum\limits_{n=1}^{\infty} \sin\dfrac{1}{n}$ 的敛散性.

14. 设正项数列 $\{a_n\}$ 单调减少,且级数 $\sum\limits_{n=1}^{\infty} (-1)^n a_n$ 发散,判别级数 $\sum\limits_{n=1}^{\infty} \left(\dfrac{1}{1+a_n}\right)^n$ 的敛散性.

15. 判别级数 $\sum\limits_{n=1}^{\infty} \dfrac{(1!)^2 + (2!)^2 + \cdots + (n!)^2}{(2n)!}$ 的敛散性.

三、证明题

1. 设级数 $\sum\limits_{n=1}^{\infty} a_n^2$ 收敛,证明级数 $\sum\limits_{n=1}^{\infty} \dfrac{a_n}{n}$ 收敛.

2. 设 $a_1 = 2, a_{n+1} = \dfrac{1}{2}\left(a_n + \dfrac{1}{a_n}\right)(n = 1, 2, \cdots)$,证明:

(1) $\lim\limits_{n \to \infty} a_n$ 存在.

(2) 级数 $\sum\limits_{n=1}^{\infty}\left(\dfrac{a_n}{a_{n+1}} - 1\right)$ 收敛.

11.2 幂级数及其展开

1. 函数项级数的收敛域

设函数列 $\{u_n(x)\}$ 的定义域为 I，取 $x_0 \in I$，若级数 $\sum\limits_{n=1}^{\infty} u_n(x_0)$ 收敛，则称点 x_0 为 $\sum\limits_{n=1}^{\infty} u_n(x)$ 的收敛点，收敛点的全体称为 $\sum\limits_{n=1}^{\infty} u_n(x)$ 的收敛域.

若级数 $\sum\limits_{n=1}^{\infty} u_n(x_0)$ 发散，则称点 x_0 为 $\sum\limits_{n=1}^{\infty} u_n(x)$ 的发散点，发散点的全体称为 $\sum\limits_{n=1}^{\infty} u_n(x)$ 的发散域.

2. 和函数

设 $\sum\limits_{n=1}^{\infty} u_n(x)$ 的收敛域为 D，则在 D 上定义了一个函数，称之为函数项级数 $\sum\limits_{n=1}^{\infty} u_n(x)$ 的和函数，记为 $S(x)$.

显然，设 $S_n(x)$ 为 $\sum\limits_{n=1}^{\infty} u_n(x)$ 前 n 项和，则 $\lim\limits_{n\to\infty} S_n(x) = S(x)$.

3. 幂级数的敛散性(Abel 定理)

(1) 若幂级数 $\sum\limits_{n=0}^{\infty} a_n x^n$ 在 $x = x_0 (x_0 \neq 0)$ 处收敛，则对满足不等式 $|x| < |x_0|$ 的一切 x，幂级数 $\sum\limits_{n=0}^{\infty} a_n x^n$ 绝对收敛.

(2) 若幂级数 $\sum\limits_{n=0}^{\infty} a_n x^n$ 在 $x = x_1$ 处发散，则对满足不等式 $|x| > |x_1|$ 的一切 x，幂级数 $\sum\limits_{n=0}^{\infty} a_n x^n$ 发散.

说明：由幂级数的敛散性可知，若幂级数 $\sum\limits_{n=0}^{\infty} a_n x^n$ 不是仅在 $x = 0$ 一点收敛，也不是在整个数轴收敛，则存在正数 R，使得当 $|x| < R$ 时，$\sum\limits_{n=0}^{\infty} a_n x^n$ 收敛，当 $|x| >$

R 时，$\sum\limits_{n=0}^{\infty} a_n x^n$ 发散. 正数 R 称为幂级数 $\sum\limits_{n=0}^{\infty} a_n x^n$ 的收敛半径.

4. 收敛半径的求法

给定幂级数 $\sum\limits_{n=0}^{\infty} a_n x^n$，若 $\lim\limits_{n \to \infty}\left|\dfrac{a_{n+1}}{a_n}\right| = \rho$ 或 $\lim\limits_{n \to \infty}\sqrt[n]{|a_n|} = \rho$，则

$$R = \begin{cases} \dfrac{1}{\rho}, \rho \neq 0 \\ +\infty, \rho = 0 \\ 0, \rho = +\infty \end{cases}.$$

5. 收敛域(收敛区间) 的求法

区间 $(-R, +R)$ 加上端点的收敛点.

6. 幂级数和函数的性质

设幂级数 $\sum\limits_{n=0}^{\infty} a_n x^n$ 在 $(-R, R)$ 内的和函数为 $S(x)$，则

(1) $S(x)$ 在 $(-R, R)$ 内是连续的，若幂级数 $\sum\limits_{n=0}^{\infty} a_n x^n$ 在 $x = R$(或 $x = -R$) 也收敛，则 $S(x)$ 在 $x = R$ 处左连续(或在 $x = -R$ 处右连续).

(2) $S(x)$ 在 $(-R, R)$ 内具有任意阶导数，且有逐项求导公式

$$S'(x) = \left(\sum_{n=0}^{\infty} a_n x^n\right)' = \sum_{n=0}^{\infty} (a_n x^n)' = \sum_{n=1}^{\infty} n a_n x^{n-1}.$$

注：逐项求导后所得的幂级数与原幂级数有相同的收敛半径 R，但收敛域可能不同，即端点的敛散性可能不同.

(3) $S(x)$ 在 $(-R, R)$ 内可积，且有逐项积分公式

$$\int_0^x S(t)\mathrm{d}t = \int_0^x \left(\sum_{n=0}^{\infty} a_n t^n\right)\mathrm{d}t = \sum_{n=0}^{\infty} a_n \int_0^x t^n \mathrm{d}t = \sum_{n=0}^{\infty} \frac{a_n}{n+1} x^{n+1}.$$

注：逐项积分后所得的幂级数与原幂级数有相同的收敛半径 R，但收敛域可能不同，即端点的敛散性可能不同.

说明：利用幂级数的逐项求导或逐项求积可以求幂级数的和函数.

7. 函数展开成幂级数的间接展开法

利用常见函数的展开式，通过幂级数的四则运算、逐项求导、逐项求积、变量代换、恒等变形等，将所给函数展开成幂级数.

8. 几个常见函数的幂级数展开式

(1) $\mathrm{e}^x = 1 + x + \dfrac{1}{2!}x^2 + \cdots + \dfrac{1}{n!}x^n + \cdots = \sum\limits_{n=0}^{\infty} \dfrac{x^n}{n!}$　$(-\infty < x < +\infty)$.

(2) $\sin x = x - \dfrac{x^3}{3!} + \dfrac{x^5}{5!} - \cdots + (-1)^n \dfrac{x^{2n+1}}{(2n+1)!} + \cdots$

$\qquad = \displaystyle\sum_{n=0}^{\infty} (-1)^n \dfrac{x^{2n+1}}{(2n+1)!} \quad (-\infty < x < +\infty).$

(3) $\cos x = 1 - \dfrac{x^2}{2!} + \dfrac{x^4}{4!} - \cdots + (-1)^n \dfrac{x^{2n}}{(2n)!} + \cdots$

$\qquad = \displaystyle\sum_{n=0}^{\infty} (-1)^n \dfrac{x^{2n}}{(2n)!} \quad (-\infty < x < +\infty).$

(4) $\dfrac{1}{1+x} = 1 - x + x^2 - x^3 + \cdots + (-1)^n x^n + \cdots$

$\qquad = \displaystyle\sum_{n=0}^{\infty} (-1)^n x^n \quad (-1 < x < 1).$

(5) $\ln(1+x) = x - \dfrac{x^2}{2} + \dfrac{x^3}{3} - \dfrac{x^4}{4} + \cdots + (-1)^{n-1} \dfrac{x^n}{n} + \cdots$

$\qquad = \displaystyle\sum_{n=0}^{\infty} (-1)^n \dfrac{x^{n+1}}{n+1} \quad (-1 < x \leqslant 1).$

(6) $(1+x)^{\alpha} = 1 + \alpha x + \dfrac{\alpha(\alpha-1)}{2!} x^2 + \cdots + \dfrac{\alpha(\alpha-1)\cdots(\alpha-n+1)}{n!} x^n + \cdots$

$\qquad = 1 + \displaystyle\sum_{n=1}^{\infty} \dfrac{\alpha(\alpha-1)\cdots(\alpha-n+1)}{n!} x^n \quad (-1 < x < 1).$

说明：利用幂级数的和函数或函数的幂级数展开式可以求常数项级数的和.

同步练习

一、填空题

1. 幂级数 $\sum\limits_{n=1}^{\infty} \dfrac{1}{n \cdot 4^n} x^n$ 的收敛半径 $R = $ _____.

2. 幂级数 $\sum\limits_{n=1}^{\infty} \dfrac{(-1)^n}{n} x^n$ 的收敛区间 _____.

3. 函数 $f(x) = \sin^2 x$ 展开成 x 的幂级数为 _____.

4. 函数 $f(x) = \dfrac{1}{2+x}$ 展开成 $x-1$ 的幂级数为 _____.

二、计算题

1. 判别级数 $\dfrac{4-x}{7x+2} + \dfrac{1}{3}\left(\dfrac{4-x}{7x+2}\right)^2 + \dfrac{1}{5}\left(\dfrac{4-x}{7x+2}\right)^3 + \cdots$ 在 $x=0$ 与 $x=1$ 处的敛散性.

2. 求幂级数 $\sum\limits_{n=1}^{\infty} \dfrac{1}{n^2 \cdot 2^n} x^n$ 的收敛半径与收敛域.

3. 求幂级数 $\sum\limits_{n=1}^{\infty} \dfrac{3^n}{n}(x-2)^n$ 的收敛区间.

4. 求幂级数 $\sum\limits_{n=1}^{\infty} \dfrac{1}{n \cdot 4^n} x^{2n}$ 的收敛域.

5. 求级数 $\sum\limits_{n=1}^{\infty} \dfrac{1}{n}\left(\dfrac{x-1}{x}\right)^n$ 的收敛域.

6. 求幂级数 $\sum\limits_{n=1}^{\infty} \dfrac{1}{n} x^n$ 的和函数,并求级数 $\sum\limits_{n=1}^{\infty} \dfrac{1}{n \cdot 3^n}$ 的和.

7. 求幂级数 $\sum\limits_{n=1}^{\infty} n x^{n-1}$ 的和函数,并求级数 $\sum\limits_{n=1}^{\infty} \dfrac{n}{2^{n-1}}$ 的和.

8. 求幂级数 $\sum\limits_{n=1}^{\infty} \dfrac{n(n+1)}{2} x^{n-1}$ 的收敛域与和函数.

9. 将函数 $f(x) = \mathrm{arc}\cot x$ 展开成 x 的幂级数.

10. 将函数 $f(x) = \ln(1+x)$ 展开成 $x-2$ 的幂级数.

11. 将 $f(x) = \dfrac{1}{6-5x+x^2}$ 展开成 $x-1$ 的幂级数.

12. 利用幂级数展开式求 $\dfrac{1+\dfrac{\pi^4}{5!}+\dfrac{\pi^8}{9!}+\dfrac{\pi^{12}}{13!}+\cdots}{\dfrac{1}{3!}+\dfrac{\pi^4}{7!}+\dfrac{\pi^8}{11!}+\dfrac{\pi^{12}}{15!}+\cdots}$.

13. 求幂级数 $\displaystyle\sum_{n=1}^{\infty}\dfrac{1}{n^p}x^n$ 的收敛域.

三、证明题

设幂级数 $\displaystyle\sum_{n=0}^{\infty}a_n(x-1)^n$ 在 $x_1=3$ 处发散, 在 $x_2=-1$ 处收敛, 指出该级数的收敛半径, 并证明之.

11.3 傅里叶级数及其展开

主要知识与方法

1. 傅里叶级数

设函数 $f(x)$ 以 2π 为周期,且在 $[-\pi,\pi]$ 上可积,则级数

$$\frac{a_0}{2} + \sum_{n=1}^{\infty} (a_n\cos nx + b_n\sin nx)$$

称为 $f(x)$ 的傅里叶级数. 记为

$$f(x) \sim \frac{a_0}{2} + \sum_{n=1}^{\infty} (a_n\cos nx + b_n\sin nx),$$

式中 $a_n = \frac{1}{\pi}\int_{-\pi}^{\pi} f(x)\cos nx\,dx\,(n=0,1,2,\cdots)$, $b_n = \frac{1}{\pi}\int_{-\pi}^{\pi} f(x)\sin nx\,dx\,(n=1,2,\cdots)$ 称为傅里叶系数.

2. 傅里叶级数收敛定理(狄利希莱(Dirichlet)收敛定理)

设 $f(x)$ 是一个以 2π 为周期的函数,如果 $f(x)$ 在区间 $[-\pi,\pi]$ 上满足如下的狄利希莱条件:

(1) 连续或者只有有限个第一类间断点.

(2) 只有有限个极值点.

则 $f(x)$ 的傅里叶级数区间 $[-\pi,\pi]$ 收敛,并且

(1) 当 x 是 $f(x)$ 的连续点时,级数收敛于 $f(x)$.

(2) 当 x 是 $f(x)$ 的间断点时,级数收敛于 $\dfrac{f(x-0)+f(x+0)}{2}$.

(3) 当 $x = \pm\pi$ 时,级数收敛于 $\dfrac{f(-\pi+0)+f(\pi-0)}{2}$.

3. 正弦级数

设函数 $f(x)$ 在 $[-\pi,\pi]$ 上是奇函数,则称 $f(x)$ 的傅里叶级数 $\sum_{n=1}^{\infty} b_n\sin nx$ 为正弦级数.

4. 余弦级数

设函数 $f(x)$ 在 $[-\pi,\pi]$ 上是偶函数,则称 $f(x)$ 的傅里叶级数 $\dfrac{a_0}{2} + \sum_{n=1}^{\infty} a_n\cos nx$ 为余弦级数.

5. 周期为 $2l$ 函数的傅里叶级数

设 $f(x)$ 是一个以 $2l$ 为周期的函数,则它的傅里叶系数为

$$a_n = \frac{1}{l}\int_{-l}^{l} f(x)\cos\frac{n\pi x}{l}\mathrm{d}x \quad (n = 0,1,2,\cdots);$$

$$b_n = \frac{1}{l}\int_{-l}^{l} f(x)\sin\frac{n\pi x}{l}\mathrm{d}x \quad (n = 1,2,\cdots).$$

且对应的傅里叶级数为

$$\frac{a_0}{2} + \sum_{n=1}^{\infty}\left(a_n\cos\frac{n\pi}{l}x + b_n\sin\frac{n\pi}{l}x\right).$$

当 $f(x)$ 在区间 $[-l,l]$ 上满足狄利希莱收敛定理的条件时,有

(1) 当 x 是 $f(x)$ 的连续点时,级数收敛于 $f(x)$.

(2) 当 x 是 $f(x)$ 的间断点时,级数收敛于 $\dfrac{f(x-0)+f(x+0)}{2}$.

(3) 当 $x = \pm l$ 时,级数收敛于 $\dfrac{f(-l+0)+f(l-0)}{2}$.

特别地,若函数 $f(x)$ 在 $[-l,l]$ 上是奇函数,则 $f(x)$ 的傅里叶级数为正弦级数 $\sum_{n=1}^{\infty} b_n\sin\dfrac{n\pi}{l}x$;若函数 $f(x)$ 在 $[-l,l]$ 上是偶函数,则 $f(x)$ 的傅里叶级数为余弦级数 $\dfrac{a_0}{2} + \sum_{n=1}^{\infty} a_n\cos\dfrac{n\pi}{l}x$.

6. 定义在 $[0,l]$ 上的函数的傅里叶级数

(1) 偶延拓:在 $[-l,0]$ 上对函数作补充,使得 $f(-x) = f(x)$,即得到一个偶函数,于是将 $f(x)$ 在 $[0,l]$ 上展开为余弦级数.

(2) 奇延拓:在 $[-l,0]$ 上对函数作补充,使得 $f(-x) = -f(x)$,即得到一个奇函数,于是将 $f(x)$ 在 $[0,l]$ 上展开为正弦级数.

7. 将周期函数展开成傅里叶级数的步骤

(1) 画出 $f(x)$ 的草图,由图形写出收敛域,判断函数的奇偶性,并确定使用哪个公式.

(2) 验证函数是否满足狄利希莱收敛定理的条件,讨论展开后的级数在间断点、端点的和.

(3) 计算傅里叶级数的系数.

(4) 写出傅里叶级数,确定收敛区间,注明它在何处收敛于 $f(x)$.

同步练习

一、填空题

1. 以 2π 为周期的函数 $f(x) = \begin{cases} -1, & -\pi < x \leqslant 0 \\ 1 + x^2, & 0 < x \leqslant \pi \end{cases}$ 的傅里叶级数在 $x = \pi$ 处收敛于 _____ .

2. 设函数 $f(x) = \pi x + x^2 (-\pi < x < \pi)$ 的傅里叶级数展开式为 $\dfrac{a_0}{2} + \sum\limits_{n=1}^{\infty}(a_n\cos nx + b_n\sin nx)$,则 $b_3 =$ _____ .

3. 以 2 为周期的函数 $f(x) = \begin{cases} 2, & -1 < x \leqslant 0 \\ x^3, & 0 < x \leqslant 1 \end{cases}$ 的傅里叶级数在 $x = 1$ 处收敛于 _____ .

4. 函数 $f(x) = x^2, 0 \leqslant x \leqslant 1$,设 $S(x) = \sum\limits_{n=1}^{\infty} b_n\sin(n\pi x), -\infty < x < +\infty$,其中 $b_n = 2\displaystyle\int_0^1 f(x)\sin(n\pi x)\mathrm{d}x (n = 1, 2, \cdots)$,则 $S\left(-\dfrac{1}{2}\right) =$ _____ .

二、计算各题

1. 将以 2π 为周期的函数 $f(x) = x(-\pi \leqslant x < \pi)$ 展开成傅里叶级数.

2. 将函数 $f(x) = \cos\dfrac{x}{2}$ 在 $[0, \pi]$ 上展开成余弦级数.

3. 将函数 $f(x) = \begin{cases} 2x+1, & -3 \leqslant x < 0 \\ 1, & 0 \leqslant x < 3 \end{cases}$ 在一个周期内展开成傅里叶级数.

4. 将函数 $f(x) = -\sin\dfrac{x}{2} + 1, x \in [0,\pi]$ 展开成正弦级数.

5. 将函数 $f(x) = 2 + |x| \ (-1 \leqslant x \leqslant 1)$ 展开成以 2 为周期的傅里叶级数，并求级数 $\displaystyle\sum_{n=1}^{\infty} \dfrac{1}{n^2}$ 的和.

第12章 微分方程

12.1 微分方程的基本概念

主要知识与方法

1. 微分方程

含有自变量,未知函数及未知函数的导数或微分的方程称为微分方程.

2. 微分方程的阶

微分方程中未知函数的最高阶导数的阶数称为微分方程的阶.

说明:n 阶微分方程的一般形式为 $F(x,y,y',y'',\cdots,y^{(n-1)},y^{(n)})=0$,

或 $$y^{(n)}=f(x,y,y',y'',\cdots,y^{(n-1)}).$$

3. 微分方程的解

若将一个函数 $y=y(x)$ 代入微分方程后,方程两端相等,则称 $y=y(x)$ 为微分方程的解.

4. 通解

若方程的解中含有相互独立的任意常数,且常数的个数等于方程的阶数,则称该解为方程的通解.

5. 特解

通解中任意常数确定的解称为方程的特解.

6. 初始条件

用于确定通解中的任意常数的条件称为微分方程的初始条件.

说明:n 阶微分方程的初始条件为

$$y|_{x=x_0}=y_0,y'|_{x=x_0}=y'_0,y''|_{x=x_0}=y''_0,\cdots,y^{(n-1)}|_{x=x_0}=y_0^{(n-1)}.$$

同步练习

一、填空题

1. 微分方程 $x^3(y'')^4 - yy' = x$ 的阶数为_____.

2. 微分方程 $(y')^3 + y''' + xy^4 = x^2 - 1$ 的阶数为_____.

二、计算题

1. 设二阶微分方程的通解为 $y = C_1\mathrm{e}^{-x} + C_2\mathrm{e}^{2x}$, 求其方程.

2. 求微分方程 $x^2 y'' + 6xy' + 4y = 0$ 的形如 $y = x^k$ 的解.

三、证明题

验证 $y = \sin(x + C)$ 是微分方程的通解 $y'^2 + y^2 - 1 = 0$.

12.2 一阶微分方程

主要知识与方法

1. 可分离变量微分方程

(1) 定义:形如

$$f(y)\mathrm{d}y = g(x)\mathrm{d}x$$

的一阶微分方程称为可分离变量微分方程.

(2) 解法:两边取不定积分,即得通解.

说明:一定要先分离变量,然后再取不定积分.

2. 齐次微分方程

(1) 定义:形如

$$\frac{\mathrm{d}y}{\mathrm{d}x} = \varphi\left(\frac{y}{x}\right)$$

的一阶微分方程称为齐次微分方程.

(2) 解法:作代换 $u = \dfrac{y}{x}$,化为可分离变量方程

$$\frac{1}{\varphi(u) - u}\mathrm{d}u = \frac{1}{x}\mathrm{d}x.$$

3. 一阶线性微分方程

(1) 定义:形如

$$y' + P(x)y = Q(x)$$

的一阶微分方程称为一阶线性微分方程;当 $Q(x) = 0$ 时,称为一阶齐次线性方程;当 $Q(x) \neq 0$ 时,称为一阶非齐次线性方程.

(2) 通解:$y = \mathrm{e}^{-\int P(x)\mathrm{d}x}\left(\int Q(x)\mathrm{e}^{\int P(x)\mathrm{d}x}\mathrm{d}x + C\right)$.

4. 伯努利方程

(1) 定义:形如

$$y' + P(x)y = Q(x)y^n \quad (n \neq 0, 1)$$

的一阶微分方程称为伯努利方程.

(2) 解法:作代换 $z = y^{1-n}$ 化为一阶线性方程

$$z' + (1-n)P(x)z = (1-n)Q(x).$$

5. 全微分方程

（1）定义：形如

$$P(x,y)\mathrm{d}x + Q(x,y)\mathrm{d}y = 0$$

的一阶微分方程称为全微分方程，其中$\dfrac{\partial P}{\partial y} = \dfrac{\partial Q}{\partial x}$.

（2）通解：$\displaystyle\int_{x_0}^{x} P(x,y_0)\mathrm{d}x + \int_{y_0}^{y} Q(x,y)\mathrm{d}y = C$，

式中(x_0,y_0)为平面区域 D 内一点.

说明：对一阶微分方程，一定要先确定它是哪种类型的方程，然后再用相应方法求解。如果都不是，则对微分方程进行变形或作变量代换化为上述微分方程.

同步练习

一、填空题

1. 微分方程 $y' = e^{x-y}$ 的通解为_____.

2. 微分方程 $y' = \dfrac{y}{x} + \dfrac{x}{y}$ 的通解为_____.

3. 微分方程 $y' - y = e^x$ 的通解为_____.

4. 解微分方程 $xy' + x^2 y = e^x y^3$ 时,应作代换 $z = $_____.

二、计算题

1. 求微分方程 $y\mathrm{d}x + (x^2 - 4x)\mathrm{d}y = 0$ 的通解.

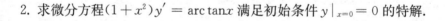

2. 求微分方程 $(1 + x^2)y' = \arctan x$ 满足初始条件 $y\big|_{x=0} = 0$ 的特解.

3. 质量为 1kg 的物体,受力的作用作直线运动,此力与时间成正比,与物体的速度成反比,当 $t = 1s$ 时,速度为 8m/s,力为 $\dfrac{1}{8}$N,试问什么时候物体的速度为 12m/s.

4. 求微分方程 $y' = \dfrac{y}{x} + \tan \dfrac{y}{x}$ 的通解.

5. 求微分方程 $y' = \dfrac{y}{x} \ln \dfrac{y}{x}$ 满足初始条件 $y\big|_{x=1} = e^2$ 的特解.

6. 求微分方程 $y' + y\tan x = \sin 2x$ 的通解.

7. 求微分方程 $y' = \dfrac{y}{x + y^3}$ 的通解.

8. 设曲线积分 $\displaystyle\int_L \left[f(x) - e^x\right]\sin y\mathrm{d}x - f(x)\cos y\mathrm{d}y$ 与路径无关, 且 $f(0) = 0$, 求 $f(x)$.

9. 求微分方程 $y' - y = xy^2$ 的通解.

10. 求微分方程 $x^2 y' + xy = y^2$ 满足初始条件 $y|_{x=1} = 1$ 的特解.

11. 求微分方程 $xy^2 \mathrm{d}x + x^2 y \mathrm{d}y = 0$ 的通解.

12.3 可降阶的高阶微分方程

主要知识与方法

1. $y^{(n)} = f(x)$ 型

解法:接连多次取不定积分.

2. $y'' = f(x, y')$ 型

解法:令 $y' = p(x)$ 化为一阶微分方程 $p' = f(x, p)$. (1)

说明:若微分方程(1)的通解为 $p = \varphi(x, C_1)$,则方程 $y'' = f(x, y')$ 的通解为

$$y = \int \varphi(x, C_1) dx + C_2.$$

3. $y'' = f(y, y')$ 型

解法:令 $y' = p(y)$ 化为一阶微分方程 $p \dfrac{dp}{dy} = f(y, p)$. (2)

说明:若微分方程(2)的通解为 $p = \psi(y, C_1)$,则方程 $y'' = f(y, y')$ 的通解为

$$\int \frac{1}{\psi(y, C_1)} dy = x + C_2.$$

同步练习

一、填空题

1. 微分方程 $y'' = \sin x$ 的通解为＿＿＿＿.

2. 微分方程 $y''' = x$ 的通解为＿＿＿＿.

3. 微分方程 $xy'' + y' = 0$ 的通解为＿＿＿＿.

4. 微分方程 $yy'' + 2y'^2 = 0$ 的通解为＿＿＿＿.

二、计算题

1. 求微分方程 $y'' = \dfrac{1}{\sqrt{1-x^2}}$ 的通解.

2. 求微分方程 $y'' = y' + x$ 的通解.

3. 求微分方程 $y'' = (y')^3 + y'$ 的通解.

4. 试求 $y'' = x$ 的经过点 $M(0,1)$ 且在此点与直线 $y = \dfrac{x}{2} + 1$ 相切的积分曲线.

5. 求微分方程 $y'' = e^{2y}$ 满足初始条件 $y|_{x=0} = y'|_{x=0} = 0$ 的特解.

12.4　二阶线性微分方程

主要知识与方法

1. 二阶齐次线性微分方程

（1）定义：形如

$$y'' + P(x)y' + Q(x)y = 0 \qquad\qquad (1)$$

的二阶微分方程称为二阶齐次线性微分方程.

（2）解的性质：

① 若 $y(x)$ 是方程（1）的解，C 为常数，则 $Cy(x)$ 也是方程（1）的解.

② 若 $y_1(x)$，$y_2(x)$ 是方程（1）的解，则 $y_1(x) + y_2(x)$ 也是方程（1）的解.

由上述性质可得，若 $y_1(x)$，$y_2(x)$ 是方程（1）的两个解，则 $C_1 y_1(x) + C_2 y_2(x)$ 也是方程（1）的解，其中 C_1，C_2 是两个任意常数，即解的组合仍为解.

（3）通解结构：设 $y_1(x)$，$y_2(x)$ 是方程（1）解，且 $\dfrac{y_1(x)}{y_2(x)} \neq C$，则 $C_1 y_1(x) + C_2 y_2(x)$ 为方程（1）的通解，其中 C_1，C_2 是两个任意常数.

2. 二阶常系数齐次线性微分方程

（1）定义：形如

$$y'' + py' + qy = 0 \qquad\qquad (2)$$

的二阶微分方程称为二阶常系数齐次线性微分方程.

（2）特征方程：方程

$$r^2 + pr + q = 0$$

称为方程（2）的特征方程.

（3）微分方程 $y'' + py' + qy = 0$ 的通解结构：

特征方程 $r^2 + pr + q = 0$ 的两个根 r_1，r_2	微分方程 $y'' + py' + qy = 0$ 的通解
两个不相等的实根 r_1，r_2	$y = C_1 e^{r_1 x} + C_2 e^{r_2 x}$
两个相等实根 $r_1 = r_2 = r$	$y = (C_1 + C_2 x)e^{rx}$
一对共轭虚根 $r_{1,2} = \alpha \pm i\beta$	$y = e^{\alpha x}(C_1 \cos\beta x + C_2 \sin\beta x)$

（4）求微分方程 $y'' + py' + qy = 0$ 通解的步骤：

① 写出特征方程 $r^2 + pr + q = 0$.

② 求特征方程 $r^2 + pr + q = 0$ 的两个根 r_1, r_2.

③ 根据特征方程 $r^2 + pr + q = 0$ 根的不同情形,写出方程 $y'' + py' + qy = 0$ 的通解.

3. 二阶非齐次线性微分方程

(1) 定义:形如

$$y'' + P(x)y' + Q(x)y = f(x) \tag{3}$$

的二阶微分方程称为二阶非齐次线性微分方程. 而方程

$$y'' + P(x)y' + Q(x)y = 0 \tag{4}$$

称为方程(3)对应的齐次线性微分方程.

(2) 解的性质:

① 若 $y_1(x), y_2(x)$ 是方程(3)的两个解,则 $y_1(x) - y_2(x)$ 是方程(4)的解.

② 若 $y(x)$ 是方程(3)的解,$Y(x)$ 是方程(4)的解,则 $y(x) + Y(x)$ 是方程(3)的解.

③ 设 y_1^* 与 y_2^* 分别是方程

$$y'' + P(x)y' + Q(x)y = f_1(x)$$

与

$$y'' + P(x)y' + Q(x)y = f_2(x)$$

的解,则 $y_1^* + y_2^*$ 是方程 $y'' + P(x)y' + Q(x)y = f_1(x) + f_2(x)$ 的解.

(3) 通解的结构:若 y^* 是方程(3)的特解,$C_1 y_1(x) + C_2 y_2(x)$ 是方程(4)的通解,则方程(3)的通解为 $y = y^* + C_1 y_1(x) + C_2 y_2(x)$.

4. 二阶常系数非齐次线性微分方程

(1) 形如

$$y'' + py' + qy = f(x) \tag{5}$$

的二阶微分方程称为二阶常系数非齐次线性微分方程.

(2) 特解形式:

① 当 $f(x) = e^{\lambda x} P_m(x)$ 时,式中 $P_m(x)$ 为 m 次多项式,则方程(5)的特解形式为

$$y^* = x^k Q_m(x) e^{\lambda x},$$

式中 $k = \begin{cases} 0, & \text{当}\lambda\text{不是特征方程 } r^2 + pr + q = 0 \text{ 的根时} \\ 1, & \text{当}\lambda\text{是特征方程 } r^2 + pr + q = 0 \text{ 的单根时} \\ 2, & \text{当}\lambda\text{是特征方程 } r^2 + pr + q = 0 \text{ 的重根时} \end{cases}$,$Q_m(x)$ 为一个 m 次多项式.

② 当 $f(x) = e^{\lambda x}[P_n(x)\cos\omega x + P_l(x)\sin\omega x]$ 时,其中 $P_n(x)$ 为 n 次多项式、$P_l(x)$ 为 l 次多项式,则方程(5)的特解形式为

$$y^* = x^k e^{\lambda x}[R_m^{(1)}(x)\cos\omega x + R_m^{(2)}(x)\sin\omega x],$$

式中 $m = \max\{n, l\}$，$k = \begin{cases} 0, \text{当} \lambda + i\omega \text{不为特征方程} r^2 + pr + q = 0 \text{的根时} \\ 1, \text{当} \lambda + i\omega \text{为特征方程} r^2 + pr + q = 0 \text{的根时} \end{cases}$，

$R_m^{(1)}(x)$，$R_m^{(2)}(x)$ 都为 m 次多项式.

(3) $Q_m(x)$，$R_m^{(1)}(x)$，$R_m^{(2)}(x)$ 的求法：把 y^* 代入方程(5)，比较等式两边 x 同次幂的系数，确定 $Q_m(x)$，$R_m^{(1)}(x)$，$R_m^{(2)}(x)$ 的系数.

(4) 求方程 $y'' + py' + qy = f(x)$ 通解的步骤：

① 求方程 $y'' + py' + qy = 0$ 的通解 $Y = C_1 y_1(x) + C_2 y_2(x)$.

② 求方程 $y'' + py' + qy = f(x)$ 的一个特解 y^*.

③ 写出方程 $y'' + py' + qy = f(x)$ 的通解 $y = y^* + C_1 y_1(x) + C_2 y_2(x)$.

同步练习

一、填空题

1. 微分方程 $y'' + y = 0$ 的通解为_____.

2. 微分方程 $2y'' - 3y' - 2y = 0$ 的通解为_____.

3. 微分方程 $y'' + 6y' + 9y = 0$ 的通解为_____.

4. 微分方程 $y'' + 2y' + y = xe^{-x}$ 的特解形式为_____.

二、计算题

1. 求微分方程 $y'' + \dfrac{1}{k}y = 0(k \neq 0)$ 的通解.

2. 求微分方程 $2y''(x) - 3y'(x) + y(x) = 0$ 满足 $y(1) = 3, y'(1) = 1$ 的特解.

3. 设某个二阶常系数齐次线性方程的特征方程有相同的实根 a，求此微分方程，并求其通解.

4. 求微分方程 $y'' - 4y' - 5y = x^2 + 3x - 2$ 的一个特解.

5. 求微分方程 $y'' - y = e^x \cos 2x$ 的一个特解.

6. 求微分方程 $y'' - 2y' + y = xe^x$ 的通解.

7. 求微分方程 $y'' - 2y' + 5y = e^x \sin 2x$ 的通解.

8. 求微分方程 $y'' - y = \sin^2 x$ 的一个特解.

9. 求微分方程 $y'' + y = e^x + \cos x$ 的通解.

10. 求微分方程 $y'' - 4y' = 5$ 满足初始条件 $y\big|_{x=0} = 1, y'\big|_{x=0} = 0$ 的特解.

11. 设函数 $\varphi(x)$ 连续,且满足 $\varphi(x) = e^x + \int_0^x t\varphi(t)\,\mathrm{d}t - x\int_0^x \varphi(t)\,\mathrm{d}t$,求 $\varphi(x)$.

附录1 高等数学期末考试试题

高等数学(A) Ⅰ 期末考试试题(一)

一、填空题(每题 3 分,共 18 分)

1. 极限 $\lim\limits_{x \to +\infty}(\sqrt{x+\sqrt{x}} - \sqrt{x-\sqrt{x}}) = $ _____.

2. 设函数 $f(x) = \begin{cases} (1-x)^{\frac{3}{x}}, & x \neq 0 \\ a, & x = 0 \end{cases}$ 在 $x = 0$ 处连续,则 $a = $ _____.

3. 设 $y = \int_0^{x^2} \sqrt{1+t^2}\,\mathrm{d}t$,则 $\mathrm{d}y = $ _____.

4. 定积分 $\int_{-1}^1 (x^2 + \sin^3 x)\,\mathrm{d}x = $ _____.

5. 向量 $\boldsymbol{a} = \{-1, 0, 1\}$ 与 $\boldsymbol{b} = \{1, 2, -2\}$ 的夹角 $\theta = $ _____.

6. 过点 $M(2, 1, -1)$ 和 $N(5, 1, 3)$ 的直线的标准式方程为_____.

二、计算题(每题 8 分,共 56 分)

1. 求极限 $\lim\limits_{n \to \infty}\left(\dfrac{1}{n^2+1} + \dfrac{2}{n^2+2} + \cdots + \dfrac{n}{n^2+n}\right)$.

2. 求极限 $\lim\limits_{x \to 0}\cot x\left(\dfrac{1}{\sin x} - \dfrac{1}{x}\right)$.

3. 设 $\begin{cases} x = \ln(1+t^2) \\ y = 1 - \arctan t \end{cases}$,求 $\dfrac{\mathrm{d}y}{\mathrm{d}x}$ 及 $\dfrac{\mathrm{d}^2 y}{\mathrm{d}x^2}$.

4. 已知 $f'(\ln x) = \dfrac{1}{1+x}$ 且 $f(0) = 0$,求 $f(x)$.

5. 求不定积分 $\int x\sin^2 x\,\mathrm{d}x$.

6. 求定积分 $\int_{\frac{\sqrt{2}}{2}}^1 \dfrac{\sqrt{1-x^2}}{x^2}\,\mathrm{d}x$.

7. 求过直线 $\begin{cases} x - y + z - 2 = 0 \\ x + y = 0 \end{cases}$ 且平行直线 $\begin{cases} x + y - z = 3 \\ 2x + y + z = 4 \end{cases}$ 的平面方程.

三、应用题(每题 9 分,共 18 分)

1. 设有底面为等边三角形的一个直柱体,其体积为 2,当底面边长为多少时其表面积最小?并求最小表面积.

2. 求由曲线 $y = \mathrm{e}^x, y = \mathrm{e}^{-x}$ 及直线 $x = 1$ 围成的平面图形面积及该平面图形绕 x 轴旋转一周所形成的旋转体体积.

四、证明题(本题 8 分)

设函数 $f(x)$ 在 $(0, +\infty)$ 上满足 $f''(x) > 0, f(0) = 0$,证明 $F(x) = \dfrac{f(x)}{x}$ 在 $(0, +\infty)$ 上单调增加.

高等数学(A)Ⅰ期末考试试题(二)

一、填空题(每题 3 分,共 18 分)

1. 极限 $\lim\limits_{x \to 1} \dfrac{\sqrt{3+x}-2}{x-1} = $ _____.

2. 设 $y = x\sin x + \cos x$,则 $y' = $ _____.

3. 函数 $f(x) = x^3 - 9x + 2$ 在 $[0,3]$ 上满足罗尔定理,则 $\xi = $ _____.

4. 由曲线 $y = x^2$、直线 $x = 1$ 及 x 轴围成平面图形绕 x 旋转一周形成的旋转体的体积 $V = $ _____.

5. 向量 $\boldsymbol{b} = \{-1, -2, 1\}$ 在向量 $\boldsymbol{a} = \{2, 1, -2\}$ 上的投影 $\mathrm{Prj}_{\boldsymbol{a}}\boldsymbol{b} = $ _____.

6. 过点 $(2,1,3)$ 且垂直于直线 $\dfrac{x-1}{4} = \dfrac{y-4}{2} = \dfrac{z-2}{-1}$ 的平面的一般方程为 _____.

二、计算题(每题 8 分,共 56 分)

1. 求极限 $\lim\limits_{n \to \infty}\left[\dfrac{1}{1 \times 3} + \dfrac{1}{3 \times 5} + \cdots + \dfrac{1}{(2n-1)(2n+1)}\right]$.

2. 求极限 $\lim\limits_{x \to 0} \dfrac{e^x - e^{-x} - 2x}{x - \sin x}$.

3. 设方程 $\sin(xy) + \ln(y-x) = x$ 确定 $y = y(x)$,求 $y'(0)$.

4. 求不定积分 $\displaystyle\int \dfrac{\ln x}{(1+x)^2}\,\mathrm{d}x$.

5. 求不定积分 $\displaystyle\int \dfrac{x^2}{\sqrt{1-x^2}}\,\mathrm{d}x$.

6. 求定积分 $\displaystyle\int_0^{\ln 2} \sqrt{e^x - 1}\,\mathrm{d}x$.

7. 求点 $P(3,1,2)$ 到直线 $L: \dfrac{x-1}{1} = \dfrac{y-2}{2} = \dfrac{z+1}{-2}$ 的距离.

三、应用题(每题 9 分,共 18 分)

1. 设 $f(x) = x^2 \ln x$.

(1) 求函数 $f(x)$ 的极值.

(2) 求曲线 $y = f(x)$ 的拐点.

2. 设心脏线方程为 $r = 1 + \cos\theta$(见图 1).

(1) 求心脏线围成平面图形的面积.

(2) 求心脏线的长度.

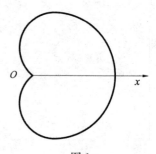

图 1

四、证明题(本题 8 分)

设函数 $f(x)$ 在 $[0,1]$ 上连续,且 $f(x) < 1$,证明:方程 $2x - \int_0^x f(t)\mathrm{d}t - 1 = 0$ 在 $(0,1)$ 内有且仅有一个实根.

高等数学(A)Ⅰ期末考试试题(三)

一、填空题(每题 2 分,共 10 分)

1. 曲线 $y = (x-1)^3 + 1$ 拐点的坐标为_____.

2. 极限 $\lim\limits_{x \to \infty}(e^x \sin x) =$ _____, $\lim\limits_{x \to 0}(1-2x)^{\frac{3}{\sin x}} =$ _____.

3. 函数 $f(x) = \dfrac{x^2-1}{(x-2)(x-1)}$ 有无穷间断点 $x =$ _____,有可去间断点 $x =$ _____.

4. 定积分 $\displaystyle\int_{-\pi}^{\pi} x^4 \sin^3 x \, dx =$ _____, $\displaystyle\int_{-\pi}^{\pi} \cos^2 x \, dx =$ _____.

5. 空间曲线 $\begin{cases} 2x^2 + 3y^2 = 6 \\ z = 4 \end{cases}$ 在 xOy 面的投影方程为_____.

二、单项选择题(每题 2 分,共 10 分)

1. 方程 $y = 3x^2 + 1$ 在空间直角坐标系中表示( ).

    A. 过点 $(0,1,0)$ 的椭圆抛物面   B. xOy 面内的抛物线

    C. 绕 y 轴旋转的旋转抛物面   D. 过点 $(0,1,0)$ 的抛物柱面

2. $x \to 0$ 时,函数 $2(\cos x - 1)$ 是 x^2 的( )无穷小.

    A. 高阶   B. 等价   C. 同阶不等价   D. 低阶

3. 设 $f(x) = |\ln x|$,则下面关于函数 $f(x)$ 说法错误的是( ).

    A. $f(x)$ 为偶函数,$x = 0$ 为无穷间断点

    B. $f(x)$ 在点 $x = 1$ 处连续且不导,但存在左导数和右导数

    C. 点 $x = 1$ 既是函数 $f(x)$ 的极小值点,又是曲线 $y = f(x)$ 的拐点横坐标

    D. $\displaystyle\int_0^1 f(x) dx$ 为收敛的广义积分

4. 关于积分 $\displaystyle\int_1^3 \dfrac{1}{(x-1)^p} dx$,下面说法正确的是( ).

    A. 当 $p \leqslant 2$ 时该积分一定是广义积分

    B. 当 $p > 2$ 时该积分一定是广义积分

    C. 当 $x \leqslant 2$ 时该积分一定是广义积分

    D. 当 $x > 2$ 时该积分一定是广义积分

5. 设 $f(x)$ 在区间 $I = (a,b)$ 上连续,则 $f(x)$ 在区间 I 上一定( ).

    A. 有界   B. 可导   C. 有原函数   D. 可积

三、判断题(对的打勾,错的打叉)(每题 2 分,共 10 分)

1. ( ) 一切初等函数在其定义区间内都是连续的.

2. （　　）$[f(x^2)]' = f'(x^2)$ 运算无误.

3. （　　）当 $x \to 0$ 时，$x^7 + x^3$ 是 $x^6 + x^4$ 的高阶无穷小.

4. （　　）因为 $y = x^3$ 为奇函数，区间 $(-\infty, +\infty)$ 关于原点对称，所以
$\int_{-\infty}^{+\infty} f(x)\mathrm{d}x = 0$.

5. （　　）若直线为过一定点与已知平面垂直的直线，则该直线方向向量的方向是唯一的.

四、解下列各题(每题 5 分，共 30 分)

1. 设 $y = \int_0^{2x} \sqrt{1+t^2}\,\mathrm{d}t$，求 y''.

2. 求不定积分 $\int x^2 \mathrm{e}^{2x}\mathrm{d}x$.

3. 求极限 $\lim\limits_{x\to 0}\left(\dfrac{1}{\mathrm{e}^x-1} - \dfrac{1}{x}\right)$.

4. 设 $y = \dfrac{4x+13}{2x+6}$，求 $y^{(n)}$.

5. 已知 $\int_0^y \mathrm{e}^t\mathrm{d}t + \int_0^x \cos t\,\mathrm{d}t = 0$，求 $\dfrac{\mathrm{d}^2 y}{\mathrm{d}x^2}$.

6. 求定积分 $\int_0^\pi (1-\cos^3 x)\mathrm{d}x$.

五、(本题 12 分)

设曲线 $y^2 = 2x$ 与直线 $y = x - 4$ 围成的图形在第一象限中的部分为 D，求：

(1) D 的面积.

(2) D 绕 x 轴旋转形成的立体的体积.

(3) 曲线 $y^2 = 2x$ 绕 x 轴旋转形成的旋转曲面的曲面方程.

六、(本题 10 分)

1. 求过点 $(-3,1,2)$ 且平行直线 $\begin{cases} x-y+z+2=0 \\ 2x+y-z-1=0 \end{cases}$ 的直线标准式(对称式方程).

2. 设一平面与平面 $2x-y+2z+1=0$ 平行，且点 $(-1,2,3)$ 到该平面的距离为 3，求其方程.

七、(本题 10 分)

设 $f(x) = \ln(1+x^2)$，讨论函数 $f(x)$ 的单调性和曲线 $y = f(x)$ 的凹凸性.

八、(本题 8 分)

设 $a > b > 0, n > 1$，证明：$nb^{n-1}(a-b) < a^n - b^n < na^{n-1}(a-b)$.

高等数学(A)Ⅰ 期末考试试题(四)

一、填空题(每题 3 分,共 15 分)

1. 极限 $\lim\limits_{x\to\infty}\left(1-\dfrac{3}{x}\right)^x=$ _____.

2. 曲线 $xy=4$ 在点 $(2,2)$ 处的切线方程为_____.

3. 曲线 $y=x^2-x+1$ 在点 $(1,1)$ 处的曲率 $K=$ _____.

4. 设 $f(x)$ 在 $[-2,2]$ 上为偶函数,则 $\displaystyle\int_{-2}^{2}x[x+f(x)]\mathrm{d}x=$ _____.

5. 向量 $\boldsymbol{b}=\{-1,1,3\}$ 在 $\boldsymbol{a}=\{1,1,-1\}$ 上的投影 $\mathrm{Prj}_{\boldsymbol a}\boldsymbol{b}=$ _____.

二、选择题(每题 2 分,共 10 分)

1. 设函数 $f(x)\begin{cases}\dfrac{\sin mx}{x},&x\neq 0\\ 3,&x=0\end{cases}$ 在点 $x=0$ 处连续,则 $m=$ (   ).

    A. 1　　　　　　B. 2　　　　　　C. 3　　　　　　D. 0

2. 设函数 $F(x)=\displaystyle\int_{x^2}^{0}\sin t^2\mathrm{d}t$,则 $F'(x)=$ (   ).

    A. $-2x\sin x^4$　　B. $2x\sin x^4$　　C. $-\sin x^4$　　D. $\sin x^4$

3. 下列等式中不正确的是(   ).

    A. $\displaystyle\int f'(x)\mathrm{d}x=f(x)+C$　　　　B. $\left(\displaystyle\int f(x)\mathrm{d}x\right)'=f(x)$

    C. $\displaystyle\int \mathrm{d}x=x+C$　　　　　　　　D. $\displaystyle\int f'(x)\mathrm{d}x=f(x)$

4. 设 $f(x)=\sin x$,则 $\displaystyle\int\dfrac{1}{x^2}f'\left(\dfrac{1}{x}\right)\mathrm{d}x=$ (   ).

    A. $-\sin\dfrac{1}{x}+C$　　　　　　B. $\sin\dfrac{1}{x}+C$

    C. $-\cos\dfrac{1}{x}+C$　　　　　　D. $\cos\dfrac{1}{x}+C$

5. 由曲线 $x=\sqrt{y}$、直线 $y=1$ 及 y 轴围成的平面图形的面积为(   ).

    A. $\dfrac{1}{3}$　　　　B. $\dfrac{2}{3}$　　　　C. $\dfrac{1}{2}$　　　　D. $\dfrac{3}{2}$

三、计算题(每题 12 分,共 48 分)

1. 求极限:

    (1) $\lim\limits_{x\to\infty}\left(\sqrt{x^2+2x-1}-\sqrt{x^2-x+4}\right)$.

    (2) $\lim\limits_{x\to0}\dfrac{\mathrm{e}^{2x}-2x^2-2x-1}{x^3}$.

2. 求导数或微分：

(1) 设方程 $x^y = y^x$ 确定 $y = y(x)$，求 y'.

(2) 设 $y = \operatorname{arccot} \dfrac{x-1}{x+1}$，求 $\mathrm{d}y$.

3. 求积分：

(1) $\displaystyle\int \sqrt{x}\ln x\,\mathrm{d}x$.

(2) $\displaystyle\int_{\sqrt{2}}^{2} \dfrac{1}{x^2\sqrt{x^2-1}}\,\mathrm{d}x$.

4. 求平面与直线方程：

(1) 一平面过点 $A(1,-5,1)$ 和 $B(3,2,-1)$ 且平行 y 轴，求其一般方程.

(2) 设一直线过点 $P(2,-1,3)$ 且垂直于过点 $A(1,1,1)$、$B(2,-1,5)$、$C(4,6,-1)$ 的平面，求其参数方程.

四、综合题（每题 10 分，共 20 分）

1. 设 $f(x) = \dfrac{\ln x}{x}$.

(1) 求函数 $f(x)$ 的极值.

(2) 求曲线 $y = f(x)$ 的拐点.

2. 计算：

(1) 求由曲线 $xy = 4$ 与直线 $x = 1$，$x = 4$，$y = 0$ 围成的平面图形绕 x 轴旋转一周所得旋转体的体积.

(2) 求曲线 $y = \dfrac{1}{4}x^2 - \dfrac{1}{2}\ln x$ 在 $[1,\mathrm{e}]$ 上的长度.

五、证明题（本题 7 分）

证明：当 $0 < x < \dfrac{\pi}{2}$ 时，$\tan x > x + \dfrac{x^3}{3}$.

高等数学(A)Ⅱ 期末考试试题(一)

一、选择题(每题 2 分,共 10 分)

1. 设 $z = x - y$,则 $dz = ($ $)$.

    A. $-y dx + x dy$ B. $x dx - y dy$ C. $dx + dy$ D. $dx - dy$

2. 交换积分次序 $\int_0^1 dx \int_x^1 f(x, y) dy = ($ $)$.

    A. $\int_0^1 dy \int_y^1 f(x, y) dx$ B. $\int_0^1 dy \int_0^y f(x, y) dx$

    C. $\int_0^1 dy \int_1^y f(x, y) dx$ D. $\int_0^1 dy \int_y^0 f(x, y) dx$

3. 设 C 为直线 $y = x + 1$ 从点 $(0, 1)$ 到点 $(-1, 0)$,则 $\int_C (y - x) ds = ($ $)$.

    A. -1 B. 1 C. $-\sqrt{2}$ D. $\sqrt{2}$

4. 已知 $\dfrac{1}{1 + x} = \sum_{n=0}^{\infty} (-1)^n x^n$,则 $\ln(1 + x^2) = ($ $)$.

    A. $\sum_{n=1}^{\infty} \dfrac{(-1)^n}{n} x^{2n}$ B. $\sum_{n=1}^{\infty} \dfrac{(-1)^n}{n} x^n$

    C. $\sum_{n=1}^{\infty} \dfrac{(-1)^{n-1}}{n} x^{2n}$ D. $\sum_{n=1}^{\infty} \dfrac{(-1)^{n-1}}{n} x^n$

5. 微分方程 $y'' = x$ 的通解为($\quad$).

    A. $y = \dfrac{x^3}{6} + C_1 x + C_2$ B. $y = \dfrac{x^2}{2} + C_1$

    C. $y = \dfrac{x^2}{2} + C_1 x + C_2$ D. $y = \dfrac{x^3}{6} + C_1$

二、填空题(每题 3 分,共 15 分)

1. 级数 $\sum_{n=1}^{\infty} \dfrac{1}{n(n+1)}$ 的和 $S = $ _____.

2. 微分方程 $y'' + 4y = 0$ 的通解为_____.

3. 函数 $u = 3x^2 + 2y^2 + z^2$ 在点 $P(1, -1, 1)$ 沿 $\boldsymbol{l} = \{1, 2, -2\}$ 的方向导数 $\dfrac{\partial u}{\partial l} = $ _____.

4. 设 $\Omega: 0 \leqslant \theta \leqslant \pi, 0 \leqslant \varphi \leqslant \dfrac{\pi}{2}, 0 \leqslant r \leqslant 1$,则 $\iiint\limits_{\Omega} r \sin\theta dr d\varphi d\theta = $ _____.

5. 设 C 为曲线 $y = x^2$ 从点 $O(0, 0)$ 到 $A(2, 4)$,则 $\int_C xy dy = $ _____.

三、计算题(每题 7 分,共 49 分)

1. 求二重积分 $\iint\limits_{D} \dfrac{1}{\sqrt{x^2+y^2}}\,\mathrm{d}\sigma$,其中 D 由上半圆周 $x^2+y^2=2x$ 与 x 轴围成.

2. 求三重积分 $\iiint\limits_{\Omega} \mathrm{e}^{x+y+z}\,\mathrm{d}v$,其中 Ω 由平面 $x+y+z=1$ 与三个坐标平面围成.

3. 求曲线积分 $I=\displaystyle\int_{L}(x+y-z)\,\mathrm{d}s$,其中 L 为过点 $A(1,2,-1)$ 与点 $B(2,5,1)$ 的线段.

4. 判断级数 $\displaystyle\sum_{n=1}^{\infty}\dfrac{1}{2+a^n}\,(a>0)$ 的敛散性.

5. 求幂级数 $\displaystyle\sum_{n=1}^{\infty}\dfrac{1}{\sqrt{n}}(x-2)^n$ 的收敛域.

6. 求微分方程 $xy'=y+x\mathrm{e}^{\frac{y}{x}}$ 的通解.

7. 求微分方程 $y''+2y'-3y=2x+3$ 的一个特解.

四、综合题(每题 9 分,共 18 分)

1. 求函数 $f(x,y)=x^3+y^3-3xy+4$ 的极值.

2. 求曲线积分 $I=\displaystyle\int_{C}(\mathrm{e}^x\cos y-y)\,\mathrm{d}x+(x-\mathrm{e}^x\sin y)\,\mathrm{d}y$,其中 C 是从点 $A(2,0)$ 沿 $y=\sqrt{2x-x^2}$ 到点 $O(0,0)$.

五、证明题(本题 8 分)

设 $z=z(x,y)$ 由方程 $\phi\left(\dfrac{x}{z},\dfrac{y}{z}\right)=0$ 所确定,其中 $\phi(u,v)$ 可微,证明:

$$x\frac{\partial z}{\partial x}+y\frac{\partial z}{\partial y}=z.$$

高等数学(A)Ⅱ 期末考试试题(二)

一、填空题(每题 3 分,共 18 分)

1. 函数 $f(x,y) = 2(x-y) - x^2 - y^2$ 的极大值为_____.

2. 三次积分 $\int_0^1 \mathrm{d}x \int_0^x \mathrm{d}y \int_0^{xy} x\mathrm{d}z = $ _____.

3. 设 C 为曲线 $y = x^3$ 从点 $O(0,0)$ 到 $B(1,1)$ 的一段,则 $\int_C x^2 \mathrm{d}y = $ _____.

4. 级数 $\sum_{n=1}^{\infty} \frac{(-1)^n}{\sqrt{n}}$ 的敛散性为_____(填收敛或发散).

5. 幂级数 $\sum_{n=1}^{\infty} \frac{n}{4^n} x^n$ 的收敛半径 $R = $ _____.

6. 微分方程 $y' = \frac{y}{x}$ 的通解为_____.

二、计算题(每题 8 分,共 56 分)

1. 求曲面 $z = x^3 y^2$ 在点 $(1,2,4)$ 处的切平面及法线方程.

2. 利用直角坐标计算 $\iint_D \frac{y^2}{x^2} \mathrm{d}x\mathrm{d}y$,其中 D 由直线 $y = x$、$y = 2$ 及曲线 $y = \frac{1}{x}$ 围成.

3. 利用柱面坐标计算 $\iiint_\Omega \frac{z}{\sqrt{x^2 + y^2}} \mathrm{d}v$,其中 Ω 是由锥面 $z^2 = x^2 + y^2$ 及平面 $z = 1$ 围成.

4. 判断下列级数的敛散性.

(1) $\sum_{n=1}^{\infty} \frac{n}{2n-1}$.

(2) $\sum_{n=1}^{\infty} \frac{1}{\sqrt{n^3 + 3}}$.

5. 求曲线积分 $\int_C (x^2 + y)\mathrm{d}s$,其中 C 是连接点 $A(1,0)$,$O(0,0)$ 与 $B(0,2)$ 的折线段.

6. 求幂级数 $\sum_{n=1}^{\infty} \frac{1}{n} x^n$ 的和函数,并求 $\sum_{n=1}^{\infty} \frac{(-1)^n}{n}$ 的和.

7. 求微分方程 $xy'' + y' = 4x$ 的通解.

三、综合题(每题 9 分,共 18 分)

1. 求 $\oint_C (e^y + 2x)\mathrm{d}x + (xe^y + 3y^2)\mathrm{d}y$,其中 C 为过点 $O(0,0)$、$A(2,0)$、$B(2,1)$

的圆弧,从点 O 到点 B.

2. 求微分方程 $y'' - 5y' = x + 2$ 的通解

四、证明题(本题8分)

设 $z = z(x,y)$ 由方程 $\sin(x+2y-3z) = x+2y-3z$ 确定,证明:$\dfrac{\partial z}{\partial x} + \dfrac{\partial z}{\partial y} = 1$.

高等数学(A)Ⅱ 期末考试试题(三)

一、填空题(每题 3 分,共 18 分)

1. 设 $z = x\ln(xy)$,则 $\dfrac{\partial^2 z}{\partial x \partial y} =$ _____.

2. 设 Ω 由柱面 $x^2 + y^2 = 4$ 及平面 $z = 0$ 及 $z = 1$ 围成,则 $\iiint\limits_{\Omega} \mathrm{d}v =$ _____.

3. 设 C 为直线 $y = x$ 且从 $(0,0)$ 到 $(1,1)$,则 $\displaystyle\int_C (x^2 - y^2)\mathrm{d}x + xy\mathrm{d}y =$ _____.

4. 级数的 $\displaystyle\sum_{n=1}^{\infty} \left(\dfrac{1}{3}\right)^{n-1}$ 和 $S =$ _____.

5. 微分方程 $y' = xy$ 的通解为_____.

6. 微分方程 $y'' + 6y' + 9y = 0$ 的通解为 $y =$ _____.

二、计算题(每题 8 分,共 56 分)

1. 设函数 $z = z(x,y)$ 由方程 $f(y+z, xy+yz) = 0$ 确定,求 $\dfrac{\partial z}{\partial x}$、$\dfrac{\partial z}{\partial y}$.

2. 求函数 $u(x,y) = 2x^2 - 3xy + y^2$ 在点 $P(1,2)$ 处沿 $\boldsymbol{l} = 4\boldsymbol{i} - 3\boldsymbol{j}$ 的方向导数 $\dfrac{\partial u}{\partial l}\Big|_P$.

3. 交换积分次序 $\displaystyle\int_0^{\frac{\pi}{6}} \mathrm{d}y \int_y^{\frac{\pi}{6}} \dfrac{\cos x}{x}\mathrm{d}x$,并求其积分.

4. 利用球面坐标求三重积分 $\displaystyle\iiint\limits_{\Omega} \sqrt{x^2 + y^2 + z^2}\,\mathrm{d}v$,其中 Ω 是锥面 $z = \sqrt{x^2 + y^2}$ 与上半球面 $z = \sqrt{4 - x^2 - y^2}$ 所围立体.

5. 求曲线积分 $\displaystyle\int_C (x^2 + y^2)\mathrm{d}s$,其中 C 为圆心在 $(R,0)$、半径为 R 的上半圆周.

6. 求微分方程 $xy' - y = x^2$ 满足 $y\,|_{x=1} = 3$ 的特解.

7. 求微分方程 $y'' - 2y' = x^2 + 1$ 的特解 y^*.

三、综合题(每题 10 分,共 20 分)

1. 利用格林公式求 $I = \displaystyle\int_C (e^x \sin y + m)\mathrm{d}x + (e^x \cos y - mx)\mathrm{d}y$,其中 C 为上半圆周 $x^2 + y^2 = 4x$,取逆时针方向.

2. 求幂级数 $\displaystyle\sum_{n=1}^{\infty} \dfrac{1}{n \cdot 3^n}(x-3)^n$ 的收敛半径及收敛域.

四、证明题(本题 6 分)

设级数 $\displaystyle\sum_{n=1}^{\infty} a_n^2$ 收敛,证明:级数 $\displaystyle\sum_{n=1}^{\infty} \dfrac{a_n}{n}$ 绝对收敛.

高等数学(A) Ⅱ 期末考试试题(四)

一、填空题(每题 2 分,共 12 分)

1. 设 $z = x^y$,则 $\dfrac{\partial z}{\partial y} = $ _____.

2. 交换积分次序 $\displaystyle\int_0^1 dx \int_{x^2}^x f(x,y) dy = $ _____.

3. 设 Ω 由球面 $x^2 + y^2 + z^2 = 1$ 围成,则 $\displaystyle\iiint\limits_{\Omega} dv = $ _____.

4. 设 C 为曲线 $y = x^2$ 从点 $O(0,0)$ 到 $A(1,1)$,则 $\displaystyle\int_C xy dx = $ _____.

5. 函数 $f(x) = \dfrac{1}{2+x}$ 展开成 x 的幂级数为 $f(x) = $ _____.

6. 设二阶常系数线性齐次微分方程的特征方程有相同的实根 2,则该微分方程为_____.

二、计算题(共 58 分)

1. 多元函数微分学应用(每题 6 分,共 12 分):

(1) 求曲面 $z = x^2 + y^2$ 在点 $(-1,1,2)$ 处的切平面方程.

(2) 求函数 $f(x,y) = x^2 - xy + y^2 + 3x$ 的极值.

2. 重积分(每题 6 分,共 12 分):

(1) 利用直角坐标求 $I = \displaystyle\iint\limits_{D} x\sqrt{y} dx dy$,其中 D 由抛物线 $y = \sqrt{x}$ 和 $y = x^2$ 围成.

(2) 利用柱面坐标求 $I = \displaystyle\iiint\limits_{\Omega} \sqrt{x^2 + y^2} dv$,其中 Ω 由柱面 $x^2 + y^2 = 4$ 及平面 $z = 0, z = 1$ 围成.

3. 曲线积分(每题 6 分,共 12 分)

(1) 求曲线积分 $\displaystyle\int_C y ds$,其中 C 为抛物线 $y^2 = 2x$ 上从点 $O(0,0)$ 与 $A(2,2)$ 的一段弧.

(2) 一质点沿曲线 $\begin{cases} x = t \\ y = t^2 \\ z = t^3 \end{cases}$ 从点 $O(0,0,0)$ 移动到点 $A(1,1,1)$,求此过程力 $\boldsymbol{F} = \{z, -y, x\}$ 所做的功.

4. 无穷级数(第(1)题 4 分,第(2)题 6 分,共 10 分):

(1) 判断级数 $\displaystyle\sum_{n=1}^{\infty} \dfrac{n}{\sqrt{n^5 + 1}}$ 的敛散性.

(2) 求幂级数 $\sum\limits_{n=1}^{\infty} \dfrac{1}{n^2} x^n$ 的收敛域.

5. 微分方程(每题 6 分,共 12 分):

(1) 求微分方程 $y' = \dfrac{y}{x} + 2\sqrt{\dfrac{y}{x}}$ 的通解.

(2) 求微分方程 $y''' = \cos x$ 的通解.

三、综合题(每题 10 分,共 20 分)

1. 求微分方程 $y'' + 4y' + 3y = 2x + 1$ 的通解.

2. 求曲线积分 $I = \displaystyle\int_C (e^y + 2x)\mathrm{d}x + (xe^y + y)\mathrm{d}y$,其中 C 是从点 $O(0,0)$ 沿曲线 $x^2 + y^2 = 2x$ 到点 $A(1,1)$.

四、证明题(每题 5 分,共 10 分)

1. 设 $z = \dfrac{1}{x} f\left(\dfrac{y}{x}\right)$,其中 $f(u)$ 可导,证明:$x\dfrac{\partial z}{\partial x} + y\dfrac{\partial z}{\partial y} = -z$.

2. 设级数 $\sum\limits_{n=1}^{\infty} (-1)^n u_n \ (u_n > 0)$ 收敛,常数 $a \neq 0$,证明:$\sum\limits_{n=1}^{\infty} (u_n + a)$ 发散.

高等数学(C)Ⅰ期末考试试题(一)

一、填空题(每题 2 分,共 10 分)

1. 极限 $\lim\limits_{x \to 1} \dfrac{x-1}{x^2-1} = $ _____.

2. 极限 $\lim\limits_{x \to 0} x \sin \dfrac{2}{x} = $ _____.

3. 设 $y = \cos x$,则 $y'' = $ _____.

4. 曲线 $y = \dfrac{x}{x^2+1} - 3$ 的水平渐近线是_____.

5. 定积分 $\displaystyle\int_0^1 \mathrm{e}^{-x}\,\mathrm{d}x = $ _____.

二、单项选择题(每题 2 分,共 10 分)

1. 设函数 $f(x) = \begin{cases} x^2-2, & x \leqslant 1 \\ a, & x > 1 \end{cases}$ 在 $x = 1$ 处连续,则 $a = ($ 　　$)$.

   A. -2 　　　　　B. -1 　　　　　C. 1 　　　　　D. 2

2. 设 $y = x + \sin x, y' = ($ 　　$)$.

   A. $\cos x$ 　　　　B. $1 + \sin x$ 　　　C. $x + \cos x$ 　　D. $1 + \cos x$

3. 设 $y = \mathrm{e}^{2x}$,则 $\mathrm{d}y = ($ 　　$)$.

   A. e^{2x} 　　　　B. $2\mathrm{e}^{2x}$ 　　　　C. $\mathrm{e}^{2x}\,\mathrm{d}x$ 　　D. $2\mathrm{e}^{2x}\,\mathrm{d}x$

4. 不定积分 $\displaystyle\int \left(1 - \dfrac{1}{x}\right)\mathrm{d}x = ($ 　　$)$.

   A. $x - \dfrac{1}{x^2} + C$ 　　　　　　　B. $x + \dfrac{1}{x^2} + C$

   C. $x - \ln|x| + C$ 　　　　　　　D. $x + \ln|x| + C$

5. 定积分 $\lim\limits_{x \to 0} \dfrac{\displaystyle\int_0^x \mathrm{e}^t\,\mathrm{d}t}{x} = ($ 　　$)$.

   A. 1 　　　　　　B. 0 　　　　　　C. e 　　　　　D. e^2

三、判断题(对的打勾,错的打叉)(每题 2 分,共 10 分)

1. (　　) 当 $x \to 0$ 时,$1 - \cos 2x$ 与 $2x^2$ 是等价无穷小.

2. (　　) 设 $y = \sin x^2$,则 $y' = (\sin x^2)' \cdot (x^2)' = 2x \cos x^2$ 运算无误.

3. (　　) $\displaystyle\int f'(2x)\,\mathrm{d}x = f(2x) + C$ 运算无误.

4. (　　) 设 $f(x)$ 在区间 (a,b) 内连续,则 $f(x)$ 在 (a,b) 内存在最大值与最小值.

5. (　　)$\int_3^4 \ln x \mathrm{d}x < \int_3^4 \ln^2 x \mathrm{d}x$.

四、解下列各题(每题 5 分,共 30 分)

1. 求极限 $\lim\limits_{x \to +\infty}(\sqrt{4x^2 + 3x} - 2x)$.

2. 求不定积分$\int x \sin 2x \mathrm{d}x$.

3. 求极限 $\lim\limits_{x \to 0} \dfrac{e^x + e^{-x} - 2}{x^2}$.

4. 求不定积分$\int \dfrac{x+1}{\sqrt{1-x^2}} \mathrm{d}x$.

5. 设方程 $e^y - xy + e^x = 1$ 确定 $y = f(x)$,求 y'.

6. 求定积分$\int_0^{2\pi} |\sin x| \mathrm{d}x$.

五、(本题 12 分)

设 $f(x) = \dfrac{x^4}{4} - x^3$,讨论函数 $f(x)$ 的单调性和曲线 $y = f(x)$ 的凹凸性.

六、(本题 10 分)

设曲线 $f(x) = x^n$ 在点 $(1,1)$ 处的切线与 x 轴的交点为 $(x_n, 0)$,求$\lim\limits_{n \to \infty} f(x_n)$.

七、(本题 10 分)

设曲线 $x = \sqrt{y}, y = 2$ 及 $x = 0$ 围成的平面图形为 D,求:

(1) 图形 D 的面积.

(2) 平面图形 D 绕 x 轴旋转形成的旋转体体积.

八、(本题 8 分)

证明:当 $0 < a < b < e$ 时,$\dfrac{\ln b}{b} > \dfrac{\ln a}{a}$.

高等数学(C)Ⅰ 期末考试试题(二)

一、填空题(每题 3 分,共 15 分)

1. 设函数 $f(x)=\begin{cases}\dfrac{\sin 2x}{x}, & x<0 \\ a, & x\geqslant 0\end{cases}$ 在点 $x=0$ 处连续,则 $a=\underline{\hspace{2cm}}$.

2. 曲线 $y=x^2+1$ 在点 $(1,2)$ 处的切线方程为_____.

3. 函数 $f(x)=x^3-3x+1$ 的单调减少区间为_____.

4. 不定积分 $\displaystyle\int\dfrac{\ln x}{x}\mathrm{d}x=\underline{\hspace{2cm}}$.

5. 设函数 $F(x)=\displaystyle\int_x^1 t\mathrm{e}^{-t}\mathrm{d}t$,则 $F'(x)=\underline{\hspace{2cm}}$.

二、选择题(每题 2 分,共 10 分)

1. 极限 $\lim\limits_{x\to 0}(1+2x)^{\frac{1}{x}}=($　　　).

　　A. 1　　　　　　B. e　　　　　　C. e^2　　　　　　D. ∞

2. 设 $y=\cos x$,则 $y^{(4)}=($　　　).

　　A. $\cos x$　　　　B. $\sin x$　　　　C. $-\cos x$　　　　D. $-\sin x$

3. 函数 $f(x)=x^2-2x+3$ 在区间 $[-1,2]$ 上满足拉格朗日中值定理的 $\xi=$($　　　).

　　A. $\dfrac{3}{4}$　　　　B. $-\dfrac{3}{4}$　　　　C. $\dfrac{1}{2}$　　　　D. $-\dfrac{1}{2}$

4. 不定积分 $\displaystyle\int\cos^2 x\mathrm{d}x=($　　　).

　　A. $\sin^2 x+C$　　　　　　　　　　B. $-\sin^2 x+C$

　　C. $\dfrac{x}{2}-\dfrac{\sin 2x}{4}+C$　　　　　　D. $\dfrac{x}{2}+\dfrac{\sin 2x}{4}+C$

5. 定积分 $\displaystyle\int_{-1}^1\dfrac{x^5}{\sqrt{1-x^2}}\mathrm{d}x=($　　　).

　　A. -1　　　　　B. 0　　　　　　C. 1　　　　　　D. 2

三、计算题(每题 12 分,共 48 分)

1. 求极限:

(1) $\lim\limits_{x\to 1}\left(\dfrac{1}{x-1}-\dfrac{2}{x^2-1}\right)$.

(2) $\lim\limits_{x\to 0}\dfrac{x-\sin x}{x^3}$.

2. 求导数与微分：

(1) 设 $\begin{cases} x = \ln(1+t^2) \\ y = t - \arctan t \end{cases}$, 求 $\dfrac{\mathrm{d}y}{\mathrm{d}x}$ 及 $\dfrac{\mathrm{d}^2 y}{\mathrm{d}x^2}$.

(2) 设 $y = x^{\sin x}$, 求 $\mathrm{d}y$.

3. 求不定积分：

(1) $\displaystyle\int x\mathrm{e}^{-2x}\,\mathrm{d}x$.

(2) $\displaystyle\int \frac{\sqrt{x^2-1}}{x}\,\mathrm{d}x$.

4. 求定积分：

(1) 设 $f(x) = \begin{cases} x^2 + 1, & 0 \leqslant x \leqslant 1 \\ 3 - x, & 1 < x \leqslant 3 \end{cases}$, 求 $\displaystyle\int_0^3 f(x)\,\mathrm{d}x$.

(2) $\displaystyle\int_0^{\frac{1}{2}} \arcsin x\,\mathrm{d}x$.

四、综合题(每题 10 分,共 20 分)

1. 设 $f(x) = x\mathrm{e}^{-x}$.

(1) 求函数 $f(x)$ 的极值.

(2) 求曲线 $y = f(x)$ 的拐点.

2. 设曲线 $xy = 4$ 与直线 $x = 1$、$x = 4$、$y = 0$ 围成的平面图形为 D,求：

(1) 图形 D 的面积.

(2) 平面图形 D 绕 x 轴旋转形成的旋转体体积.

五、证明题(本题 7 分)

证明：当 $x > 0$ 时,$\ln(1+x) < x$.

高等数学(C)Ⅱ 期末考试试题(一)

一、填空题(每题 3 分,共 18 分)

1. 已知两点 $A(4,\sqrt{2},1)$ 和 $B(3,0,2)$,则 $|\overrightarrow{AB}|=$ _____.

2. 交换积分次序 $\int_0^1 \mathrm{d}y \int_y^1 f(x,y)\mathrm{d}x=$ _____.

3. 过点 $(1,-2,4)$ 且与平面 $2x-3y+z-4=0$ 垂直的直线的点向式方程为

_____.

4. 微分方程 $y''=x$ 的通解为_____.

5. 微分方程 $y''-3y'+2y=0$ 的通解为 $y=$ _____.

6. 级数 $\sum_{n=1}^{\infty}\left(\dfrac{n}{2n+1}\right)^n$ 的敛散性为_____(填收敛或发散).

二、计算题(每题 8 分,共 56 分)

1. 求过三点 $A(2,-1,4)$、$B(-1,3,-2)$、$C(0,2,3)$ 的平面方程.

2. 求函数 $z=x^3y+xy^3$ 在点 $(1,2)$ 处的全微分.

3. 求二重积分 $\iint\limits_D xy\mathrm{d}x\mathrm{d}y$,其中积分区域 $D:x+y\leqslant 1,x\geqslant 0,y\geqslant 0$.

4. 利用极坐标求 $\iint\limits_D \sqrt{4-x^2-y^2}\mathrm{d}x\mathrm{d}y$,其中 $D=\{(x,y)\mid x^2+y^2\leqslant 4\}$.

5. 求微分方程 $y'+\dfrac{1}{x}y=\dfrac{\cos x}{x}$ 满足初始条件 $y\mid_{x=\pi}=1$ 的特解.

6. 求微分方程 $y''-2y'=3x+1$ 的特解 y^*.

7. 利用级数敛散性定义判断级数 $\sum_{n=1}^{\infty}\dfrac{1}{n(n+1)}$ 的敛散性,若收敛求其和.

三、综合题(每题 10 分,共 20 分)

1. 求函数 $f(x,y)=x^3+y^3-3xy$ 的极值.

2. 求幂级数 $\sum_{n=1}^{\infty}\dfrac{1}{\sqrt{n}}(x-5)^n$ 的收敛半径及收敛域.

四、证明题(本题 6 分)

设级数 $\sum_{n=1}^{\infty}a_n^2$ 收敛,利用比较判别法证明级数 $\sum_{n=1}^{\infty}\dfrac{a_n}{n}$ 绝对收敛.

高等数学(C)Ⅱ 期末考试试题(二)

一、填空题(每题 2 分,共 12 分)

1. 设 $z = x^y$,则 $\dfrac{\partial y}{\partial x} = $ _____.

2. 设 $D = \{(x,y) \mid 0 \leqslant x \leqslant 1, 0 \leqslant y \leqslant 2\}$,则 $\displaystyle\iint\limits_{D} d\sigma = $ _____.

3. 二次积分 $\displaystyle\int_0^1 dx \int_0^x xy\, dy = $ _____.

4. 设一平面在 3 个坐标轴的截距分别为 2、3、4,则该平面方程为_____.

5. 微分方程 $y' = \dfrac{y}{x}$ 的通解为_____.

6. 级数 $\displaystyle\sum_{n=1}^{\infty} \dfrac{n}{2^n}$ 的敛散性为_____(填收敛或发散).

二、计算题(共 58 分)

1. 多元函数微分学(每题 6 分,共 12 分):

(1) 求函数 $z = x^3 y^2$ 在点 $(1,1)$ 处的全微分.

(2) 设 $e^z - xyz = 0$,求 $\dfrac{\partial z}{\partial x}$、$\dfrac{\partial z}{\partial y}$.

2. 重积分(每题 6 分,共 12 分):

(1) 利用直角坐标求 $I = \displaystyle\iint\limits_{D} (x+4y)\,dx\,dy$,其中 D 由直线 $y = x$、$y = 4x$ 及 $x = 1$ 围成.

(2) 利用极坐标求 $I = \displaystyle\iint\limits_{D} (x^2 + y^2)\,d\sigma$,其中 D 由圆 $x^2 + y^2 = 1$ 围成.

3. 空间解析几何(每题 6 分,共 12 分):

(1) 设 $\boldsymbol{a} = \{2,1,-2\}$,$\boldsymbol{b} = \{1,2,-1\}$,求 $|\boldsymbol{a}|$、$\boldsymbol{a} \cdot \boldsymbol{b}$ 及 $\boldsymbol{a} \times \boldsymbol{b}$.

(2) 设直线 L 过点 $A(1,0,-2)$ 和 $B(2,-1,3)$,求直线 L 的点向式及参数方程.

4. 无穷级数(第(1)题 4 分,第(2)题 6 分,共 10 分):

(1) 判断级数 $\displaystyle\sum_{n=1}^{\infty} \dfrac{1}{\sqrt{n(n^2+1)}}$ 的敛散性.

(2) 求幂级数 $\displaystyle\sum_{n=1}^{\infty} \dfrac{1}{n} x^n$ 的收敛域.

5. 微分方程(每题 6 分,共 12 分):

(1) 求微分方程 $y' = \dfrac{y}{x} + \left(\dfrac{y}{x}\right)^2$ 的通解.

（2）求微分方程 $y' + y = e^{-x}$ 的通解.

三、综合题(每题 10 分,共 20 分)

1. 求函数 $f(x,y) = y^3 - x^2 + 6x - 12y + 5$ 的极值.

2. 求微分方程 $y'' + 3y' + 2y = x$ 的通解.

四、证明题(第 1 题 6 分,第 2 题 4 分,共 10 分)

1. 设 $A(1,2,3)$、$B(3,1,5)$、$C(2,4,3)$,证明:$\triangle ABC$ 为直角三角形.

2. 设级数 $\sum_{n=1}^{\infty} u_n$ 收敛,证明:$\lim_{n \to \infty} u_n = 0$.

附录2 全国硕士研究生入学考试试题

2011年数学一试题

一、选择题(每小题4分,共32分)

1. 曲线 $y = (x-1)(x-2)^2(x-3)^3(x-4)^4$ 的拐点是(　　).

    A. $(1,0)$　　　　B. $(2,0)$　　　　C. $(3,0)$　　　　D. $(4,0)$

2. 设数列 $\{a_n\}$ 单调减少, $\lim\limits_{n\to\infty} a_n = 0$, $S_n = \sum\limits_{k=1}^{n} a_k$ $(n=1,2,\cdots)$ 无界,则幂级数 $\sum\limits_{n=1}^{\infty} a_k(x-1)^n$ 的收敛域为(　　).

    A. $(-1,1]$　　　B. $[-1,1]$　　　C. $[0,2)$　　　D. $(0,2]$

3. 设函数 $f(x)$ 具有二阶连续导数,且 $f(x) > 0$, $f'(0) = 0$,则函数 $z = f(x)\ln f(y)$ 在点 $(0,0)$ 处取得极小值的一个充分条件是(　　).

    A. $f(0) > 1, f''(0) > 0$　　　　　　B. $f(0) > 1, f''(0) < 0$

    C. $f(0) < 1, f''(0) > 0$　　　　　　D. $f(0) < 1, f''(0) < 0$

4. 设 $I = \int_0^{\frac{\pi}{4}} \ln\sin x \, \mathrm{d}x$, $J = \int_0^{\frac{\pi}{2}} \ln\cot x \, \mathrm{d}x$, $K = \int_0^{\frac{\pi}{4}} \ln\cos x \, \mathrm{d}x$,则 I、J、K 的大小关系为(　　).

    A. $I < J < K$　　B. $I < K < J$　　C. $J < I < K$　　D. $K < J < I$

5. 设 A 为3阶矩阵,将 A 的第2列加到第1列得到矩阵 B,再交换 B 的第2行与第3行得单位矩阵,记 $P_1 = \begin{bmatrix} 1 & 0 & 0 \\ 1 & 1 & 0 \\ 0 & 0 & 1 \end{bmatrix}$, $P_2 = \begin{bmatrix} 1 & 0 & 0 \\ 0 & 0 & 1 \\ 0 & 1 & 0 \end{bmatrix}$,则 A(　　).

    A. $P_1 P_2$　　　B. $P_1^{-1} P_2$　　　C. $P_2 P_1$　　　D. $P_2 P_1^{-1}$

6. 设 $A = (\alpha_1, \alpha_2, \alpha_3, \alpha_4)$ 是4阶矩阵, A^* 为 A 的伴随矩阵. 若 $(1,0,1,0)^{\mathrm{T}}$ 是方程组 $Ax = 0$ 的一个基础解系,则 $A^* x = 0$ 的基础解系可为(　　).

    A. α_1, α_3　　B. α_1, α_2　　C. $\alpha_1, \alpha_2, \alpha_3$　　D. $\alpha_2, \alpha_3, \alpha_4$

7. 设 $F_1(x)$ 与 $F_2(x)$ 为两个分布函数,其相应的概率密度 $f_1(x)$ 与 $f_2(x)$ 是

连续函数,则必为概率密度的是( ).

    A. $f_1(x)f_2(x)$ B. $2f_2(x)F_1(x)$

    C. $f_1(x)F_2(x)$ D. $f_1(x)F_2(x)+f_2(x)F_1(x)$

8. 设随机变量 X 与 Y 相互独立,且 EX 与 EY 存在,记 $U=\max\{X,Y\}$, $V=\min\{X,Y\}$,则 $E(UV)($).

    A. $EU\cdot EV$ B. $EX\cdot EY$ C. $EU\cdot EY$ D. $EX\cdot EV$

二、填空题(每小题 4 分,共 24 分)

1. 曲线 $y=\int_0^x \tan t\,\mathrm{d}t\left(0\leqslant x\leqslant \dfrac{\pi}{4}\right)$ 的弧长 $s=$ _____.

2. 微分方程 $y'+y=\mathrm{e}^{-x}\cos x$ 满足条件 $y(0)=0$ 的解为 $y=$ _____.

3. 设函数 $F(x,y)=\int_0^{xy}\dfrac{\sin t}{1+t^2}\,\mathrm{d}t$,则 $\dfrac{\partial^2 F}{\partial x^2}\Big|_{\substack{x=0\\y=2}}=$ _____.

4. 设 L 是柱面 $x^2+y^2=1$ 与平面 $z=x+y$ 的交线,从 z 轴正向往 z 轴负向看去为逆时针方向,则曲线积分 $\oint_L xz\,\mathrm{d}x+x\,\mathrm{d}y+\dfrac{y^2}{2}\,\mathrm{d}z=$ _____.

5. 若二次曲面的方程 $x^2+3y^2+z^2+2axy+2xy+2yz=4$ 经正交变换为 $y_1^2+4z_1^2=4$,则 $a=$ _____.

6. 设二维随机变量 (X,Y) 服从正态分布 $N(\mu,\mu;\sigma^2,\sigma^2;0)$,则 $E(XY^2)=$ _____.

三、解答题(共 94 分)

1. (本题满分 10 分)

求极限 $\lim\limits_{x\to 0}\left[\dfrac{\ln(1+x)}{x}\right]^{\frac{1}{\mathrm{e}^x-1}}$.

2. (本题满分 9 分)

设函数 $z=f(xy,yg(x))$,其中函数 f 具有二阶连续偏导数,函数 $g(x)$ 可导且在 $x=1$ 处取得极值 $g(1)=1$,求 $\dfrac{\partial^2 z}{\partial x\partial y}\Big|_{\substack{x=1\\y=1}}$.

3. (本题满分 10 分)

求方程 $k\arctan x-x=0$ 不同实根的个数,其中 k 为参数.

4. (本题满分 10 分)

(1) 证明:对任意的正整数 n,都有 $\dfrac{1}{n+1}<\ln\left(1+\dfrac{1}{n}\right)<\dfrac{1}{n}$ 成立.

(2) 设 $a_n=1+\dfrac{1}{2}+\cdots+\dfrac{1}{n}-\ln n(n=1,2,\cdots)$,证明数列 $\{a_n\}$ 收敛.

5. (本题满分 11 分)

已知函数 $f(x,y)$ 具有二阶连续偏导数，且 $f(1,y)=0$，$f(x,1)=0$，$\iint\limits_{D}f(x,y)\mathrm{d}y\mathrm{d}y=a$，其中 $D=\{(x,y)\mid 0\leqslant x\leqslant 1,0\leqslant y\leqslant 1\}$ 计算二重积分 $I=\iint\limits_{D}xyf''_{xy}(x,y)\mathrm{d}x\mathrm{d}y$.

6. (本题满分 11 分)

设向量组 $\boldsymbol{\alpha}_1=(1,0,1)^{\mathrm{T}}$，$\boldsymbol{\alpha}_2=(0,1,1)^{\mathrm{T}}$，$\boldsymbol{\alpha}_3(1,3,5)^{\mathrm{T}}$ 不能由向量组 $\boldsymbol{\beta}_1=(1,1,1)^{\mathrm{T}}$，$\boldsymbol{\beta}_2=(1,2,3)^{\mathrm{T}}$，$\boldsymbol{\beta}_3=(3,4,a)^{\mathrm{T}}$ 线性表示.

(1) 求 a 的值.

(2) 将 $\boldsymbol{\beta}_1$、$\boldsymbol{\beta}_2$、$\boldsymbol{\beta}_3$ 用 $\boldsymbol{\alpha}_1$、$\boldsymbol{\alpha}_2$、$\boldsymbol{\alpha}_3$ 线性表示.

7. (本题满分 11 分)

设 A 为 3 阶实对称矩阵，A 的秩为 2，且

$$A\begin{bmatrix}1 & 1\\0 & 0\\-1 & 1\end{bmatrix}=\begin{bmatrix}-1 & 1\\0 & 0\\1 & 1\end{bmatrix}.$$

(1) 求 A 的所有特征值与特征向量.

(2) 求矩阵 A.

8. (本题满分 11 分)

设随机变量 X 与 Y 的概率分布分别为

X	0	1
P	$\frac{1}{3}$	$\frac{2}{3}$

X	-1	0	1
P	$\frac{1}{3}$	$\frac{1}{3}$	$\frac{1}{3}$

且 $P\{X^2=Y^2\}=1$.

(1) 求二维随机变量 (X,Y) 的概率分布.

(2) 求 $Z=XY$ 的概率分布.

(3) 求 X 与 Y 的相关系数 ρ_{XY}.

9. (本题满分 11 分)

设 $X_1,X_2,\cdots,X_n$ 为来自正态总体 $N(\mu_0,\sigma^2)$ 的简单随机样本，其中 μ_0 已知，$\sigma^2>0$ 未知. $\overline{X}$ 和 S^2 分别表示样本均值和样本方差.

(1) 求参数 σ^2 的最大似然估计 $\hat{\sigma}^2$.

(2) 计算 $E\hat{\sigma}^2$ 和 $D\hat{\sigma}^2$.

2012 年数学一试题

一、选择题(每小题 4 分,共 32 分)

1. 曲线 $y = \dfrac{x^2+x}{x^2-1}$ 渐近线的条数为(　　　).

    A. 0　　　　　　　B. 1　　　　　　　C. 2　　　　　　　D. 3

2. 设函数 $f(x) = (e^x-1)(e^{2x}-2)\cdots(e^{nx}-n)$,其中 n 为正整数,则 $f'(0) =$ (　　　).

    A. $(-1)^{n-1}(n-1)!$　　　　　　B. $(-1)^n(n-1)!$

    C. $(-1)^{n-1}n!$　　　　　　　　D. $(-1)^n n!$

3. 如果函数 $f(x,y)$ 在点 $(0,0)$ 处连续,那么下列命题正确的是(　　　).

    A. 若极限 $\lim\limits_{\substack{x \to 0 \\ y \to 0}} \dfrac{f(x,y)}{|x|+|y|}$ 存在,则 $f(x,y)$ 在点 $(0,0)$ 处可微

    B. 若极限 $\lim\limits_{\substack{x \to 0 \\ y \to 0}} \dfrac{f(x,y)}{x^2+y^2}$ 存在,则 $f(x,y)$ 在点 $(0,0)$ 处可微

    C. 若 $f(x,y)$ 在点 $(0,0)$ 处可微,则极限 $\lim\limits_{\substack{x \to 0 \\ y \to 0}} \dfrac{f(x,y)}{|x|+|y|}$ 存在

    D. 若 $f(x,y)$ 在点 $(0,0)$ 处可微,则极限 $\lim\limits_{\substack{x \to 0 \\ y \to 0}} \dfrac{f(x,y)}{x^2+y^2}$ 存在

4. 设 $I_k = \displaystyle\int_0^{k\pi} e^{x^2}\sin x\,\mathrm{d}x\,(k=1,2,3)$,则有(　　　).

    A. $I_1 < I_2 < I_3$　　　　　　B. $I_3 < I_2 < I_1$

    C. $I_2 < I_3 < I_1$　　　　　　D. $I_2 < I_1 < I_3$

5. 设 $\boldsymbol{\alpha}_1 = \begin{bmatrix} 0 \\ 0 \\ c_1 \end{bmatrix}$,$\boldsymbol{\alpha}_2 = \begin{bmatrix} 0 \\ 1 \\ c_2 \end{bmatrix}$,$\boldsymbol{\alpha}_3 = \begin{bmatrix} 1 \\ -1 \\ c_3 \end{bmatrix}$,$\boldsymbol{\alpha}_4 = \begin{bmatrix} -1 \\ 1 \\ c_4 \end{bmatrix}$,其中 c_1、c_2、c_3、c_4 为任意常数,则下列向量线性相关的为(　　　).

    A. $\boldsymbol{\alpha}_1,\boldsymbol{\alpha}_2,\boldsymbol{\alpha}_3$　　　B. $\boldsymbol{\alpha}_1,\boldsymbol{\alpha}_2,\boldsymbol{\alpha}_4$　　　C. $\boldsymbol{\alpha}_1,\boldsymbol{\alpha}_3,\boldsymbol{\alpha}_4$　　　D. $\boldsymbol{\alpha}_2,\boldsymbol{\alpha}_3,\boldsymbol{\alpha}_4$

6. 设 $\boldsymbol{A}$ 为 3 阶矩阵,$\boldsymbol{P}$ 为 3 阶可逆矩阵,且 $\boldsymbol{P}^{-1}\boldsymbol{A}\boldsymbol{P} = \begin{bmatrix} 1 & 0 & 0 \\ 0 & 1 & 0 \\ 0 & 0 & 2 \end{bmatrix}$. 若 $\boldsymbol{P} = (\boldsymbol{\alpha}_1,\boldsymbol{\alpha}_2,\boldsymbol{\alpha}_3)$,$\boldsymbol{Q} = (\boldsymbol{\alpha}_1+\boldsymbol{\alpha}_2,\boldsymbol{\alpha}_2,\boldsymbol{\alpha}_3)$,则 $\boldsymbol{Q}^{-1}\boldsymbol{A}\boldsymbol{Q}$(　　　).

    A. $\begin{bmatrix} 1 & 0 & 0 \\ 0 & 2 & 0 \\ 0 & 0 & 1 \end{bmatrix}$　　B. $\begin{bmatrix} 1 & 0 & 0 \\ 0 & 1 & 0 \\ 0 & 0 & 2 \end{bmatrix}$　　C. $\begin{bmatrix} 2 & 0 & 0 \\ 0 & 1 & 0 \\ 0 & 0 & 2 \end{bmatrix}$　　D. $\begin{bmatrix} 2 & 0 & 0 \\ 0 & 2 & 0 \\ 0 & 0 & 1 \end{bmatrix}$

7. 设随机变量 X 与 Y 相互独立,且分别服从参数为 1 与参数为 4 的指数分布,

则 $P\{X<Y\}($ $)$.

A. $\dfrac{1}{5}$ B. $\dfrac{1}{3}$ C. $\dfrac{2}{3}$ D. $\dfrac{4}{5}$

8. 将长度为 1m 的木棒随机地截成两段,则两段长度的相关系数为(   ).

A. 1   B. $\dfrac{1}{2}$ C. $-\dfrac{1}{2}$ D. -1

二、填空题(每小题 4 分,共 24 分)

1. 若函数 $f(x)$ 满足方程 $f''(x)+f'(x)-2f(x)=0$ 及 $f''(x)+f(x)=2e^x$,则 $f(x)=$ _____.

2. $\displaystyle\int_0^2 x\sqrt{2x-x^2}\,\mathrm{d}x=$ _____.

3. $\mathbf{grad}\left(xy+\dfrac{z}{y}\right)\Big|_{(2,1,1)}=$ _____.

4. 设 $\Sigma=\{(x,y,z)\mid x+y+z=1,x\geqslant 0,y\geqslant 0,z\geqslant 0\}$,则 $\displaystyle\iint\limits_{\Sigma} y^2\,\mathrm{d}S=$ _____.

5. 设 $\boldsymbol{\alpha}$ 为 3 维单位列向量,$\boldsymbol{E}$ 为 3 阶单位矩阵,则矩阵 $\boldsymbol{E}-\boldsymbol{\alpha}\boldsymbol{\alpha}^{\mathrm{T}}$ 的秩为 _____.

6. 设 A、B、C 是随机事件,A 与 C 互不相容,$P(AB)=\dfrac{1}{2}$,$P(C)=\dfrac{1}{3}$,则 $P(AB\mid\bar{C})=$ _____.

三、解答题(共 94 分)

1. (本题满分 10 分)

证明:$x\ln\dfrac{1+x}{1-x}+\cos x\geqslant 1+\dfrac{x^2}{2}(-1<x<1)$.

2. (本题满分 10 分)

求函数 $f(x,y)=x\mathrm{e}^{-\frac{x^2+y^2}{2}}$ 的极值.

3. (本题满分 10 分)

求幂级数 $\displaystyle\sum_{n=0}^{\infty}\dfrac{4n^2+4n+3}{2n+1}x^{2n}$ 的收敛域及和函数.

4. (本题满分 10 分)

已知曲线 $L:\begin{cases}x=f(t)\\y=\cos t\end{cases}\left(0\leqslant t\leqslant\dfrac{\pi}{2}\right)$,其中函数 $f(t)$ 具有连续导数,且 $f(0)=0$,$f'(t)>0\left(0<t<\dfrac{\pi}{2}\right)$.若曲线 L 的切线与 x 轴的交点到切点的距离恒为 1,求函数 $f(t)$ 的表达式,并求以曲线 L 及 x 轴和 y 轴为边界的区域的面积.

5. (本题满分 10 分)

已知 L 是第一象限中从点 $(0,0)$ 沿圆周 $x^2+y^2=2x$ 到点 $(2,0)$,再沿圆周 x^2+

$y^2 = 4$ 到点 $(0,2)$ 的曲线段, 计算曲线积分 $I = \displaystyle\int_L 3x^2 y \mathrm{d}x + (x^3 + x - 2y)\mathrm{d}y$.

6.（本题满分 11 分）

设 $\boldsymbol{A} = \begin{bmatrix} 1 & a & 0 & 0 \\ 0 & 1 & a & 0 \\ 0 & 0 & 1 & a \\ a & 0 & 0 & 1 \end{bmatrix}$, $\boldsymbol{\beta} = \begin{bmatrix} 1 \\ -1 \\ 0 \\ 0 \end{bmatrix}$.

（1）计算行列式 $|\boldsymbol{A}|$.

（2）当实数 a 为何值时, 方程组 $\boldsymbol{Ax} = \boldsymbol{\beta}$ 有无穷多解, 并求其通解.

7.（本题满分 11 分）

已知 $\boldsymbol{A} = \begin{bmatrix} 1 & 0 & 1 \\ 0 & 1 & 1 \\ -1 & 0 & a \\ 0 & a & -1 \end{bmatrix}$, 二次型 $f(x_1, x_2, x_3) = \boldsymbol{x}^{\mathrm{T}}(\boldsymbol{A}^{\mathrm{T}}\boldsymbol{A})\boldsymbol{x}$ 的秩为 2.

（1）求实数 a 的值.

（2）求正交变换 $\boldsymbol{x} = \boldsymbol{Qy}$, 将二次型 f 化为标准形.

8.（本题满分 11 分）

设二维离散型随机变量 (X,Y) 的概率分布为

X \ Y	0	1	2
0	$\frac{1}{4}$	0	$\frac{1}{4}$
1	0	$\frac{1}{3}$	0
2	$\frac{1}{12}$	0	$\frac{1}{12}$

（1）求 $P\{X = 2Y\}$.

（2）求 $\mathrm{Cov}(X - Y, Y)$.

9.（本题满分 11 分）

设随机变量 X 与 Y 相互独立且分别服从正态分布 $N(\mu, \sigma^2)$ 与 $N(\mu, 2\sigma^2)$, 其中 σ 是未知参数且 $\sigma > 0$, 记 $Z = X - Y$.

（1）求 Z 的概率密度 $f(z, \sigma^2)$.

（2）设 $Z_1, Z_2, \cdots, Z_n$ 为来自总体 Z 的简单随机样本, 求 σ^2 的最大似然估计量 $\hat{\sigma}^2$;

（3）证明 $\hat{\sigma}^2$ 为 σ^2 的无偏估计量.

2013 年数学一试题

一、选择题(每小题 4 分,共 32 分)

1. 已知极限 $\lim\limits_{x\to 0}\dfrac{x-\arctan x}{x^k}=c$,其中 k、c 为常数,且 $c\neq 0$,则(   ).

   A. $k=2,c=-\dfrac{1}{2}$ B. $k=2,c=\dfrac{1}{2}$

   C. $k=3,c=-\dfrac{1}{3}$ D. $k=3,c=\dfrac{1}{3}$

2. 曲面 $x^2+\cos(xy)+yz+x=0$ 在点 $(0,1,-1)$ 处的切平面方程为(   ).
   A. $x-y+z=-2$ B. $x+y+z=0$
   C. $x-2y+z=-3$ D. $x-y-z=0$

3. 设 $f(x)=\left|x-\dfrac{1}{2}\right|$,$b_n=2\displaystyle\int_0^1 f(x)\sin(n\pi x)\mathrm{d}x(n=1,2,\cdots)$,令 $S(x)=\displaystyle\sum_{n=1}^{\infty}b_n\sin n\pi x$,则 $S\left(-\dfrac{9}{4}\right)($).

   A. $\dfrac{3}{4}$ B. $\dfrac{1}{4}$ C. $-\dfrac{1}{4}$ D. $-\dfrac{3}{4}$

4. 设 $L_1:x^2+y^2=1,L_2:x^2+y^2=2,L_3:x^2+2y^2=2,L_4:2x^2+y^2=2$ 为 4 条逆时针方向的平面曲线,记 $I_i=\displaystyle\oint_{L_i}\left(y+\dfrac{y^3}{6}\right)\mathrm{d}x+\left(2x-\dfrac{x^3}{3}\right)\mathrm{d}y(i=1,2,3,4)$,则 $\max\{I_1,I_2,I_3,I_4\}($).

   A. I_1 B. I_2 C. I_3 D. I_4

5. 设 $\boldsymbol{A}$、$\boldsymbol{B}$、$\boldsymbol{C}$ 均为 n 阶矩阵,若 $\boldsymbol{AB}=\boldsymbol{C}$,且 $\boldsymbol{B}$ 可逆,则(   ).
   A. 矩阵 $\boldsymbol{C}$ 的行向量组与矩阵 $\boldsymbol{A}$ 的行向量组等价
   B. 矩阵 $\boldsymbol{C}$ 的列向量组与矩阵 $\boldsymbol{A}$ 的列向量组等价
   C. 矩阵 $\boldsymbol{C}$ 的行向量组与矩阵 $\boldsymbol{B}$ 的行向量组等价
   D. 矩阵 $\boldsymbol{C}$ 的列向量组与矩阵 $\boldsymbol{B}$ 的列向量组等价

6. 矩阵 $\begin{bmatrix}1&a&1\\a&b&a\\1&a&1\end{bmatrix}$ 与 $\begin{bmatrix}2&0&0\\0&b&0\\0&0&0\end{bmatrix}$ 相似的充分必要条件为(   ).

   A. $a=0,b=2$ B. $a=0,b$ 为任意常数
   C. $a=2,b=0$ D. $a=2,b$ 为任意常数

7. 设 X_1、X_2、X_3 是随机变量,且 $X_1\sim N(0,1),X_2\sim N(0,2^2),X_3\sim N(5,3^2)$,$P_i=\{-2\leqslant X_i\leqslant 2\}(i=1.2.3)$,则(   ).

A. $P_1 > P_2 > P_3$　　　　　　　　B. $P_2 > P_1 > P_3$

C. $P_3 > P_1 > P_2$　　　　　　　　D. $P_1 > P_3 > P_2$

8. 设随机变量 $X \sim t(n)$、$Y \sim F(1,n)$,给定 $\alpha(0 < \alpha < 0.5)$,常数 c 满足 $P\{X > c\} = \alpha$,则 $P\{Y > c^2\} = ($　　　$)$.

A. α　　　　　　B. $1 - \alpha$　　　　　　C. 2α　　　　　　D. $1 - 2\alpha$

二、填空题(每小题 4 分,共 24 分)

1. 设函数 $y = f(x)$ 由方程 $y - x = e^{x(1-y)}$ 确定,则 $\lim\limits_{n \to \infty} n\left[f\left(\dfrac{1}{n}\right) - 1\right] = $ _____.

2. 已知 $y_1 = e^{3x} - xe^{2x}$,$y_2 = e^x - xe^{2x}$,$y_3 = -xe^{2x}$ 是某二阶常系数非齐次微分方程的 3 个解,则该方程的通解为 $y = $ _____.

3. 设 $\begin{cases} x = \sin t \\ u = t\sin t + \cos t \end{cases}$ $(t$ 为参数$)$,则 $\dfrac{\mathrm{d}^2 y}{\mathrm{d}x^2}\bigg|_{t = \frac{\pi}{4}} = $ _____.

4. $\displaystyle\int_1^{+\infty} \dfrac{\ln x}{(1+x)^2} \mathrm{d}x = $ _____.

5. 设 $A = (a_{ij})$ 是 3 阶非零矩阵,$|A|$ 为 A 的行列式,A_{ij} 为 a_{ij} 的代数余子式,若 $a_{ij} + A_{ij} = 0(i,j = 1,2,3)$,则 $|A| = $ _____.

6. 设随机变量 Y 服从参数为 1 的指数分布,a 为常数且大于零,则 $P\{Y \leqslant a+1 \mid Y > a\} = $ _____.

三、解答题(共 94 分)

1. (本题满分 10 分)

计算 $\displaystyle\int_0^1 \dfrac{f(x)}{\sqrt{x}} \mathrm{d}x$,其中 $f(x) = \displaystyle\int_1^x \dfrac{\ln(1+t)}{t} \mathrm{d}t$.

2. (本题满分 10 分)

设数列 $\{a_n\}$ 满足条件:$a_0 = 3$,$a_1 = 1$,$a_{n-2} - n(n-1)a_n = 0(n \geqslant 2)$,$S(x)$ 是幂级数 $\displaystyle\sum_{n=0}^{\infty} a_n x^n$ 的和函数.

(1) 证明:$S''(x) - S(x) = 0$.

(2) 求 $S(x)$ 的表达式.

3. (本题满分 10 分)

求函数 $f(x,y) = \left(y + \dfrac{x^3}{3}\right)e^{x+y}$ 的极值.

4. (本题满分 10 分)

设奇函数 $f(x)$ 在 $[-1,1]$ 上具有二阶导数,且 $f(1) = 1$,证明:

(1) 存在 $\xi \in (0,1)$,使得 $f'(\xi) = 1$.

(2) 存在 $\eta \in (-1,1)$,使得 $f''(\eta) + f'(\eta) = 1$.

5. (本题满分 10 分)

设直线 L 过 $A(1,0,0)$、$B(0,1,1)$ 两点,将 L 绕 z 轴旋转一周得到曲面 Σ,Σ 与平面 $z=0, z=2$ 所围成的立体为 Ω.

(1) 求曲面 Σ 的方程.

(2) 求 Ω 的形心坐标.

6. (本题满分 11 分)

设 $A = \begin{bmatrix} 1 & a \\ 1 & 0 \end{bmatrix}$,$B = \begin{bmatrix} 0 & 1 \\ 1 & b \end{bmatrix}$,当 a、b 为何值时,存在矩阵 C 使得 $AC - CA = B$,并求所有矩阵 C.

7. (本题满分 11 分)

设二次型 $f(x_1, x_2, x_3) = 2(a_1 x_1 + a_2 x_2 + a_3 x_3)^2 + (b_1 x_1 + b_2 x_2 + b_3 x_3)^2$,记

$$a = \begin{bmatrix} a_1 \\ a_2 \\ a_3 \end{bmatrix}, \beta = \begin{bmatrix} b_1 \\ b_2 \\ b_3 \end{bmatrix}.$$

(1) 证明二次型 f 对应的矩阵为 $2\alpha\alpha^{\mathrm{T}} + \beta\beta^{\mathrm{T}}$.

(2) 若 α、β 正交且均为单位向量,证明 f 在正交变换下的标准形为 $2y_1^2 + y_2^2$.

8. (本题满分 11 分)

设随机变量 X 的概率密度为 $f(x) = \begin{cases} \dfrac{1}{9}x^2, 0 < x < 3 \\ 0, \quad 其他 \end{cases}$,令随机变量

$Y = \begin{cases} 2, X \leqslant 1 \\ X, 1 < X < 2. \\ 1, X \geqslant 2 \end{cases}$

(1) 求 Y 的分布函数.

(2) 求概率 $P\{X \leqslant Y\}$.

9. (本题满分 11 分)

设总体 X 的概率密度为 $f(x;\theta) = \begin{cases} \dfrac{\theta^2}{x^3} \mathrm{e}^{-\frac{\theta}{x}}, x > 0 \\ 0, \quad 其他 \end{cases}$,其中 θ 为未知参数且大于零,$X_1, X_2, \cdots, X_n$ 为来自总体 X 的简单随机样本.

(1) 求 θ 的矩估计量.

(2) 求 θ 的最大似然估计量.

2014 年数学一试题

一、选择题(每小题 4 分,共 32 分)

1. 下列曲线有渐近线的是(　　　).

　　A. $y = x + \sin x$ 　　　　　　　B. $y = x^2 + \sin x$

　　C. $y = x + \sin \dfrac{1}{x}$ 　　　　　　D. $y = x^2 + \sin \dfrac{1}{x}$

2. 设函数 $f(x)$ 具有二阶导数,$g(x) = f(0)(1-x) + f(1)x$,则在区间 $[0,1]$ 上(　　　).

　　A. 当 $f'(x) \geqslant 0$ 时,$f(x) \geqslant g(x)$ 　　B. 当 $f'(x) \geqslant 0$ 时,$f(x) \leqslant g(x)$

　　C. 当 $f''(x) \geqslant 0$ 时,$f(x) \geqslant g(x)$ 　　D. 当 $f''(x) \geqslant 0$ 时,$f(x) \leqslant g(x)$

3. 设 $f(x,y)$ 为连续函数,则 $\displaystyle\int_0^1 \mathrm{d}y \int_{-\sqrt{1-y^2}}^{1-y} f(x,y)\mathrm{d}x = ($　　　$)$.

　　A. $\displaystyle\int_0^1 \mathrm{d}x \int_0^{x-1} f(x,y)\mathrm{d}y + \int_{-1}^0 \mathrm{d}x \int_0^{\sqrt{1-x^2}} f(x,y)\mathrm{d}y$

　　B. $\displaystyle\int_0^1 \mathrm{d}x \int_0^{x-1} f(x,y)\mathrm{d}y + \int_{-1}^0 \mathrm{d}x \int_{-\sqrt{1-x^2}}^0 f(x,y)\mathrm{d}y$

　　C. $\displaystyle\int_0^{\frac{\pi}{2}} \mathrm{d}\theta \int_0^{\frac{1}{\sin\theta+\cos\theta}} f(r\cos\theta, r\sin\theta)\mathrm{d}r + \int_{\frac{\pi}{2}}^{\pi} \mathrm{d}\theta \int_0^1 f(r\cos\theta, r\sin\theta)\mathrm{d}r$

　　D. $\displaystyle\int_0^{\frac{\pi}{2}} \mathrm{d}\theta \int_0^{\frac{1}{\sin\theta+\cos\theta}} f(r\cos\theta, r\sin\theta)r\mathrm{d}r + \int_{\frac{\pi}{2}}^{\pi} \mathrm{d}\theta \int_0^1 f(r\cos\theta, r\sin\theta)r\mathrm{d}r$

4. 若 $\displaystyle\int_{-\pi}^{\pi} (x - a_1\cos x - b_1\sin x)^2 \mathrm{d}x = \min_{a,b\in\mathbf{R}} \int_{-\pi}^{\pi} (x - a\cos x - b\sin x)^2 \mathrm{d}x$,则 $a_1\cos x + b_1\sin x = ($　　　$)$.

　　A. $2\sin x$ 　　　B. $2\cos x$ 　　　C. $2\pi\sin x$ 　　　D. $2\pi\cos x$

5. 行列式 $\begin{vmatrix} 0 & a & b & 0 \\ a & 0 & 0 & b \\ 0 & c & d & 0 \\ c & 0 & 0 & d \end{vmatrix} = ($　　　$)$.

　　A. $(ad - bc)^2$ 　　　　　　　B. $-(ad - bc)^2$

　　C. $a^2 d^2 - b^2 c^2$ 　　　　　　D. $b^2 c^2 - a^2 d^2$

6. 设 $\boldsymbol{\alpha}_1$、$\boldsymbol{\alpha}_2$、$\boldsymbol{\alpha}_3$ 是三维向量,则对任意常数 k,l,向量 $\boldsymbol{\alpha}_1 + k\boldsymbol{\alpha}_3$,$\boldsymbol{\alpha}_2 + l\boldsymbol{\alpha}_3$ 线性无关是向量 $\boldsymbol{\alpha}_1$、$\boldsymbol{\alpha}_2$、$\boldsymbol{\alpha}_3$ 线性无关的(　　　).

　　A. 必要非充分条件 　　　　　　B. 充分非必要条件

　　C. 充分必要条件 　　　　　　　D. 既非充分又非必要条件

7. 设随机事件 A、B 相互独立,且 $P(B) = 0.5, P(A - B) = 0.3$,则 $P(B - A)($ $)$.

A. 0.1　　　　B. 0.2　　　　C. 0.3　　　　D. 0.4

8. 设连续型随机变量 X_1 与 X_2 相互独立且方差存在,X_1 与 X_2 的概率密度分别为 $f_1(x)$ 与 $f_2(x)$,随机变量 Y_1 的密度为 $f_{Y_1}(y) = \frac{1}{2}[f_1(y) + f_2(y)]$,随机变量 $Y_2 = \frac{1}{2}(X_1 + X_2)$,则( ).

A. $E(Y_1) > E(Y_2), D(Y_1) > D(Y_2)$

B. $E(Y_1) = E(Y_2), D(Y_1) = D(Y_2)$

C. $E(Y_1) > E(Y_2), D(Y_1) < D(Y_2)$

D. $E(Y_1) = E(Y_2), D(Y_1) > D(Y_2)$

二、填空题(每小题 4 分,共 24 分)

1. 曲面 $z = x^2(1 - \sin y) + y^2(1 - \sin x)$ 在点 $(1, 0, 1)$ 处的切平面方程为_____.

2. 设 $f(x)$ 是周期为 4 的可导奇函数,且 $f'(x) = 2(x - 1), x \in [0, 2]$,则 $f(7) = $_____.

3. 微分方程 $xy' + y(\ln x - \ln y) = 0$ 满足条件 $y(1) = e^3$ 的解为 $y = $_____.

4. 设 L 是柱面 $x^2 + y^2 = 1$ 与平面 $y + z = 0$ 的交线,从 z 轴正向往 z 轴负向看去为逆时针方向,则 $\oint_L z \, dx + y \, dz = $_____.

5. 设二次型 $f(x_1, x_2, x_3) = x_1^2 - x_2^2 + 2ax_1x_3 + 4x_2x_3$ 的负惯性指数是 1,则 a 的取值范围为_____.

6. 设总体 X 的概率密度为 $f(x; \theta) = \begin{cases} \dfrac{2x}{3\theta^2}, & \theta < x < 2\theta, \\ 0, & \text{其他} \end{cases}$,其中 θ 为未知参数,$X_1, X_2, \cdots, X_n$ 为来自总体 X 的简单随机样本,若 $c \sum\limits_{i=1}^{n} X_i^2$ 是 θ^2 的无偏估计量,则 $c = $_____.

三、解答题(共 94 分)

1.(本题满分 10 分)

求极限 $\lim\limits_{x \to +\infty} \dfrac{\displaystyle\int_1^x [t^2(e^{\frac{1}{t}} - 1) - t] \, dt}{x^2 \ln\left(1 + \dfrac{1}{x}\right)}$.

2. （本题满分 10 分）

设函数 $y = f(x)$ 由方程 $y^3 + xy^2 + x^2y + 6 = 0$ 确定,求 $f(x)$ 的极值.

3. （本题满分 10 分）

设函数 $f(u)$ 二阶连续可导,$z = f(e^x \cos y)$ 满足 $\dfrac{\partial^2 z}{\partial x^2} + \dfrac{\partial^2 z}{\partial y^2} = (4z + e^x \cos y)e^{2x}$,若 $f(0) = 0, f'(0) = 0$,求 $f(u)$ 的表达式.

4. （本题满分 10 分）

设 Σ 为曲面 $z = x^2 + y^2 (z \leqslant 1)$ 的上侧,计算曲面积分

$$I = \iint\limits_{\Sigma} (x-1)^3 \mathrm{d}y\mathrm{d}z + (y-1)^3 \mathrm{d}z\mathrm{d}x + (z-1)\mathrm{d}x\mathrm{d}y.$$

5. （本题满分 10 分）

设数列 $\{a_n\}, \{b_n\}$ 满足 $0 < a_n < \dfrac{\pi}{2}, 0 < b_n < \dfrac{\pi}{2}, \cos a_n - a_n = \cos b_n$,且级数 $\displaystyle\sum_{n=1}^{\infty} b_n$ 收敛.

(1) 证明:$\lim\limits_{n \to \infty} a_n = 0$.

(2) 证明:级数 $\displaystyle\sum_{n=1}^{\infty} \dfrac{a_n}{b_n}$ 收敛.

6. （本题满分 11 分）

设 $A = \begin{bmatrix} 1 & -2 & 3 & -4 \\ 0 & 1 & -1 & 1 \\ 1 & 2 & 0 & -3 \end{bmatrix}$,$E$ 为 3 阶单位矩阵.

(1) 求方程组 $Ax = 0$ 的一个基础解系.

(2) 求满足 $AB = E$ 的所有矩阵 B.

7. （本题满分 11 分）

证明:n 阶矩阵 $\begin{bmatrix} 1 & 1 & \cdots & 1 \\ 1 & 1 & \cdots & 1 \\ \vdots & \vdots & & \vdots \\ 1 & 1 & \cdots & 1 \end{bmatrix}$ 与 $\begin{bmatrix} 1 & 0 & \cdots & 1 \\ 0 & 0 & \cdots & 2 \\ \vdots & \vdots & & \vdots \\ 0 & 0 & \cdots & n \end{bmatrix}$ 相似.

8. （本题满分 11 分）

设随机变量 X 的概率分布为 $P\{X = 1\} = P\{X = 2\} = \dfrac{1}{2}$,在给定 $X = i$ 的条件下,随机变量 Y 服从均匀分布 $U(0, i)(i = 1, 2)$.

(1) 求 Y 的分布函数 $F_Y(y)$.

(2) 求 EY.

9. （本题满分 11 分）

设总体 X 的分布函数 $F(x) = \begin{cases} 1 - e^{-\frac{x^2}{\theta}}, & x \geqslant 0 \\ 0, & x < 0 \end{cases}$，其中 θ 为未知参数且大于零，$X_1, X_2, \cdots, X_n$ 为来自总体 X 的简单随机样本.

（1）求 EX 及 EX^2.

（2）求 θ 的最大似然估计量 $\hat{\theta}_n$；

（3）是否存在实数 a，使得对任意的 $\varepsilon > 0$，都有 $\lim_{n \to \infty} P\{|\hat{\theta}_n - a| \geqslant \varepsilon\} = 0$？

2015 年数学一试题

一、选择题(每小题 4 分,共 32 分)

1. 设函数 $f(x)$ 在 $(-\infty, +\infty)$ 内连续,其中二阶导数 $f''(x)$ 的图形如图 1 所示,则曲线 $y = f(x)$ 的拐点个数为(　　).

  A. 0   B. 1   C. 2   D. 3

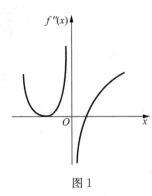

图 1

2. 设 $y = \dfrac{1}{2}e^{2x} + \left(x - \dfrac{1}{3}\right)e^x$ 是二阶常系数非齐次线性微分方程 $y'' + ay' + by = ce^x$ 的一个特解,则(　　).

  A. $a = -3, b = 2, c = -1$ B. $a = 3, b = 2, c = -1$

  C. $a = -3, b = 2, c = 1$ D. $a = 3, b = 2, c = 1$

3. 若级数 $\sum\limits_{n=1}^{\infty} a_n$ 条件收敛,则 $x = \sqrt{3}$ 与 $x = 3$ 依次为幂级数 $\sum\limits_{n=1}^{\infty} n a_n (x-1)^n$ 的(　　).

  A. 收敛点,收敛点   B. 收敛点,发散点

  C. 发散点,收敛点   D. 发散点,发散点

4. 设 D 是第一象限由曲线 $2xy = 1, 4xy = 1$ 与直线 $y = x, y = \sqrt{3}x$ 围成的平面区域,函数 $f(x, y)$ 在 D 上连续,则 $\iint\limits_{D} f(x, y) \mathrm{d}x\mathrm{d}y$(　　).

  A. $\displaystyle\int_{\frac{\pi}{4}}^{\frac{\pi}{3}} \mathrm{d}\theta \int_{\frac{1}{2\sin 2\theta}}^{\frac{1}{\sin 2\theta}} f(r\cos\theta, r\sin\theta) r\mathrm{d}r$ B. $\displaystyle\int_{\frac{\pi}{4}}^{\frac{\pi}{3}} \mathrm{d}\theta \int_{\frac{1}{\sqrt{2}\sin 2\theta}}^{\frac{1}{\sqrt{\sin 2\theta}}} f(r\cos\theta, r\sin\theta) r\mathrm{d}r$

  C. $\displaystyle\int_{\frac{\pi}{4}}^{\frac{\pi}{3}} \mathrm{d}\theta \int_{\frac{1}{2\sin 2\theta}}^{\frac{1}{\sin 2\theta}} f(r\cos\theta, r\sin\theta) \mathrm{d}r$ D. $\displaystyle\int_{\frac{\pi}{4}}^{\frac{\pi}{3}} \mathrm{d}\theta \int_{\frac{1}{\sqrt{2}\sin 2\theta}}^{\frac{1}{\sqrt{\sin 2\theta}}} f(r\cos\theta, r\sin\theta) \mathrm{d}r$

5. 设矩阵 $\boldsymbol{A} = \begin{bmatrix} 1 & 1 & 1 \\ 1 & 2 & a \\ 1 & 4 & a^2 \end{bmatrix}, \boldsymbol{b} = \begin{bmatrix} 1 \\ d \\ d^2 \end{bmatrix}$ 若集合 $\Omega = \{1, 2\}$,则线性方程组 $\boldsymbol{A}\boldsymbol{x} = \boldsymbol{b}$

有无穷多解的充分必要条件为( ).

    A. $a \notin \Omega, d \notin \Omega$ B. $a \notin \Omega, d \in \Omega$

    C. $a \in \Omega, d \notin \Omega$ D. $a \in \Omega, d \in \Omega$

6. 设二次型 $f(x_1, x_2, x_3)$ 在正交变换 $x = Py$ 下的标准形为 $2y^2 + y_2^2 - y_3^2$,其中 $P = (e_1, e_2, e_3)$,若 $Q = (e_1, -e_3, e_2)$,则 $f(x_1, x_2, x_3)$ 在正交变换 $x = Qy$ 下的标准形为( ).

    A. $2y_1^2 - y_2^2 + y_3^2$ B. $2y_1^2 + y_2^2 - y_3^2$

    C. $2y_1^2 - y_2^2 - y_3^2$ D $2y_1^2 + y_2^2 + y_3^2$

7. 若 A、B 为任意两个随机事件,则( ).

    A. $P(AB) \leqslant P(A)P(B)$ B. $P(AB) \geqslant P(A)P(B)$

    C. $P(AB) \leqslant \dfrac{P(A)+P(B)}{2}$ D. $P(AB) \geqslant \dfrac{P(A)+P(B)}{2}$

8. 设随机变量 X,Y 不相关,且 $EX=2, EY=1, DX=3$,则 $E[X(X+Y-2)]=$ ( ).

    A. -3 B. 3 C. -5 D. 5

二、填空题(每小题 4 分,共 24 分)

1. $\lim\limits_{x \to 0} \dfrac{\ln\cos x}{x^2} = $ _____.

2. $\int_{-\frac{\pi}{2}}^{\frac{\pi}{2}} \left(\dfrac{\sin x}{1+\cos x} + |x| \right) dx = $ _____.

3. 若函数 $z=z(x,y)$ 由方程 $e^z + xyz + x + \cos x = 2$ 确定,则 $dz|_{(0,1)} = $ _____.

4. 设 Ω 是由平面 $x+y+z=1$ 与 3 个坐标平面所围成的空间区域,则 $\iiint\limits_{\Omega} (x+2y+3z)dxdydz = $ _____.

5. n 阶行列式 $\begin{vmatrix} 2 & 0 & \cdots & 0 & 2 \\ -1 & 2 & \cdots & 0 & 2 \\ \vdots & \vdots & & \vdots & \vdots \\ 0 & 0 & \cdots & 2 & 2 \\ 0 & 0 & \cdots & -1 & 2 \end{vmatrix} = $ _____.

6. 设二维随机变量 (X,Y) 服从正态分布 $N(1,0;1,1;0)$,则 $P\{XY-Y<0\} = $ _____.

三、解答题(共 94 分)

1. (本题满分 10 分)

设函数 $f(x)=x+a\ln(1+x)+bx\sin x, g(x)=kx^3$,若 $f(x)$ 与 $g(x)$ 在 $x \to 0$ 时是等价无穷小,求 a、b、k 的值.

2. (本题满分 10 分)

设函数 $f(x)$ 在定义域 I 上的导数大于零,若对任意的 $x_0 \in I$,曲线 $y = f(x)$ 在点 $(x_0, f(x_0))$ 处的切线与直线 $x = x_0$ 及 x 轴所围成区域的面积恒为 4,且 $f(0) = 2$,求 $f(x)$ 的表达式.

3. (本题满分 10 分)

已知函数 $f(x, y) = x + y + xy$,曲线 $C: x^2 + y^2 + xy = 3$,求 $f(x, y)$ 在曲线 C 上的最大方向导数.

4. (本题满分 10 分)

(1) 设函数 $u(x), v(x)$ 可导,利用导数定义证明:
$$[u(x)v(x)]' = u'(x)v(x) + u(x)v'(x).$$

(2) 设函数 $u_1(x), u_2(x), \cdots, u_n(x)$ 可导,$f(x) = u_1(x)u_2(x)\cdots u_n(x)$,写出 $f(x)$ 的求导公式.

5. (本题满分 10 分)

已知曲线 L 的方程为 $\begin{cases} z = \sqrt{2 - x^2 - y^2} \\ z = x \end{cases}$,起点为 $A(0, \sqrt{2}, 0)$,终点为 $B(0, -\sqrt{2}, 0)$,计算曲线积分 $I = \int_L (y + z)\mathrm{d} + (z^2 - x^2 + y)\mathrm{d}y + (x^2 + y^2)\mathrm{d}z$.

6. (本题满分 11 分)

设向量组 $\boldsymbol{\alpha}_1, \boldsymbol{\alpha}_2, \boldsymbol{\alpha}_3$ 为 $\mathbf{R}^3$ 的一个基,$\boldsymbol{\beta}_1 = 2\boldsymbol{\alpha}_1 + 2k\boldsymbol{\alpha}_3, \boldsymbol{\beta}_2 = 2\boldsymbol{\alpha}_2, \boldsymbol{\beta}_3 = \boldsymbol{\alpha}_1 + (k+1)\boldsymbol{\alpha}_3$.

(1) 证明向量组 $\boldsymbol{\beta}_1, \boldsymbol{\beta}_2, \boldsymbol{\beta}_3$ 为 $\mathbf{R}^3$ 的一个基.

(2) 当 k 为何值时存在非零向量 $\boldsymbol{\xi}$ 在基 $\boldsymbol{\alpha}_1, \boldsymbol{\alpha}_2, \boldsymbol{\alpha}_3$ 与基 $\boldsymbol{\beta}_1, \boldsymbol{\beta}_2, \boldsymbol{\beta}_3$ 下的坐标相同,并求所有的 $\boldsymbol{\xi}$.

7. (本题满分 11 分)

设矩阵 $\boldsymbol{A} = \begin{bmatrix} 0 & 2 & -3 \\ -1 & 3 & -3 \\ 1 & -2 & a \end{bmatrix}$ 相似于矩阵 $\boldsymbol{B} = \begin{bmatrix} 1 & -2 & 0 \\ 0 & b & 0 \\ 0 & 3 & 1 \end{bmatrix}$.

(1) 求 a, b.

(2) 求可逆矩阵 $\boldsymbol{P}$,使 $\boldsymbol{P}^{-1}\boldsymbol{AP}$ 为对角矩阵.

8. (本题满分 11 分)

设随机变量 X 的概率密度为 $f(x) \begin{cases} 2^{-x}\ln 2, & x > 0 \\ 0, & x \leqslant 0 \end{cases}$,对 X 进行独立重复的观测,直到第二个大于 3 的观测值出现就停止,记 Y 为观测次数.

(1) 求 Y 的概率分布.

（2）求 EY.

9.（本题满分 11 分）

设总体 X 的概率密度为 $f(x;\theta) = \begin{cases} \dfrac{1}{1-\theta}, & 0 \leqslant x \leqslant 1 \\ 0, & \text{其他} \end{cases}$，其中 θ 为未知参数，X_1，$X_2,\cdots,X_n$ 为来自该总体 X 的简单随机样本.

（1）求 θ 的矩估计量.

（2）求 θ 的最大似然估计量.

2011 年数学二试题

一、选择题(每小题 4 分,共 32 分)

1. 已知当 $x \to 0$ 时,$f(x) = 3\sin x - \sin 3x$ 与 cx^k 是等价无穷小,则(   ).

   A. $k = 1, c = 4$ 　　　　　　　　　B. $k = 1, c = -4$

   C. $k = 3, c = 4$ 　　　　　　　　　D. $k = 3, c = -4$

2. 设函数 $f(x)$ 在 $x = 0$ 处可导,且 $f(0) = 0$,则 $\lim\limits_{x \to 0} \dfrac{x^2 f(x) - 2f(x^3)}{x^3} =$
(   ).

   A. $-2f'(0)$ 　　　　B. $-f'(0)$ 　　　　C. $f'(0)$ 　　　　D. 0

3. 函数 $f(x) = \ln |(x-1)(x-2)(x-3)|$ 的驻点个数为(   ).

   A. 0 　　　　　　B. 1 　　　　　　C. 2 　　　　　　D. 3

4. 微分方程 $y'' - \lambda^2 y = e^{\lambda x} + e^{-\lambda x} (\lambda > 0)$ 的特解形式为(   ).

   A. $a(e^{\lambda x} + e^{-\lambda x})$ 　　　　　　　B. $ax(e^{\lambda x} + e^{-\lambda x})$

   C. $x(ae^{\lambda x} + be^{-\lambda x})$ 　　　　　　D. $x^2(ae^{\lambda x} + be^{-\lambda x})$

5. 设函数 $f(x)$、$g(x)$ 均有二阶连续导数,满足 $f(0) > 0, g(0) < 0$,且 $f'(0) = g'(0) = 0$,则函数 $zf(x)g(y)$ 在点 $(0,0)$ 处取得极小值的一个充分条件是(   ).

   A. $f''(0) < 0, g''(0) > 0$ 　　　　　B. $f''(0) < 0, g''(0) < 0$

   C. $f''(0) > 0, g''(0) > 0$ 　　　　　D. $f''(0) > 0, g''(0) < 0$

6. 设 $I = \int_0^{\frac{\pi}{4}} \ln \sin x \, dx, J = \int_0^{\frac{\pi}{4}} \ln \cot x \, dx, K = \int_0^{\frac{\pi}{4}} \ln \cos x \, dx$,则 I、J、K 的大小关系为(   ).

   A. $I < J < K$ 　　B. $I < K < J$ 　　C. $J < I < K$ 　　D. $K < J < I$

7. 设 $\boldsymbol{A}$ 为 3 阶矩阵,将 $\boldsymbol{A}$ 的第 2 列加到第 1 列得到矩阵 $\boldsymbol{B}$,再交换 $\boldsymbol{B}$ 的第 2 行与第 3 行得单位矩阵,记 $\boldsymbol{P}_1 \begin{bmatrix} 1 & 0 & 0 \\ 1 & 1 & 0 \\ 0 & 0 & 1 \end{bmatrix}, \boldsymbol{P}_2 = \begin{bmatrix} 1 & 0 & 0 \\ 0 & 0 & 1 \\ 0 & 1 & 0 \end{bmatrix}$,则 $A = ($ $)$.

   A. $\boldsymbol{P}_1 \boldsymbol{P}_2$ 　　　　B. $\boldsymbol{P}_1^{-1} \boldsymbol{P}_2$ 　　　　C. $\boldsymbol{P}_2 \boldsymbol{P}_1$ 　　　　D. $\boldsymbol{P}_2 \boldsymbol{P}_1^{-1}$

8. 设 $\boldsymbol{A} = (\boldsymbol{\alpha}_1, \boldsymbol{\alpha}_2, \boldsymbol{\alpha}_3, \boldsymbol{\alpha}_4)$ 是 4 阶矩阵,$\boldsymbol{A}^*$ 为 $\boldsymbol{A}$ 的伴随矩阵. $(1,0,1,0)^T$ 若 $(1,0,1,0)^T$ 是方程组 $\boldsymbol{Ax} = \boldsymbol{0}$ 的一个基础解系,则 $\boldsymbol{A}^* \boldsymbol{x} = \boldsymbol{0}$ 的基础解系可为(   ).

   A. $\boldsymbol{\alpha}_1, \boldsymbol{\alpha}_3$ 　　　B. $\boldsymbol{\alpha}_1, \boldsymbol{\alpha}_2$ 　　　C. $\boldsymbol{\alpha}_1, \boldsymbol{\alpha}_2, \boldsymbol{\alpha}_3$ 　　　D. $\boldsymbol{\alpha}_2, \boldsymbol{\alpha}_3, \boldsymbol{\alpha}_4$

二、填空题(每小题 4 分,共 24 分)

1. 极限 $\lim\limits_{x \to 0} \left(\dfrac{1 + 2^x}{2} \right)^{\frac{1}{x}}$.

2. 微分方程 $y' + y = \mathrm{e}^{-x}\cos x$ 满足条件 $y(0) = 0$ 的解为 $y =$ _____.

3. 曲线 $y = \displaystyle\int_0^x \tan t \, \mathrm{d}t \left(0 \leqslant x \leqslant \dfrac{\pi}{4}\right)$ 的弧长 $s =$ _____.

4. 设 $f(x) = \begin{cases} \lambda \mathrm{e}^{-\lambda x}, & x > 0 \\ 0, & x \leqslant 0 \end{cases}, \lambda > 0$，则 $\displaystyle\int_{-\infty}^{+\infty} x f(x) \, \mathrm{d}x =$ _____.

5. 设平面区域 D 由直线 $y = x$，圆 $x^2 + y^2 = 2y$ 及 y 轴所围成，则二重积分 $\displaystyle\iint_D xy \, \mathrm{d}\sigma =$ _____.

6. 二次型 $f(x_1, x_2, x_3) = x_1^2 + 3x_2^2 + x_3^2 + 2x_1 x_2 + 2x_1 x_3 + 2x_2 x_3$，则 f 的正惯性指数为_____.

三、解答题(共 94 分)

1. (本题满分 10 分)

已知 $F(x) = \dfrac{\displaystyle\int_0^x \ln(1 + t^2)\,\mathrm{d}t}{x^a}$，设 $\displaystyle\lim_{x \to +\infty} F(x) = \lim_{x \to 0^+} F(x) = 0$，试求 a 的取值范围.

2. (本题满分 11 分)

设函数 $y = y(x)$ 由参数方程 $\begin{cases} x = \dfrac{1}{3}t^3 + t + \dfrac{1}{3} \\ y = \dfrac{1}{3}t^3 - t + \dfrac{1}{3} \end{cases}$ 确定，求 $y = y(x)$ 的极值和曲线 $y = y(x)$ 的凹凸区间及拐点.

3. (本题满分 9 分)

设函数 $z = f(xy, yg(x))$，其中函数 f 具有二阶连续偏导数，函数 $g(x)$ 可导且在 $x = 1$ 处取得极值 $g(1) = 1$，求 $\dfrac{\partial^2 z}{\partial x \partial y}\bigg|_{\substack{x=1 \\ y=1}}$.

4. (本题满分 10 分)

设函数 $y(x)$ 具有二阶导数，且曲线 $l: y = y(x)$ 与直线 $y = x$ 相切于原点，记 α 为曲线 l 在点 (x, y) 处切线的倾角，若 $\dfrac{\mathrm{d}\alpha}{\mathrm{d}x} = \dfrac{\mathrm{d}y}{\mathrm{d}x}$，求 $y(x)$ 的表达式.

5. (本题满分 10 分)

(1) 证明：对任意的正整数 n，都有 $\dfrac{1}{n+1} < \ln\left(1 + \dfrac{1}{n}\right) < \dfrac{1}{n}$ 成立.

(2) 设 $a_n = 1 + \dfrac{1}{2} + \cdots + \dfrac{1}{n} - \ln n \, (n = 1, 2, \cdots)$，证明：数列 $\{a_n\}$ 收敛.

6. （本题满分 11 分）

一容器的内侧是由图 1 中曲线绕 y 轴旋转一周而成的曲面,该曲线由 $x^2+y^2=2y\left(y\geqslant\dfrac{1}{2}\right)$ 与 $x^2+y^2=1$ $\left(y\leqslant\dfrac{1}{2}\right)$ 连接而成.

（1）求容器的容积.

（2）若将容器内盛满的水从容器顶部抽出,至少需要做多少功?

（长度单位:m,重力加速度为 g m/s^2,水的密度为 $10^3\,$kg/m^3）.

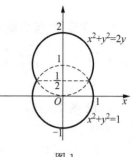

图 1

7. （本题满分 11 分）

已知函数 $f(x,y)$ 具有二阶连续偏导数,且 $f(1,y)=0,f(x,1)=0.$

$\displaystyle\iint\limits_{D}f(x,y)\mathrm{d}x\mathrm{d}y=a$,其中 $D=\{(x,y)\mid 0\leqslant x\leqslant 1,0\leqslant y\leqslant 1\}$ 计算二重积分

$$I=\iint\limits_{D}xyf''_{xy}(x,y)\mathrm{d}x\mathrm{d}y.$$

8. （本题满分 11 分）

设向量组 $\boldsymbol{\alpha}_1=(1,0,1)^{\mathrm{T}},\boldsymbol{\alpha}_2=(0,1,1)^{\mathrm{T}},\boldsymbol{\alpha}_3=(1,3,5)^{\mathrm{T}}$ 不能由向量组 $\boldsymbol{\beta}_1=(1,1,1)^{\mathrm{T}},\boldsymbol{\beta}_2=(1,2,3)^{\mathrm{T}},\boldsymbol{\beta}_3=(3,4,a)^{\mathrm{T}}$ 线性表示.

（1）求 a 的值.

（2）将 $\boldsymbol{\beta}_1,\boldsymbol{\beta}_2,\boldsymbol{\beta}_3$ 用 $\boldsymbol{\alpha}_1,\boldsymbol{\alpha}_2,\boldsymbol{\alpha}_3$ 线性表示.

9. （本题满分 11 分）

设 $\boldsymbol{A}$ 为 3 阶实对称矩阵,$\boldsymbol{A}$ 的秩为 2,且

$$\boldsymbol{A}\begin{bmatrix}1 & 1\\0 & 0\\-1 & 1\end{bmatrix}=\begin{bmatrix}-1 & 1\\0 & 0\\1 & 1\end{bmatrix}.$$

（1）求 $\boldsymbol{A}$ 的所有特征值与特征向量.

（2）求矩阵 $\boldsymbol{A}$.

2012 年数学二试题

一、选择题(每小题 4 分,共 32 分)

1. 曲线 $y = \dfrac{x^2 + x}{x^2 - 1}$ 渐近线的条数为( ).

    A. 0   B. 1   C. 2   D. 3

2. 设函数 $f(x) = (e^x - 1)(e^{2x} - 2)\cdots(e^{nx} - n)$,其中 n 为正整数,则 $f'(0)$ ( ).

    A. $(-1)^{n-1}(n-1)!$ B. $(-1)^n(n-1)!$

    C. $(-1)^{n-1}n!$ D. $(-1)^n n!$

3. 设 $a_n > 0 (n = 1, 2, \cdots)$,$S_n = a_1 + a_2 + \cdots + a_n$,则数列 $\{S_n\}$ 有界是数列 $\{a_n\}$ 收敛的( ).

    A. 充分必要条件   B. 充分非必要条件

    C. 必要非充分条件   D. 既非充分也非必要条件

4. 设 $I_k = \displaystyle\int_0^{k\pi} e^{x^2} \sin x \, \mathrm{d}x (k = 1, 2, 3)$,则有( ).

    A. $I_1 < I_2 < I_3$ B. $I_3 < I_2 < I_1$

    C. $I_2 < I_3 < I_1$ D. $I_2 < I_1 < I_3$

5. 设函数 $f(x, y)$ 可微,且对任意的 x, y 都有 $\dfrac{\partial f(x, y)}{\partial x} > 0$,$\dfrac{\partial f(x, y)}{\partial y} < 0$,则使不等式 $f(x_1, y_1) < f(x_2, y_2)$ 成立的一个充分条件是( ).

    A. $x_1 > x_2, y_1 < y_2$ B. $x_1 > x_2, y_1 > y_2$

    C. $x_1 < x_2, y_1 < y_2$ D. $x_1 < x_2, y_1 > y_2$

6. 设区域 D 由 $y = \sin x$,$x = \pm\dfrac{\pi}{2}$,$y = 1$ 围成,则 $\displaystyle\iint\limits_D (xy^5 - 1) \, \mathrm{d}x \mathrm{d}y = ($).

    A. π B. 2   C. -2 D. $-\pi$

7. 设 $\boldsymbol{\alpha}_1 = \begin{bmatrix} 0 \\ 0 \\ c_1 \end{bmatrix}$,$\boldsymbol{\alpha}_2 = \begin{bmatrix} 0 \\ 1 \\ c_2 \end{bmatrix}$,$\boldsymbol{\alpha}_3 = \begin{bmatrix} 1 \\ -1 \\ c_3 \end{bmatrix}$,$\boldsymbol{\alpha}_4 = \begin{bmatrix} -1 \\ 1 \\ c_4 \end{bmatrix}$,其中 c_1, c_2, c_3, c_4 为任意常数,则下列向量线性相关的为( ).

    A. $\boldsymbol{\alpha}_1, \boldsymbol{\alpha}_2, \boldsymbol{\alpha}_3$ B. $\boldsymbol{\alpha}_1, \boldsymbol{\alpha}_2, \boldsymbol{\alpha}_4$ C. $\boldsymbol{\alpha}_1, \boldsymbol{\alpha}_3, \boldsymbol{\alpha}_4$ D. $\boldsymbol{\alpha}_2, \boldsymbol{\alpha}_3, \boldsymbol{\alpha}_4$

8. 设 $\boldsymbol{A}$ 为 3 阶矩阵,$\boldsymbol{P}$ 为 3 阶可逆矩阵,且 $\boldsymbol{P}^{-1}\boldsymbol{A}\boldsymbol{P} = \begin{bmatrix} 1 & 0 & 0 \\ 0 & 1 & 0 \\ 0 & 0 & 2 \end{bmatrix}$.若 $\boldsymbol{P} = (\boldsymbol{\alpha}_1, \boldsymbol{\alpha}_2, \boldsymbol{\alpha}_3)$,

$Q = (\alpha_1 + \alpha_2, \alpha_2, \alpha_3)$，则 $Q^{-1}AQ = ($　　$)$．

A. $\begin{bmatrix} 1 & 0 & 0 \\ 0 & 2 & 0 \\ 0 & 0 & 1 \end{bmatrix}$　　B. $\begin{bmatrix} 1 & 0 & 0 \\ 0 & 1 & 0 \\ 0 & 0 & 2 \end{bmatrix}$　　C. $\begin{bmatrix} 2 & 0 & 0 \\ 0 & 1 & 0 \\ 0 & 0 & 2 \end{bmatrix}$　　D. $\begin{bmatrix} 2 & 0 & 0 \\ 0 & 2 & 0 \\ 0 & 0 & 1 \end{bmatrix}$

二、填空题(每小题 4 分,共 24 分)

1. 设 $y = y(x)$ 是由方程 $x^2 - y + 1 = e^y$ 所确定的隐函数，则 $\left.\dfrac{d^2 y}{dx^2}\right|_{x=0} = $ _____．

2. $\lim\limits_{n \to \infty} n\left(\dfrac{1}{1+n^2} + \dfrac{1}{2^2+n^2} + \cdots + \dfrac{1}{n^2+n^2}\right) = $ _____．

3. 设 $z = f\left(\ln x + \dfrac{1}{y}\right)$，其中函数 $f(u)$ 可微，则 $x\dfrac{\partial z}{\partial x} + y^2 \dfrac{\partial z}{\partial y} = $ _____．

4. 微分方程 $y\,dx + (x - 3y^2)\,dy = 0$ 满足条件 $y|_{x=1} = 1$ 的特解为 $y = $ _____．

5. 曲线 $y = x^2 + x (x < 0)$ 上曲率为 $\dfrac{\sqrt{2}}{2}$ 的点的坐标是 _____．

6. 设 A 为 3 阶矩阵，$|A| = 3$，A^* 为 A 的伴随矩阵，若交换 A 的第一行与第二行得矩阵 B，则 $|BA^*| = $ _____．

三、解答题(共 94 分)

1. (本题满分 10 分)

已知函数 $f(x) = \dfrac{1+x}{\sin x} - \dfrac{1}{x}$，记 $a = \lim\limits_{x \to 0} f(x)$．

(1) 求 a 的值．

(2) 若当 $x \to 0$ 时，$f(x) - a$ 与 x^k 是同阶无穷小，求常数 k 的值．

2. (本题满分 10 分)

求函数 $f(x, y) = x e^{-\frac{x^2+y^2}{2}}$ 的极值．

3. (本题满分 12 分)

过点 $(0,1)$ 作曲线 $L: y = \ln x$ 的切线，切点为 A，又 L 与 x 轴交于 B 点，区域 D 由 L 与直线 AB 围成，求区域 D 的面积及 D 绕 x 轴旋转一周所得旋转体的体积．

4. (本题满分 10 分)

计算二重积分 $\iint\limits_{D} xy\,d\sigma$，其中区域 D 由曲线 $r = 1 + \cos\theta (0 \leqslant \theta \leqslant \pi)$ 与极轴围成．

5. (本题满分 10 分)

已知函数 $f(x)$ 满足方程 $f''(x) + f'(x) - 2f(x) = 0$ 及 $f''(x) + f(x) = 2e^x$．

(1) 求 $f(x)$ 的表达式．

(2) 求曲线 $y = f(x^2) \int_0^x f(-t^2) \mathrm{d}t$ 的拐点.

6. (本题满分 10 分)

证明: $x \ln \dfrac{1+x}{1-x} + \cos x \geqslant 1 + \dfrac{x^2}{2} (-1 < x < 1)$.

7. (本题满分 10 分)

(1) 证明方程 $x^n + x^{n-1} + \cdots + x = 1 (n$ 为大于 1 的整数) 在区间 $\left(\dfrac{1}{2}, 1 \right)$ 内有且仅有一个实根.

(2) 记 (1) 中的实根为 x_n, 证明 $\lim\limits_{n \to \infty} x_n$ 存在, 并求此极限.

8. (本题满分 11 分)

设 $\boldsymbol{A} = \begin{bmatrix} 1 & a & 0 & 0 \\ 0 & 1 & a & 0 \\ 0 & 0 & 1 & a \\ a & 0 & 0 & 1 \end{bmatrix}$, $\boldsymbol{\beta} = \begin{bmatrix} 1 \\ -1 \\ 0 \\ 0 \end{bmatrix}$.

(1) 计算行列式 $|\boldsymbol{A}|$.

(2) 当实数 a 为何值时, 方程组 $\boldsymbol{Ax} = \boldsymbol{\beta}$ 有无穷多解, 并求通解.

9. (本题满分 11 分)

已知 $\boldsymbol{A} = \begin{bmatrix} 1 & 0 & 1 \\ 0 & 1 & 1 \\ -1 & 0 & a \\ 0 & a & -1 \end{bmatrix}$, 二次型 $f(x_1, x_2, x_3) = \boldsymbol{x}^{\mathrm{T}}(\boldsymbol{A}^{\mathrm{T}}\boldsymbol{A})\boldsymbol{x}$ 的秩为 2.

(1) 求实数 a 的值.

(2) 求正交变换 $\boldsymbol{x} = \boldsymbol{Qy}$, 将二次型 f 化为标准形.

2013 年数学二试题

一、选择题(每小题 4 分,共 32 分)

1. 设 $\cos x - 1 = x \sin\alpha(x)$,其中 $|a(x)| < \dfrac{\pi}{2}$,则当 $x \to 0$ 时,$a(x)$ 是(　　).

    A. 比 x 高阶的无穷小　　　　　　B. 比 x 低阶的无穷小

    C. 与 x 同阶但不等价的无穷小　　D. 与 x 等价的无穷小

2. 设函数 $y = f(x)$ 由方程 $\cos(xy) + \ln y - x = 1$ 确定,则 $\lim\limits_{n \to \infty} n\left[f\left(\dfrac{2}{n}\right) - 1 \right] = 1$

(　　).

    A. 2　　　　　　B. 1　　　　　　C. -1　　　　　　D. -2

3. 设函数 $f(x) = \begin{cases} \sin x, & 0 \leqslant x \leqslant \pi \\ 2, & \pi \leqslant x \leqslant 2\pi \end{cases}$,$F(x) = \displaystyle\int_0^x f(t)\,\mathrm{d}t$,则(　　).

    A. $x = \pi$ 是 $F(x)$ 的跳跃间断点　　B. $x = \pi$ 是 $F(x)$ 的可去间断点

    C. $F(x)$ 在 $x = \pi$ 处连续但不可导　　D. $F(x)$ 在 $x = \pi$ 处可导

4. 设函数 $f(x)\begin{cases} \dfrac{1}{(x-1)^{\alpha-1}}, & 1 < x < e \\ \dfrac{1}{x\ln^{\alpha+1}x}2, & x \geqslant e \end{cases}$,若广义积分 $\displaystyle\int_1^{+\infty} f(x)\,\mathrm{d}x$ 收敛,则(　　).

    A. $\alpha < -2$　　　　B. $\alpha > 2$　　　　C. $-2 < \alpha < 0$　　D. $0 < \alpha < 2$

5. 设 $z = \dfrac{y}{x} f(xy)$,其中函数 f 可微,则 $\dfrac{x}{y}\dfrac{\partial z}{\partial x} + \dfrac{\partial z}{\partial y} = ($　　$)$.

    A. $2yf'(xy)$　　　B. $-2yf'(xy)$　　C. $\dfrac{2}{x}f(xy)$　　　D. $-\dfrac{2}{x}f(xy)$

6. 设 D_k 是圆域 $D = \{(x, y) \mid x^+ y^2 \leqslant 1\}$ 在第 k 象限的部分,记 $I_k = \displaystyle\iint\limits_{D_k}(y - x)\,\mathrm{d}x\mathrm{d}y (k = 1, 2, 3, 4)$,则(　　).

    A. $I_1 > 0$　　　　B. $I_2 > 0$　　　　C. $I_3 > 0$　　　　D. $I_4 > 0$

7. 设 A、B、C 均为 n 阶矩阵,若 $AB = C$,且 B 可逆,则(　　).

    A. 矩阵 C 的行向量组与矩阵 A 的行向量组等价

    B. 矩阵 C 的列向量组与矩阵 A 的列向量组等价

    C. 矩阵 C 的行向量组与矩阵 B 的行向量组等价

    D. 矩阵 C 的列向量组与矩阵 B 的列向量组等价

8. 矩阵 $\begin{bmatrix} 1 & a & 1 \\ a & b & a \\ 1 & a & 1 \end{bmatrix}$ 与 $\begin{bmatrix} 2 & 0 & 0 \\ 0 & b & 0 \\ 0 & 0 & 0 \end{bmatrix}$ 相似的充分必要条件为(　　).

A. $a = 0, b = 2$　　　　　　　　　　B. $a = 0, b$ 为任意常数

C. $a = 2, b = 0$　　　　　　　　　　D. $a = 2, b$ 为任意常数

二、填空题(每小题 4 分,共 24 分)

1. $\lim\limits_{x \to 0} \left[2 - \dfrac{\ln(1+x)}{x} \right]^{\frac{1}{x}} = $ _____.

2. 设函数 $f(x) = \displaystyle\int_{-1}^{x} \sqrt{1 - e^t}\, dt$,则 $y = f(x)$ 的反函数 $x = f^{-1}(y)$ 在 $y = 0$ 处的导数 $\dfrac{dx}{dy}\Big|_{y=0} = $ _____.

3. 设封闭曲线 L 的极坐标方程为 $r = \cos 3\theta \left(-\dfrac{\pi}{6} \leqslant \theta \leqslant \dfrac{\pi}{6} \right)$,则 L 所围平面图形的面积是_____.

4. 曲线 $\begin{cases} x = \arctan t \\ y = \ln(1 + t^2) \end{cases}$ 上对应 $t = 0$ 的点处的法线方程为_____.

5. 已知 $y_1 = e^{3x} - xe^{2x}$,$y_2 = e^x - xe^{2x}$,$y_3 = -xe^{2x}$ 是某二阶常系数非齐次微分方程的 3 个解,则该方程满足条件 $y|_{x=0} = 0$,$y'|_{x=0} = 1$ 的解为 $y = $ _____.

6. 设 $\boldsymbol{A} = (a_{ij})$ 是三阶非零矩阵,$|\boldsymbol{A}|$ 为 $\boldsymbol{A}$ 的行列式,A_{ij} 为 a_{ij} 的代数余子式,若 $a_{ij} + A_{ij} = 0 (i, j = 1, 2, 3)$,则 $|\boldsymbol{A}| = $ _____.

三、解答题(共 94 分)

1. (本题满分 10 分)

当 $x \to 0$ 时,$1 - \cos x \cdot \cos 2x \cdot \cos 3x$ 与 ax^n 为等价无穷小,求 n 与 a 的值.

2. (本题满分 10 分)

设 D 是由曲线 $y = x^{\frac{1}{3}}$,直线 $x = a(a > 0)$ 及 x 轴所围成的平面图形,V_x、V_y 分别是 D 绕 x 轴、y 轴旋转一周所得旋转体的体积,若 $V_y = 10V_x$,求 a 的值.

3. (本题满分 10 分)

设平面区域 D 由直线 $x = 3y$,$y = 3x$ 与 $x + y = 8$ 围成,计算 $\displaystyle\iint\limits_{D} x^2 \, dx dy$.

4. (本题满分 10 分)

设奇函数 $f(x)$ 在 $[-1, 1]$ 上具有二阶导数,且 $f(1) = 1$,证明:

(1) 存在 $\xi \in (0, 1)$,使得 $f'(\xi) = 1$.

(2) 存在 $\eta \in (-1, 1)$,使得 $f''(\eta) + f'(\eta) = 1$.

5. (本题满分 10 分)

求曲线 $x^3 - xy + y^3 = 1 (x \geqslant 0, y \geqslant 0)$ 上的点到坐标原点的最长距离与最短距离.

6.（本题满分 11 分）

设函数 $f(x) = \ln x + \dfrac{1}{x}$.

(1) 求 $f(x)$ 的最小值.

(2) 设数列 $\{x_n\}$ 满足 $\ln x_n + \dfrac{1}{x_{n+1}} < 1$，证明：$\lim\limits_{n \to \infty} x_n$ 存在，并求此极限.

7.（本题满分 11 分）

设曲线 L 的方程为 $y = \dfrac{1}{4}x^2 - \dfrac{1}{2}\ln x (1 \leqslant x \leqslant \mathrm{e})$.

(1) 求 L 的弧长.

(2) 设 D 是由曲线 L，直线 $x = 1, x = \mathrm{e}$ 及 x 轴所围平面图形，求 D 的形心的横坐标.

8.（本题满分 11 分）

设 $\boldsymbol{A} = \begin{bmatrix} 1 & a \\ 1 & 0 \end{bmatrix}, \boldsymbol{B} = \begin{bmatrix} 0 & 1 \\ 1 & b \end{bmatrix}$，当 $a \text{、} b$ 为何值时，存在矩阵 $\boldsymbol{C}$ 使得 $\boldsymbol{AC} - \boldsymbol{CA} = \boldsymbol{B}$，并求所有矩阵 $\boldsymbol{C}$.

9.（本题满分 11 分）

设二次型 $f(x_1, x_2, x_3) = 2(a_1 x_1 + a_2 x_2 + a_3 x_3)^2 + (b_1 x_1 + b_2 x_2 + b_3 x_3)^2$，记

$$\boldsymbol{\alpha} = \begin{bmatrix} a_1 \\ a_2 \\ a_3 \end{bmatrix}, \boldsymbol{\beta} = \begin{bmatrix} b_1 \\ b_2 \\ b_3 \end{bmatrix}.$$

(1) 证明二次型 f 对应的矩阵为 $2\boldsymbol{\alpha}\boldsymbol{\alpha}^{\mathrm{T}} + \boldsymbol{\beta}\boldsymbol{\beta}^{\mathrm{T}}$.

(2) 若 $\boldsymbol{\alpha} \text{、} \boldsymbol{\beta}$ 正交且均为单位向量，证明 f 在正交变换下的标准形为 $2y_1^2 + y_2^2$.

2014 年数学二试题

一、选择题(每小题 4 分,共 32 分)

1. 当 $x \to 0^+$ 时,若 $\ln^a(1+2x)$,$(1-\cos x)^{\frac{1}{a}}$ 均为比 x 高阶的无穷小,则 a 的取值范围是( ).

    A. $(2,+\infty)$ B. $(1,2)$ C. $\left(\frac{1}{2},1\right)$ D. $\left(0,\frac{1}{2}\right)$

2. 下列曲线有渐近线的是( ).

    A. $y = x + \sin x$ B. $y = x^2 + \sin x$

    C. $y = x + \sin \dfrac{1}{x}$ D. $y = x^2 + \sin \dfrac{1}{x}$

3. 设函数 $f(x)$ 具有二阶导数,$g(x) = f(0)(1-x) + f(1)x$,则在区间 $[0,1]$ 上( ).

    A. 当 $f'(x) \geqslant 0$ 时,$f(x) \geqslant g(x)$ B. 当 $f'(x) \geqslant 0$ 时,$f(x) \leqslant g(x)$

    C. 当 $f''(x) \geqslant 0$ 时,$f(x) \geqslant g(x)$ D. 当 $f''(x) \geqslant 0$ 时,$f(x) \leqslant g(x)$

4. 曲线 $\begin{cases} x = t^2 + 7 \\ y = t^2 + 4t + 1 \end{cases}$ 上对应于 $t = 1$ 处的曲率半径为( ).

    A. $\dfrac{\sqrt{10}}{50}$ B. $\dfrac{\sqrt{10}}{100}$ C. $10\sqrt{10}$ D. $5\sqrt{10}$

5. 设函数 $f(x) = \arctan x$,若 $f(x) = xf'(\xi)$,则 $\lim\limits_{x \to 0} \dfrac{\xi^2}{x^2} = ($ $)$.

    A. 1 B. $\dfrac{2}{3}$ C. $\dfrac{1}{2}$ D. $\dfrac{1}{3}$

6. 设函数 $u(x,y)$ 在有界闭区域 D 上连续,在 D 内二阶连续可偏导,且满足 $\dfrac{\partial^2 u}{\partial x \partial y} \neq 0$,$\dfrac{\partial^2 u}{\partial x^2} + \dfrac{\partial^2 u}{\partial y^2} = 0$,则( ).

    A. $u(x,y)$ 的最大值和最小值都在 D 的边界上取得

    B. $u(x,y)$ 的最大值和最小值都在 D 的内部取得

    C. $u(x,y)$ 的最大值在 D 的内部取得,最小值都在 D 的边界上取得

    D. $u(x,y)$ 的最小值在 D 的内部取得,最大值都在 D 的边界上取得

7. 行列式 $\begin{vmatrix} 0 & a & b & 0 \\ a & 0 & 0 & b \\ 0 & c & d & 0 \\ c & 0 & 0 & d \end{vmatrix} = ($ $)$.

    A. $(ad - bc)^2$ B. $-(ad - bc)^2$

C. $a^2d^2-b^2c^2$　　　　　　　　　D. $b^2c^2-a^2d^2$

8. 设 $\boldsymbol{\alpha}_1,\boldsymbol{\alpha}_2,\boldsymbol{\alpha}_3$ 是三维向量,则对任意常数 k,l,向量 $\boldsymbol{\alpha}_1+k\boldsymbol{\alpha}_3,\boldsymbol{\alpha}_2+l\boldsymbol{\alpha}_3$ 线性无关是向量 $\boldsymbol{\alpha}_1,\boldsymbol{\alpha}_2,\boldsymbol{\alpha}_3$ 线性无关的(　　).

A. 必要非充分条件　　　　　　B. 充分非必要条件

C. 充分必要条件　　　　　　　D. 既非充分又非必要条件

二、填空题(每小题 4 分,共 24 分)

1. $\displaystyle\int_{-\infty}^{1}\frac{1}{x^2+2x+5}\mathrm{d}x=$ _____.

2. 设 $f(x)$ 是周期为 4 的可导奇函数,且 $f'(x)=2(x-1),x\in[0,2]$,则 $f(7)=$ _____.

3. 设 $z=f(x,y)$ 是由方程 $\mathrm{e}^{2yz}+x+y^2+z=\dfrac{7}{4}$ 确定的函数,则 $\mathrm{d}z\Big|_{(\frac{1}{2},\frac{1}{2})}=$ _____.

4. 曲线 L 的极坐标方程是 $r=\theta$,则 L 在点 $(r,\theta)=\left(\dfrac{\pi}{2},\dfrac{\pi}{2}\right)$ 处切线的直角坐标方程为_____.

5. 一根长为 1 的细棒位于 x 轴的区间 $[0,1]$ 上,若其线密度 $\rho(x)=-x^2+2x+1$,则该细棒的质心坐标 $\bar{x}=$ _____.

6. 设二次型 $f(x_1,x_2,x_3)=x_1^2-x_2^2+2ax_1x_3+4x_2x_3$ 的负惯性指数是 1,则 a 的取值范围为_____.

三、解答题(共 94 分)

1. (本题满分 10 分)

求极限 $\displaystyle\lim_{x\to+\infty}\frac{\displaystyle\int_1^x\left[t^2(\mathrm{e}^{\frac{1}{t}}-1)-t\right]\mathrm{d}t}{x^2\ln\left(1+\dfrac{1}{x}\right)}$.

2. (本题满分 10 分)

已知函数 $y=y(x)$ 满足微分方程 $x^2+y^2y'=1-y'$,且 $y(2)=0$,求 $y=y(x)$ 的极大值与极小值.

3. (本题满分 10 分)

设平面区域 $D=\{(x,y)\mid 1\leqslant x^2+y^2\leqslant 4,x\geqslant 0,y\geqslant 0\}$,计算

$$\iint_D\frac{x\sin(\pi\sqrt{x^2+y^2})}{x+y}\mathrm{d}x\mathrm{d}y.$$

4. (本题满分 10 分)

设函数 $f(u)$ 二阶连续可导,$z=f(\mathrm{e}^x\cos y)$ 满足 $\dfrac{\partial^2z}{\partial x^2}+\dfrac{\partial^2z}{\partial y^2}=(4z+\mathrm{e}^x\cos y)\mathrm{e}^{2x}$,

若 $f(0) = 0, f'(0) = 0$,求 $f(u)$ 的表达式.

5. (本题满分 10 分)

设 $f(x)$、$g(x)$ 在 $[a,b]$ 上连续,且 $f(x)$ 单调增加,$0 \leqslant g(x) \leqslant 1$,证明:

(1) $0 \leqslant \int_a^x g(t)\mathrm{d}t \leqslant x - a, x \in [a,b]$.

(2) $\int_a^{a+\int_a^b g(t)\mathrm{d}t} f(x)\mathrm{d}x \leqslant \int_a^b f(x)g(x)\mathrm{d}x$.

6. (本题满分 11 分)

设函数 $f(x) = \dfrac{x}{1+x}, x \in [0,1]$,定义数列:$f_1(x) = f(x)$,$f_2(x) = f(f_1(x)),\cdots,f_n(x) = f(f_{n-1}(x)),\cdots$,记 S_n 是曲线 $y = f_n(x)$,直线 $x = 1$ 及 x 轴所围平面图形的面积,求极限 $\lim\limits_{n \to \infty} nS_n$.

7. (本题满分 11 分)

已知函数 $f(x,y)$ 满足 $\dfrac{\partial f}{\partial y} = 2(y+1)$,且 $f(y,y) = (y+1)^2 - (2-y)\ln y$,求曲线 $f(x,y) = 0$ 所围图形绕直线 $y = -1$ 旋转所成旋转体的体积.

8. (本题满分 11 分)

设 $\boldsymbol{A} = \begin{bmatrix} 1 & -2 & 3 & -4 \\ 0 & 1 & -1 & 1 \\ 1 & 2 & 0 & -3 \end{bmatrix}$,$\boldsymbol{E}$ 为三阶单位矩阵.

(1) 求方程组 $\boldsymbol{Ax} = \boldsymbol{0}$ 的一个基础解系.

(2) 求满足 $\boldsymbol{AB} = \boldsymbol{E}$ 的所有矩阵 $\boldsymbol{B}$.

9. (本题满分 11 分)

证明:n 阶矩阵 $\begin{bmatrix} 1 & 1 & \cdots & 1 \\ 1 & 1 & \cdots & 1 \\ \vdots & \vdots & & \vdots \\ 1 & 1 & \cdots & 1 \end{bmatrix}$ 与 $\begin{bmatrix} 0 & 0 & \cdots & 1 \\ 0 & 0 & \cdots & 2 \\ \vdots & \vdots & & \vdots \\ 0 & 0 & \cdots & n \end{bmatrix}$ 相似.

2015 年数学二试题

一、选择题(每小题 4 分,共 32 分)

1. 下列广义积分收敛的是(　　).

   A. $\displaystyle\int_2^{+\infty}\frac{1}{\sqrt{x}}\mathrm{d}x$ 　　B. $\displaystyle\int_2^{+\infty}\frac{\ln x}{x}\mathrm{d}x$ 　　C. $\displaystyle\int_2^{+\infty}\frac{1}{x\ln x}\mathrm{d}x$ 　　D. $\displaystyle\int_2^{+\infty}\frac{x}{\mathrm{e}^x}\mathrm{d}x$

2. 函数 $f(x)=\lim\limits_{t\to 0}\left(1+\dfrac{\sin t}{x}\right)^{\frac{x^2}{t}}$ 在 $(-\infty,+\infty)$ 内(　　).

   A. 连续 　　　　　　　　　　　B. 有可去间断点

   C. 有跳跃间断点 　　　　　　　D. 有无穷间断点

3. 设函数 $f(x)=\begin{cases}x^\alpha\cos\dfrac{1}{x^\beta}, & x>0 \\ 0, & x\leqslant 0\end{cases}$ $(\alpha>0,\beta>0)$,若 $f'(x)$ 在 $x=0$ 处连续,

   则(　　).

   A. $\alpha-\beta>1$ 　　　　　　　B. $0<\alpha-\beta\leqslant 1$

   C. $\alpha-\beta>2$ 　　　　　　　D. $0<\alpha-\beta\leqslant 2$

4. 设函数 $f(x)$ 在 $(-\infty,+\infty)$ 内连续,其中二阶导数 $f''(x)$ 的图形如图 1 所示,则曲线 $y=f(x)$ 的拐点个数为(　　).

   A. 0 　　　　　　B. 1 　　　　　　C. 2 　　　　　　D. 3

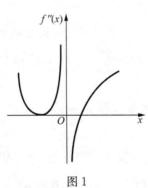

图 1

5. 设函数 $f(u,v)$ 满足 $f\left(x+y,\dfrac{y}{x}\right)=x^2-y^2$,则 $\dfrac{\partial f}{\partial u}\Big|_{(1,1)}$ 与 $\dfrac{\partial f}{\partial v}\Big|_{(1,1)}$ 依次是(　　).

   A. $\dfrac{1}{2},0$ 　　　　B. $0,\dfrac{1}{2}$ 　　　　C. $-\dfrac{1}{2},0$ 　　　　D. $0,-\dfrac{1}{2}$

6. 设 D 是第一象限由曲线 $2xy=1,4xy=1$ 与直线 $y=x,y=\sqrt{3}x$ 围成的

平面区域,函数 $f(x,y)$ 在 D 上连续,则 $\iint\limits_{D} f(x,y)\mathrm{d}x\mathrm{d}y = ($ $)$.

A. $\int_{\frac{\pi}{4}}^{\frac{\pi}{3}} \mathrm{d}\theta \int_{\frac{1}{2\sin 2\theta}}^{\frac{1}{\sin 2\theta}} f(r\cos\theta, r\sin\theta) r \mathrm{d}r$ B. $\int_{\frac{\pi}{4}}^{\frac{\pi}{3}} \mathrm{d}\theta \int_{\frac{1}{\sqrt{2\sin 2\theta}}}^{\frac{1}{\sqrt{\sin 2\theta}}} f(r\cos\theta, r\sin\theta) r \mathrm{d}r$

C. $\int_{\frac{\pi}{4}}^{\frac{\pi}{3}} \mathrm{d}\theta \int_{\frac{1}{2\sin 2\theta}}^{\frac{1}{\sin 2\theta}} f(r\cos\theta, r\sin\theta) \mathrm{d}r$ D. $\int_{\frac{\pi}{4}}^{\frac{\pi}{3}} \mathrm{d}\theta \int_{\frac{1}{\sqrt{2\sin 2\theta}}}^{\frac{1}{\sqrt{\sin 2\theta}}} f(r\cos\theta, r\sin\theta) \mathrm{d}r$

7. 设矩阵 $A = \begin{bmatrix} 1 & 1 & 1 \\ 1 & 2 & a \\ 1 & 4 & a^2 \end{bmatrix}$, $b = \begin{bmatrix} 1 \\ d \\ d^2 \end{bmatrix}$,若集合 $\Omega = \{1,2\}$,则线性方程组 $Ax = b$

有无穷多解的充分必要条件为( ).

A. $a \notin \Omega, d \notin \Omega$ B. $a \notin \Omega, d \in \Omega$

C. $a \in \Omega, d \notin \Omega$ D. $a \in \Omega, d \in \Omega$

8. 设二次型 $f(x_1, x_2, x_3)$ 在正交变换 $x = Py$ 下的标准形为 $2y_1^2 + y_2^2 - y_3^2$,其中 $P = (e_1, e_2, e_3)$,若 $Q = (e_1, -e_3, e_2)$,则 $f(x_1, x_2, x_3)$ 在正交变换 $x = Qy$ 下的标准形为( ).

A. $2y_1^2 - y_2^2 + y_3^2$ B. $2y_1^2 + y_2^2 - y_3^2$

C. $2y_1^2 - y_2^2 - y_3^2$ D. $2y_1^2 + y_2^2 + y_3^2$

二、填空题(每小题 4 分,共 24 分)

1. 设 $\begin{cases} x = \arctan t \\ y = 3t + t^2 \end{cases}$,则 $\dfrac{\mathrm{d}^2 y}{\mathrm{d}x^2}\bigg|_{t=1} = $ _____.

2. 函数 $f(x) = x^2 \cdot 2^x$ 在 $x = 0$ 处的 n 阶导数 $f^{(n)}(0) = $ _____.

3. 设函数 $f(x)$ 连续, $\varphi(x) = \int_0^{x^2} xf(t)\mathrm{d}t$,若 $\varphi(1) = 1, \varphi'(1) = 5$,则 $f(1) = $ _____.

4. 设函数 $y = y(x)$ 是微分方程 $y'' + y' - 2y = 0$ 的解,且在 $x = 0$ 处取得极值 3,则 $y(x) = $ _____.

5. 若函数 $z = z(x,y)$ 由方程 $\mathrm{e}^{x+2y+3z} + xyz = 1$ 确定,则 $\mathrm{d}z\big|_{(0,0)} = $ _____.

6. 设 3 阶矩阵 A 的特征值为 $2, -2, 1$, $B = A^2 - A + E$,其中 E 为 3 阶单位矩阵,则 $|B| = $ _____.

三、解答题(共 94 分)

1. (本题满分 10 分)

设函数 $f(x) = x + a\ln(1+x) + bx\sin x$, $g(x) = kx^3$,若 $f(x)$ 与 $g(x)$ 在 $x \to 0$ 时是等价无穷小,求 a、b、k 的值.

2. (本题满分 10 分)

设 $A > 0$，D 是由曲线段 $y = A\sin x\left(0 \leqslant x \leqslant \dfrac{\pi}{2}\right)$ 及直线 $y = 0$，$x = \dfrac{\pi}{2}$ 所围成的平面区域，V_1、V_2 分别表示 D 绕 x 轴与 y 轴旋转所形成旋转体的体积，若 $V_1 = V_2$，求 A 的值.

3. (本题满分 11 分)

已知函数 $f(x, y)$ 满足 $f''_{xy}(x, y) = 2(y+1)e^x$，$f'_x(x, 0) = (x+1)e^x$，$f(0, y) = y^2 + 2y$，求 $f(x, y)$ 的极值.

4. (本题满分 10 分)

计算二重积分 $\displaystyle\iint\limits_{D} x(x+y)\mathrm{d}x\mathrm{d}y$，其中 $D = \{(x, y) \mid x^2 + y^2 \leqslant 2, y \geqslant x^2\}$.

5. (本题满分 11 分)

已知函数 $f(x) = \displaystyle\int_x^1 \sqrt{1+t^2}\,\mathrm{d}t + \int_1^{x^2} \sqrt{1+t}\,\mathrm{d}t$，求 $f(x)$ 零点的个数.

6. (本题满分 10 分)

已知高温物体置于低温介质中，任一时刻该物体温度对时间的变化率与该时刻物体和介质的温度差成正比，现将一初始温度为 120℃ 的物体在 20℃ 的恒温介质中冷却，30 min 后该物体降至 30℃，若要将该物体的温度继续降至 21℃ 还需冷却多长时间?

7. (本题满分 10 分)

已知函数 $f(x)$ 在区间 $[a, +\infty)$ 上具有二阶导数，$f(a) = 0$，$f'(x) > 0$，$f''(x) > 0$，设 $b > a$，曲线 $y = f(x)$ 在点 $(b, f(b))$ 处的切线与 x 轴的交点是 $(x_0, 0)$，证明：$a < x_0 < b$.

8. (本题满分 11 分)

设矩阵 $\boldsymbol{A} = \begin{bmatrix} a & 1 & 0 \\ 1 & a & -1 \\ 0 & 1 & a \end{bmatrix}$，且 $\boldsymbol{A}^3 = \boldsymbol{0}$.

(1) 求 a 的值.

(2) 若矩阵 $\boldsymbol{X}$ 满足 $\boldsymbol{X} - \boldsymbol{X}\boldsymbol{A}^2 - \boldsymbol{A}\boldsymbol{X} + \boldsymbol{A}\boldsymbol{X}\boldsymbol{A}^2 = \boldsymbol{E}$，其中 $\boldsymbol{E}$ 为 3 阶单位矩阵，求 $\boldsymbol{X}$.

9. (本题满分 11 分)

设矩阵 $\boldsymbol{A} = \begin{bmatrix} 0 & 2 & -3 \\ -1 & 3 & -3 \\ 1 & -2 & a \end{bmatrix}$ 相似于矩阵 $\boldsymbol{B} = \begin{bmatrix} 1 & -2 & 0 \\ 0 & b & 0 \\ 0 & 3 & 1 \end{bmatrix}$.

(1) 求 a、b.

(2) 求可逆矩阵 $\boldsymbol{P}$，使 $\boldsymbol{P}^{-1}\boldsymbol{A}\boldsymbol{P}$ 为对角矩阵.

2011 年数学三试题

一、选择题(每小题 4 分,共 32 分)

1. 已知当 $x \to 0$ 时,$f(x) = 3\sin x - \sin 3x$ 与 cx^k 是等价无穷小,则(   ).

   A. $k = 1, c = 4$ B. $k = 1, c = -4$

   C. $k = 3, c = 4$ D. $k = 3, c = -4$

2. 已知函数 $f(x)$ 在 $x = 0$ 处可导,且 $f(0) = 0$,则极限 $\lim\limits_{x \to 0} \dfrac{x^2 f(x) - 2f(x^2)}{x^3} =$

   (   ).

   A. $-2f'(0)$ B. $-f'(0)$ C. $f'(0)$ D. 0

3. 设 $\{u_n\}$ 是数列,则下列命题正确的是(   ).

   A. 若 $\sum\limits_{n=1}^{\infty} u_n$ 收敛,则 $\sum\limits_{n=1}^{\infty} (u_{2n-1} + u_{2n})$ 收敛

   B. 若 $\sum\limits_{n=1}^{\infty} (u_{2n-1} + u_{2n})$ 收敛,则 $\sum\limits_{n=1}^{\infty} u_n$ 收敛

   C. 若 $\sum\limits_{n=1}^{\infty} u_n$ 收敛,则 $\sum\limits_{n=1}^{\infty} (u_{2n-1} - u_{2n})$ 收敛

   D. 若 $\sum\limits_{n=1}^{\infty} (u_{2n-1} - u_{2n})$ 收敛,则 $\sum\limits_{n=1}^{\infty} u_n$ 收敛

4. 设 $I = \int_0^{\frac{\pi}{4}} \ln \sin x \, dx, J = \int_0^{\frac{\pi}{4}} \ln \cot x \, dx, K = \int_0^{\frac{\pi}{4}} \ln \cos x \, dx$,则 I、J、K 的大小关系为(   ).

   A. $I < J < K$ B. $I < K < J$ C. $J < I < K$ D. $K < J < I$

5. 设 A 为 3 阶矩阵,将 A 的第 2 列加到第 1 列得到矩阵 B,再交换 B 的第 2 行与第 3 行得单位矩阵,记 $P_1 = \begin{bmatrix} 1 & 0 & 0 \\ 1 & 1 & 0 \\ 0 & 0 & 1 \end{bmatrix}, P_2 = \begin{bmatrix} 1 & 0 & 0 \\ 0 & 0 & 1 \\ 0 & 1 & 0 \end{bmatrix}$,则 $A = ($ $)$.

   A. $P_1 P_2$ B. $P_1^{-1} P_2$ C. $P_2 P_1$ D. $P_2 P_1^{-1}$

6. 设 A 为 4×3 矩阵,$\boldsymbol{\eta}_1$、$\boldsymbol{\eta}_2$、$\boldsymbol{\eta}_3$ 是非齐次线性方程组 $A\boldsymbol{x} = \boldsymbol{\beta}$ 的 3 个线性无关的解,k_1, k_2, k_3 为任意常数,则 $A\boldsymbol{x} = \boldsymbol{\beta}$ 的通解为(   ).

   A. $\dfrac{\boldsymbol{\eta}_2 + \boldsymbol{\eta}_3}{2} + k_1(\boldsymbol{\eta}_2 - \boldsymbol{\eta}_1)$

   B. $\dfrac{\boldsymbol{\eta}_2 - \boldsymbol{\eta}_3}{2} + k_2(\boldsymbol{\eta}_2 - \boldsymbol{\eta}_1)$

C. $\dfrac{\boldsymbol{\eta}_2+\boldsymbol{\eta}_3}{2}+k_1(\boldsymbol{\eta}_3-\boldsymbol{\eta}_1)+k_2(\boldsymbol{\eta}_2-\boldsymbol{\eta}_1)$

D. $\dfrac{\boldsymbol{\eta}_2-\boldsymbol{\eta}_3}{2}+k_2(\boldsymbol{\eta}_2-\boldsymbol{\eta}_1)+k_3(\boldsymbol{\eta}_3-\boldsymbol{\eta}_1)$

7. 设 $F_1(x)$ 与 $F_2(x)$ 为两个分布函数,其相应的概率密度 $f_1(x)$ 与 $f_2(x)$ 是连续函数,则必为概率密度的是(　　).

    A. $f_1(x)f_2(x)$ B. $2f_2(x)F_1(x)$

    C. $f_1(x)F_2(x)$ D. $f_1(x)F_2(x)+f_2(x)F_1(x)$

8. 设总体 X 服从参数为 $\lambda(\lambda>0)$ 的泊松分布,$X_1,X_2,\cdots,X_n(n\geqslant2)$ 为来自总体的简单随机样本,且 $T_1=\dfrac{1}{n}\sum\limits_{i=1}^{n}X_i,\ T_2=\dfrac{1}{n-1}\sum\limits_{i=1}^{n-1}X_i+\dfrac{1}{n}X_n$ 为统计量,则有(　　).

    A. $ET_1>ET_2,DT_1>DT_2$ B. $ET_1>ET_2,DT_1<DT_2$

    C. $ET_1<ET_2,DT_1>DT_2$ D. $ET_1<ET_2,DT_1<DT_2$

二、填空题(每小题 4 分,共 24 分)

1. 设 $f(x)=\lim\limits_{t\to0}x(1+3t)^{\frac{x}{t}}$,则 $f'(x)=$ _____.

2. 设函数 $z=\left(1+\dfrac{x}{y}\right)^{\frac{x}{y}}$,则 $\mathrm{d}z\Big|_{(1,1)}=$ _____.

3. 曲线 $\tan\left(x+y+\dfrac{\pi}{4}\right)=\mathrm{e}^y$ 在点 $(0,0)$ 处的切线方程为_____.

4. 曲线 $y=\sqrt{x^2-1}$,直线 $x=2$ 及 x 轴所围成的平面图形绕 x 轴旋转所成的旋转体的体积为_____.

5. 设二次型 $f(x_1,x_2,x_3)=\boldsymbol{x}^{\mathrm{T}}\boldsymbol{A}\boldsymbol{x}$ 的秩为 1,$\boldsymbol{A}$ 中各行元素之和为 3,则在正交变换 $\boldsymbol{x}=\boldsymbol{Q}\boldsymbol{y}$ 下的标准形为_____.

6. 设二维随机变量 (X,Y) 服从正态分布 $N(\mu,\mu;\sigma^2,\sigma^2;0)$,则 $E(XY^2)=$ _____.

三、解答题(共 94 分)

1.(本题满分 10 分)

求极限 $\lim\limits_{x\to0}\dfrac{\sqrt{1+2\sin x}-x-1}{x\ln(1+x)}$.

2.(本题满分 10 分)

已知函数 $f(u,v)$ 具有连续的二阶偏导数,$f(1,1)=2$ 是 $f(u,v)$ 的极值,

$z = f(x+y, f(x,y))$, 求 $\dfrac{\partial^2 z}{\partial x \partial y}\Big|_{\substack{x=1 \\ x=1}}$.

3. (本题满分 10 分)

求不定积分 $\displaystyle\int \dfrac{\arcsin\sqrt{x} + \ln x}{\sqrt{x}}\,\mathrm{d}x$.

4. (本题满分 10 分)

证明方程 $4\arctan x - x + \dfrac{4\pi}{3} - \sqrt{3} = 0$ 恰有两个实根.

5. (本题满分 10 分)

设函数 $f(x)$ 在 $[0,1]$ 上有连续导数, $f(0) = 1$, 且

$$\iint\limits_{D_t} f'(x+y)\,\mathrm{d}x\mathrm{d}y = \iint\limits_{D_t} f(t)\,\mathrm{d}x\mathrm{d}y,$$

其中 $D_t = \{(x,y) \mid 0 \leqslant y \leqslant t-x, 0 \leqslant x \leqslant t\}\ (0 < t \leqslant 1)$, 求 $f(x)$ 的表达式.

6. (本题满分 11 分)

设向量组 $\boldsymbol{\alpha}_1 = (1,0,1)^{\mathrm{T}}, \boldsymbol{\alpha}_2 = (0,1,1)^{\mathrm{T}}, \boldsymbol{\alpha}_3 = (1,3,5)^{\mathrm{T}}$ 不能由向量组 $\boldsymbol{\beta}_1 = (1,1,1)^{\mathrm{T}}, \boldsymbol{\beta}_2 = (1,2,3)^{\mathrm{T}}, \boldsymbol{\beta}_3 = (3,4,a)^{\mathrm{T}}$ 线性表示.

(1) 求 a 的值.

(2) 将 $\boldsymbol{\beta}_1, \boldsymbol{\beta}_2, \boldsymbol{\beta}_3$ 用 $\boldsymbol{\alpha}_1, \boldsymbol{\alpha}_2, \boldsymbol{\alpha}_3$ 线性表示.

7. (本题满分 11 分)

设 $\boldsymbol{A}$ 为 3 阶实对称矩阵, $\boldsymbol{A}$ 的秩为 2, 且

$$\boldsymbol{A}\begin{bmatrix} 1 & 1 \\ 0 & 0 \\ -1 & 1 \end{bmatrix} = \begin{bmatrix} -1 & 1 \\ 0 & 0 \\ 1 & 1 \end{bmatrix}.$$

(1) 求 $\boldsymbol{A}$ 的所有特征值与特征向量.

(2) 求矩阵 $\boldsymbol{A}$.

8. (本题满分 11 分)

设随机变量 X 与 Y 的概率分布分别为

X	0	1
P	$\dfrac{1}{3}$	$\dfrac{2}{3}$

X	-1	0	1
P	$\dfrac{1}{3}$	$\dfrac{1}{3}$	$\dfrac{1}{3}$

且 $P\{X^2 = Y^2\} = 1$.

(1) 求二维随机变量 (X,Y) 的概率分布.

(2) 求 $Z = XY$ 的概率分布.

（3）求 X 与 Y 的相关系数 ρ_{XY}.

9.（本题满分 11 分）

设二维随机变量 (X,Y) 服从区域 G 上的均匀分布，其中 G 是由 $x-y=0$，$x+y=2$ 与 $y=0$ 所围成的区域.

（1）求 X 的边缘概率密度 $f_X(x)$.

（2）求条件概率密度 $f_{X|Y}(x|y)$.

2012 年数学三试题

一、选择题(每小题 4 分,共 32 分)

1. 曲线 $y = \dfrac{x^2 + x}{x^2 - 1}$ 渐近线的条数为( ).

   A. 0 B. 1 C. 2 D. 3

2. 设函数 $f(x) = (e^x - 1)(e^{2x} - 2) \cdots (e^{nx} - n)$,其中 n 为正整数,则 $f'(0) =$ ( ).

   A. $(-1)^{n-1}(n-1)!$ B. $(-1)^n(n-1)!$

   C. $(-1)^{n-1}n!$ D. $(-1)^n n!$

3. 设函数 $f(t)$ 连续,则二次积分 $\displaystyle\int_0^{\frac{\pi}{2}} d\theta \int_{2\cos\theta}^{2} f(r^2) r \, dr =$ ( ).

   A. $\displaystyle\int_0^2 dx \int_{\sqrt{2x-x^2}}^{\sqrt{4-x^2}} \sqrt{x^2 + y^2} f(x^2 + y^2) dy$

   B. $\displaystyle\int_0^2 dx \int_{\sqrt{2x-x^2}}^{\sqrt{4-x^2}} f(x^2 + y^2) dy$

   C. $\displaystyle\int_0^2 dy \int_{1+\sqrt{1-y^2}}^{\sqrt{4-y^2}} \sqrt{x^2 + y^2} f(x^2 + y^2) dx$

   D. $\displaystyle\int_0^2 dy \int_{1+\sqrt{1-y^2}}^{\sqrt{4-y^2}} f(x^2 + y^2) dx$

4. 已知级数 $\displaystyle\sum_{n=1}^{\infty} (-1)^n \sqrt{n} \sin \frac{1}{n^\alpha}$ 绝对收敛,级数 $\displaystyle\sum_{n=1}^{\infty} \frac{(-1)^n}{n^{2-\alpha}}$ 条件收敛,则( ).

   A. $0 < \alpha \leqslant \dfrac{1}{2}$ B. $\dfrac{1}{2} < \alpha \leqslant 1$ C. $1 < \alpha \leqslant \dfrac{3}{2}$ D. $\dfrac{3}{2} < \alpha \leqslant 2$

5. 设 $\boldsymbol{\alpha}_1 = \begin{bmatrix} 0 \\ 0 \\ c_1 \end{bmatrix}$, $\boldsymbol{\alpha}_2 = \begin{bmatrix} 0 \\ 1 \\ c_2 \end{bmatrix}$, $\boldsymbol{\alpha}_3 = \begin{bmatrix} 0 \\ -1 \\ c_3 \end{bmatrix}$, $\boldsymbol{\alpha}_4 = \begin{bmatrix} -1 \\ 1 \\ c_4 \end{bmatrix}$,其中 c_1、c_2、c_3、c_4 为任意常数,则下列向量线性相关的为( ).

   A. $\boldsymbol{\alpha}_1, \boldsymbol{\alpha}_2, \boldsymbol{\alpha}_3$ B. $\boldsymbol{\alpha}_1, \boldsymbol{\alpha}_2, \boldsymbol{\alpha}_4$ C. $\boldsymbol{\alpha}_1, \boldsymbol{\alpha}_3, \boldsymbol{\alpha}_4$ D. $\boldsymbol{\alpha}_2, \boldsymbol{\alpha}_3, \boldsymbol{\alpha}_4$

6. 设 $\boldsymbol{A}$ 为 3 阶矩阵,$\boldsymbol{P}$ 为 3 阶可逆矩阵,且 $\boldsymbol{P}^{-1}\boldsymbol{A}\boldsymbol{P} = \begin{bmatrix} 1 & 0 & 0 \\ 0 & 1 & 0 \\ 0 & 0 & 2 \end{bmatrix}$.若 $\boldsymbol{P} = (\boldsymbol{\alpha}_1, \boldsymbol{\alpha}_2, \boldsymbol{\alpha}_3)$, $\boldsymbol{Q} = (\boldsymbol{\alpha}_1 + \boldsymbol{\alpha}_2, \boldsymbol{\alpha}_2, \boldsymbol{\alpha}_3)$,则 $\boldsymbol{Q}^{-1}\boldsymbol{A}\boldsymbol{Q} = $ ( ).

A. $\begin{bmatrix} 1 & 0 & 0 \\ 0 & 2 & 0 \\ 0 & 0 & 1 \end{bmatrix}$　　B. $\begin{bmatrix} 1 & 0 & 0 \\ 0 & 1 & 0 \\ 0 & 0 & 2 \end{bmatrix}$　　C. $\begin{bmatrix} 2 & 0 & 0 \\ 0 & 1 & 0 \\ 0 & 0 & 2 \end{bmatrix}$　　D. $\begin{bmatrix} 2 & 0 & 0 \\ 0 & 2 & 0 \\ 0 & 0 & 1 \end{bmatrix}$

7. 设随机变量 X 与 Y 相互独立，且分别服从区间 $(0,1)$ 上的均匀分布，则 $P\{X^2 + Y^2 \leqslant 1\} = (\quad)$.

A. $\dfrac{1}{4}$　　　　B. $\dfrac{1}{2}$　　　　C. $\dfrac{\pi}{8}$　　　　D. $\dfrac{\pi}{4}$

8. 设 X_1、X_2、X_3、X_4 为来自总体 $N(1,\sigma^2)(\sigma > 0)$ 的简单随机样本，则统计量 $\dfrac{X_1 - X_2}{|X_3 + X_4 - 2|}$ 的分布为 $(\quad)$.

A. $N(0,1)$　　B. $t(1)$　　C. $\chi^2(1)$　　D. $F(1,1)$

二、填空题(每小题 4 分,共 24 分)

1. 极限 $\lim\limits_{x \to \frac{\pi}{4}}(\tan x)^{\frac{1}{\cos x - \sin x}} = $ _____.

2. 设函数 $f(x) = \begin{cases} \ln\sqrt{x}, & x \geqslant 1 \\ 2x - 1, & x < 1 \end{cases}$, $y = f(f(x))$, 则 $\dfrac{\mathrm{d}y}{\mathrm{d}x}\Big|_{x=e} = $ _____.

3. 设连续函数 $z = f(x,y)$ 满足 $\lim\limits_{\substack{x \to 0 \\ y \to 1}} \dfrac{f(x,y) - 2x + y - 2}{\sqrt{x^2 + (y-1)^2}} = 0$, 则 $\mathrm{d}z\Big|_{(0,1)} = $ _____.

4. 由曲线 $y = \dfrac{4}{x}$ 和直线 $y = x$ 及 $y = 4x$ 在第一象限中围成的平面图形的面积为 _____.

5. 设 A 为 3 阶矩阵，$|A| = 3$，A^* 为 A 的伴随矩阵，若交换 A 的第一行与第二行得矩阵 B，则 $|BA^*| = $ _____.

6. 设 A、B、C 是随机事件，A 与 C 互不相容，$P(AB) = \dfrac{1}{2}$，$P(C) = \dfrac{1}{3}$，则 $P(AB \mid \bar{C}) = $ _____.

三、解答题(共 94 分)

1. (本题满分 10 分)

求极限 $\lim\limits_{x \to 0} \dfrac{e^{x^2} - e^{2-2\cos x}}{x^4}$.

2. (本题满分 10 分)

计算二重积分 $\iint\limits_{D} e^x xy \,\mathrm{d}x\mathrm{d}y$，其中 D 以曲线 $y = \sqrt{x}$，$y = \dfrac{1}{\sqrt{x}}$ 及 y 轴为边界的无

界区域.

3. (本题满分 10 分)

某企业为生产甲、乙两种型号的产品投入的固定成本为 10 000(万元),设该企业生产甲、乙两种产品的产量分别为 x(件) 和 y(件),且这两种产品的边际成本分别为 $20+\dfrac{x}{2}$(万元 / 件)与 $6+y$(万元 / 件).

(1) 求生产甲、乙两种产品的总成本函数 $C(x,y)$(万元).

(2) 当总产量为 50 件时,甲、乙两种产品的产量各为多少时可使总成本最小? 求最小成本.

(3) 求总产量为 50 件且总成本最小时甲产品的边际成本,并解释其经济意义.

4. (本题满分 10 分)

证明:$x\ln\dfrac{1+x}{1-x}+\cos x\geqslant 1+\dfrac{x^2}{2}\ (-1<x<1)$.

5. (本题满分 10 分)

已知函数 $f(x)$ 满足方程 $f''(x)+f'(x)-2f(x)=0$ 及 $f''(x)+f(x)=2\mathrm{e}^x$.

(1) 求 $f(x)$ 的表达式.

(2) 求曲线 $y=f(x^2)\displaystyle\int_0^x f(-t^2)\mathrm{d}t$ 的拐点.

6. (本题满分 11 分)

设 $\boldsymbol{A}=\begin{bmatrix} 1 & a & 0 & 0 \\ 0 & 1 & a & 0 \\ 0 & 0 & 1 & a \\ a & 0 & 0 & 1 \end{bmatrix}$, $\boldsymbol{\beta}=\begin{bmatrix} 1 \\ -1 \\ 0 \\ 0 \end{bmatrix}$.

(1) 计算行列式 $|\boldsymbol{A}|$.

(2) 当实数 a 为何值时,方程组 $\boldsymbol{Ax}=\boldsymbol{\beta}$ 有无穷多解,并求通解.

7. (本题满分 11 分)

已知 $\boldsymbol{A}=\begin{bmatrix} 1 & 0 & 1 \\ 0 & 1 & 1 \\ -1 & 0 & a \\ 0 & a & -1 \end{bmatrix}$,二次型 $f(x_1,x_2,x_3)=\boldsymbol{x}^{\mathrm{T}}(\boldsymbol{A}^{\mathrm{T}}\boldsymbol{A})\boldsymbol{x}$ 的秩为 2.

(1) 求实数 a 的值.

(2) 求正交变换 $\boldsymbol{x}=\boldsymbol{Qy}$,将二次型 f 化为标准形.

8. (本题满分 11 分)

设二维离散型随机变量 (X,Y) 的概率分布为

X \ Y	0	1	2
0	$\frac{1}{4}$	0	$\frac{1}{4}$
1	0	$\frac{1}{3}$	0
2	$\frac{1}{12}$	0	$\frac{1}{12}$

（1）求 $P\{X=2Y\}$.

（2）求 $\mathrm{Cov}(X-Y,Y)$.

9.（本题满分 11 分）

设随机变量 X 与 Y 相互独立且都服从参数为 1 的指数分布，记 $U=\max\{X,Y\}$，$V=\min\{X,Y\}$.

（1）求 V 的概率密度 $f_V(v)$.

（2）求 $E(U+V)$.

2013 年数学三试题

一、选择题(每小题 4 分,共 32 分)

1. 当 $x \to 0$ 时,用 "$o(x)$" 表示比 x 高阶的无穷小量,则下列式子中错误的是( ).

     A. $x \cdot o(x^2) = o(x^3)$ B. $o(x) \cdot o(x^2) = o(x^3)$

     C. $o(x^2) + o(x^2) = o(x^2)$ D. $o(x) + o(x^2) = o(x^2)$

2. 函数 $f(x) = \dfrac{|x|^x - 1}{x(x+1)\ln|x|}$ 的可去间断点的个数为( ).

     A. 0   B. 1   C. 2   D. 3

3. 设 D_k 是圆域 $D = \{(x,y) \mid x^2 + y^2 \leq 1\}$ 在第 k 象限的部分,记 $I_k = \iint\limits_{D_k} (y-x)\mathrm{d}x\mathrm{d}y (k=1,2,3,4)$,则( ).

     A. $I_1 > 0$ B. $I_2 > 0$ C. $I_3 > 0$ D. $I_4 > 0$

4. 设 $\{a_n\}$ 为正项数列,下列选项正确的是( ).

     A. 若 $a_n > a_{n+1}$,则 $\sum\limits_{n=1}^{\infty} (-1)^{n-1} a_n$ 收敛

     B. 若 $\sum\limits_{n=1}^{\infty} (-1)^{n-1} a_n$ 收敛,则 $a_n > a_{n+1}$

     C. 若 $\sum\limits_{n=1}^{\infty} a_n$ 收敛,则存在常数 $p > 1$,使 $\lim\limits_{n\to\infty} n^p a_n$ 存在

     D. 若存在常数 $p > 1$,使 $\lim\limits_{n\to\infty} n^p a_n$ 存在,则 $\sum\limits_{n=1}^{\infty} a_n$ 收敛

5. 设 A、B、C 均为 n 阶矩阵,若 $AB = C$,且 B 可逆,则( ).

     A. 矩阵 C 的行向量组与矩阵 A 的行向量组等价

     B. 矩阵 C 的列向量组与矩阵 A 的列向量组等价

     C. 矩阵 C 的行向量组与矩阵 B 的行向量组等价

     D. 矩阵 C 的列向量组与矩阵 B 的列向量组等价

6. 矩阵 $\begin{bmatrix} 1 & a & 1 \\ a & b & a \\ 1 & a & 1 \end{bmatrix}$ 与 $\begin{bmatrix} 2 & 0 & 0 \\ 0 & b & 0 \\ 0 & 0 & 0 \end{bmatrix}$ 相似的充分必要条件为( ).

     A. $a = 0, b = 2$ B. $a = 0, b$ 为任意常数

     C. $a = 2, b = 0$ D. $a = 2, b$ 为任意常数

7. 设 X_1, X_2, X_3 是随机变量,且 $X_1 \sim N(0,1)$,$X_2 \sim N(0, 2^2)$,$X_3 \sim N(5, 3^2)$,$P_i = \{-2 \leq X_i \leq 2\} (i = 1,2,3)$,则( ).

A. $P_1 > P_2 > P_3$　　　　　　　　B. $P_2 > P_1 > P_3$

C. $P_3 > P_1 > P_2$　　　　　　　　D. $P_1 > P_3 > P_2$

8. 设随机变量 X 和 Y 相互独立,且 X 和 Y 的概率分布分别为

X	0	1	2	3
P	$\frac{1}{2}$	$\frac{1}{4}$	$\frac{1}{8}$	$\frac{1}{8}$

Y	-1	0	1
P	$\frac{1}{3}$	$\frac{1}{3}$	$\frac{1}{3}$

则 $P\{X+Y=2\} = (\qquad)$

A. $\dfrac{1}{12}$　　　　B. $\dfrac{1}{8}$　　　　C. $\dfrac{1}{6}$　　　　D. $\dfrac{1}{2}$

二、填空题(每小题 4 分,共 24 分)

1. 设曲线 $y = f(x)$ 与 $y = x^2 - x$ 在点 $(1,0)$ 处有公共切线,则

$\lim\limits_{n\to\infty} nf\left(\dfrac{n}{n+2}\right) = \underline{\qquad}$.

2. 设函数 $z = z(x,y)$ 由方程 $(z+y)^x = xy$ 确定,则 $\dfrac{\partial z}{\partial x}\Big|_{(1,2)} = \underline{\qquad}$.

3. $\displaystyle\int_1^{+\infty} \dfrac{\ln x}{(1+x)^2}\mathrm{d}x = \underline{\qquad}$.

4. 微分方程 $y'' - y' + \dfrac{1}{4}y = 0$ 的通解为 $y = \underline{\qquad}$.

5. 设 $\boldsymbol{A} = (a_{ij})$ 是 3 阶非零矩阵,$|\boldsymbol{A}|$ 为 $\boldsymbol{A}$ 的行列式,A_{ij} 为 a_{ij} 的代数余子式,若 $a_{ij} + A_{ij} = 0(i,j=1,2,3)$,则 $|\boldsymbol{A}| = \underline{\qquad}$.

6. 设随机变量 X 服从标准正态分布 $N(0,1)$,则 $E(Xe^{2X}) = \underline{\qquad}$.

三、解答题(共 94 分)

1. (本题满分 10 分)

当 $x \to 0$ 时,$1 - \cos x \cdot \cos 2x \cdot \cos 3x$ 与 ax^n 为等价无穷小,求 n 与 a 的值.

2. (本题满分 10 分)

设 D 是由曲线 $y = x^{\frac{1}{3}}$,直线 $x = a(a > 0)$ 及 x 轴所围成的平面图形,V_x、V_y 分别是 D 绕 x 轴、y 轴旋转一周所得旋转体的体积,若 $V_y = 10V_x$,求 a 的值.

3. (本题满分 10 分)

设平面区域 D 由直线 $x = 3y, y = 3x$ 与 $x + y = 8$ 围成,计算 $\displaystyle\iint\limits_{D} x^2 \mathrm{d}x\mathrm{d}y$.

4. (本题满分 10 分)

设生产某产品的固定成本为 60 000 元,可变成本为 20 元 / 件,价格函数为 $P = 60 - \dfrac{Q}{1\,000}$($P$ 是单价,单位:元,Q 是销量,单位:件),已知产销平衡,求:

(1) 该商品的边际利润.

(2) 当 $P = 50$ 时的边际利润,并解释其经济意义.

(3) 使得利润最大的定价 P.

5. (本题满分 10 分)

设函数 $f(x)$ 在 $[0, +\infty)$ 上可导,$f(0) = 0$,且 $\lim\limits_{x \to +\infty} f(x) = 2$,证明:

(1) 存在 $a > 0$,使得 $f(a) = 1$.

(2) 对(1)中的 a,存在 $\xi \in (0, a)$,使得 $f'(\xi) = \dfrac{1}{a}$.

6. (本题满分 11 分)

设 $A = \begin{bmatrix} 1 & a \\ 1 & 0 \end{bmatrix}$,$B = \begin{bmatrix} 0 & 1 \\ 1 & b \end{bmatrix}$,当 a、b 为何值时,存在矩阵 C 使得 $AC - CA = B$,并求所有矩阵 C.

7. (本题满分 11 分)

设二次型 $f(x_1, x_2, x_3) = 2(a_1 x_1 + a_2 x_2 + a_3 x_3)^2 + (b_1 x_1 + b_2 x_2 + b_3 x_3)^2$,记

$$\boldsymbol{\alpha} = \begin{bmatrix} a_1 \\ a_2 \\ a_3 \end{bmatrix},\ \boldsymbol{\beta} = \begin{bmatrix} b_1 \\ b_2 \\ b_3 \end{bmatrix}.$$

(1) 证明二次型 f 对应的矩阵为 $2\boldsymbol{\alpha}\boldsymbol{\alpha}^{\mathrm{T}} + \boldsymbol{\beta}\boldsymbol{\beta}^{\mathrm{T}}$.

(2) 若 $\boldsymbol{\alpha}$、$\boldsymbol{\beta}$ 正交且均为单位向量,证明 f 在正交变换下的标准形为 $2y_1^2 + y_2^2$.

8. (本题满分 11 分)

设 (X, Y) 是二维随机变量,X 的边缘概率密度为 $f_X(x) = \begin{cases} 3x^2, & 0 < x < 1 \\ 0, & \text{其他} \end{cases}$,在给定 $X = x(0 < x < 1)$ 的条件下,Y 的条件概率密度为 $f_{Y|X}(y \mid x) = \begin{cases} \dfrac{3y^2}{x^3}, & 0 < y < x \\ 0, & \text{其他} \end{cases}$.

(1) 求 (X, Y) 的概率密度 $f(x, y)$.

(2) 求 Y 的概率密度 $f_Y(y)$.

(3) 求 $P\{X > 2Y\}$.

9. (本题满分 11 分)

设总体 X 的概率密度为 $f(x; \theta) \begin{cases} \dfrac{\theta^2}{x^3} \mathrm{e}^{-\frac{\theta}{x}}, & x > 0 \\ 0, & \text{其他} \end{cases}$,其中 θ 为未知参数且大于零,$X_1, X_2, \cdots, X_n$ 为来自总体 X 的简单随机样本.

(1) 求 θ 的矩估计量.

(2) 求 θ 的最大似然估计量.

2014 年数学三试题

一、选择题(每小题 4 分,共 32 分)

1. 设 $\lim\limits_{n\to\infty} a_n = a$ 且 $a \neq 0$,则当 n 充分大时有(　　).

　　A. $|a_n| > \dfrac{|a|}{2}$　　　　　　　　　　　B. $|a_n| < \dfrac{|a|}{2}$

　　C. $a_n > a - \dfrac{1}{n}$　　　　　　　　　　　D. $a_n < a + \dfrac{1}{n}$

2. 下列曲线有渐近线的是(　　).

　　A. $y = x + \sin x$　　　　　　　　　　B. $y = x^2 + \sin x$

　　C. $y = x + \sin \dfrac{1}{x}$　　　　　　　　　D. $y = x^2 + \sin \dfrac{1}{x}$

3. 设 $p(x) = a + bx + cx^2 + dx^3$,当 $x \to 0$ 时,$p(x) - \tan x$ 是比 x^3 高阶的无穷小,则下列选项错误的是(　　).

　　A. $a = 0$　　　　　B. $b = 1$　　　　　C. $c = 0$　　　　　D. $d = \dfrac{1}{6}$

4. 设函数 $f(x)$ 具有二阶导数,$g(x) = f(0)(1-x) + f(1)x$,则在区间 $[0,1]$ 上(　　).

　　A. 当 $f'(x) \geqslant 0$ 时,$f(x) \geqslant g(x)$　　B. 当 $f'(x) \geqslant 0$ 时,$f(x) \leqslant g(x)$

　　C. 当 $f''(x) \geqslant 0$ 时,$f(x) \geqslant g(x)$　　D. 当 $f''(x) \geqslant 0$ 时,$f(x) \leqslant g(x)$

5. 行列式 $\begin{vmatrix} 0 & a & b & 0 \\ a & 0 & 0 & b \\ 0 & c & d & 0 \\ c & 0 & 0 & d \end{vmatrix}$ (　　).

　　A. $(ad - bc)^2$　　　　　　　　　　B. $-(ad - bc)^2$

　　C. $a^2 d^2 - b^2 c^2$　　　　　　　　　D. $b^2 c^2 - a^2 d^2$

6. 设 $\boldsymbol{\alpha}_1, \boldsymbol{\alpha}_2, \boldsymbol{\alpha}_3$ 是三维向量,则对任意常数 k、l,向量 $\boldsymbol{\alpha}_1 + k\boldsymbol{\alpha}_3, \boldsymbol{\alpha}_2 + l\boldsymbol{\alpha}_3$ 线性无关是向量 $\boldsymbol{\alpha}_1, \boldsymbol{\alpha}_2, \boldsymbol{\alpha}_3$ 线性无关的　(　　).

　　A. 必要非充分条件　　　　　　　　B. 充分非必要条件

　　C. 充分必要条件　　　　　　　　　D. 既非充分又非必要条件

7. 设随机事件 A、B 相互独立,且 $P(B) = 0.5$,$P(A - B) = 0.3$,则 $P(B - A) =$(　　).

　　A. 0.1　　　　　B. 0.2　　　　　C. 0.3　　　　　D. 0.4

8. 设 X_1、X_2、X_3 为来自总体 $N(0, \sigma^2)$ 的简单随机样本,则统计量 $S = \dfrac{X_1 - X_2}{\sqrt{2}\,|X_3|}$

服从的分布为( ).

    A. $F(1,1)$ B. $F(2,1)$ C. $t(1)$ D. $t(2)$

二、填空题(每小题 4 分,共 24 分)

1. 设某商品的需求函数为 $Q=40-2P$(P 为商品的价格),则该商品的边际收益为_____.

2. 设 D 是由曲线 $xy+1=0$ 与直线 $y+x=0$ 及 $y=2$ 围成的有界区域,则 D 的面积为_____.

3. 设 $\int_0^a x\mathrm{e}^{2x}\mathrm{d}x=\dfrac{1}{4}$,则 $a=$ _____.

4. 二次积分 $\int_0^1\mathrm{d}y\int_y^1\left(\dfrac{\mathrm{e}^{x^2}}{x}-\mathrm{e}^{y^2}\right)\mathrm{d}x=$ _____.

5. 设二次型 $f(x_1,x_2,x_3)=x_1^2-x_2^2+2ax_1x_3+4x_2x_3$ 的负惯性指数是 1,则 a 的取值范围为_____.

6. 设总体 X 的概率密度为 $f(x;\theta)=\begin{cases}\dfrac{2x}{3\theta^2},&\theta<x<2\theta\\[2mm]0,&\text{其他}\end{cases}$,其中 θ 为未知参数,$X_1,X_2,\cdots,X_n$ 为来自总体 X 的简单随机样本,若 $c\displaystyle\sum_{i=1}^n X_i^2$ 是 θ^2 的无偏估计量,则 $c=$ _____.

三、解答题(共 94 分)

1. (本题满分 10 分)

求极限 $\displaystyle\lim_{x\to+\infty}\dfrac{\int_1^x\left[t^2(\mathrm{e}^{\frac{1}{t}}-1)-t\right]\mathrm{d}t}{x^2\ln\left(1+\dfrac{1}{x}\right)}$.

2. (本题满分 10 分)

设平面区域 $D=\{(x,y)\mid 1\leqslant x^2+y^2\leqslant 4,x\geqslant 0,y\geqslant 0\}$,计算

$$\iint_D\frac{x\sin(\pi\sqrt{x^2+y^2})}{x+y}\mathrm{d}x\mathrm{d}y.$$

3. (本题满分 10 分)

设函数 $f(u)$ 二阶连续可导,$z=f(\mathrm{e}^x\cos y)$ 满足 $\cos y\dfrac{\partial z}{\partial x}-\sin y\dfrac{\partial z}{\partial y}=(4z+\mathrm{e}^x\cos y)\mathrm{e}^x$,若 $f(0)=0$,求 $f(u)$ 的表达式.

4. (本题满分 10 分)

求幂级数 $\displaystyle\sum_{n=0}^\infty (n+1)(n+3)x^n$ 的收敛域及和函数.

5. （本题满分 10 分）

设 $f(x)$、$g(x)$ 在 $[a,b]$ 上连续,且 $f(x)$ 单调增加,$0 \leqslant g(x) \leqslant 1$,证明:

(1) $0 \leqslant \int_a^x g(t)\mathrm{d}t \leqslant x-a, x \in [a,b]$.

(2) $\int_a^{a+\int_a^b g(t)\mathrm{d}t} f(x)\mathrm{d}x \leqslant \int_a^b f(x)g(x)\mathrm{d}x$.

6. （本题满分 11 分）

设 $A = \begin{bmatrix} 1 & -2 & 3 & -4 \\ 0 & 1 & -1 & 1 \\ 1 & 2 & 0 & -3 \end{bmatrix}$, E 为三阶单位矩阵.

(1) 求方程组 $Ax = 0$ 的一个基础解系.

(2) 求满足 $AB = E$ 的所有矩阵 B.

7. （本题满分 11 分）

证明:n 阶矩阵 $\begin{bmatrix} 1 & 1 & \cdots & 1 \\ 1 & 1 & \cdots & 1 \\ \vdots & \vdots & & \vdots \\ 1 & 1 & \cdots & 1 \end{bmatrix}$ 与 $\begin{bmatrix} 0 & 0 & \cdots & 1 \\ 0 & 0 & \cdots & 2 \\ \vdots & \vdots & & \vdots \\ 0 & 0 & \cdots & n \end{bmatrix}$ 相似.

8. （本题满分 11 分）

设随机变量 X 的概率分布为 $P(X=1) = P(X=2) \dfrac{1}{2}$,在给定 $X = i$ 的条件下,随机变量 Y 服从均匀分布 $U(0,i)(i = 1,2)$.

(1) 求 Y 的分布函数 $F_Y(y)$.

(2) 求 EY.

9. （本题满分 11 分）

设随机变量 X、Y 的概率分布相同,X 的分布律为 $P\{X=0\} = \dfrac{1}{3}$,$P\{X=1\} = \dfrac{2}{3}$,且 X 与 Y 的相关系数 $\rho_{XY} = \dfrac{1}{2}$.

(1) 求 (X,Y) 的概率分布.

(2) 求 $P\{X+Y \leqslant 1\}$.

2015 年数学三试题

一、选择题(每小题 4 分,共 32 分)

1. 设 $\{x_n\}$ 是数列,下列命题中不正确的是( ).

   A. 若 $\lim\limits_{n \to \infty} x_n = a$,则 $\lim\limits_{n \to \infty} x_{2n} = \lim\limits_{n \to \infty} x_{2n+1} = a$

   B. 若 $\lim\limits_{n \to \infty} x_{2n} = \lim\limits_{n \to \infty} x_{2n+1} = a$,则 $\lim\limits_{n \to \infty} x_n = a$

   C. 若 $\lim\limits_{n \to \infty} x_n = a$,则 $\lim\limits_{n \to \infty} x_{3n} = \lim\limits_{n \to \infty} x_{3n+1} = a$

   D. 若 $\lim\limits_{n \to \infty} x_{3n} = \lim\limits_{n \to \infty} x_{3n+1} = a$,则 $\lim\limits_{n \to \infty} x_n = a$

2. 设函数 $f(x)$ 在 $(-\infty, +\infty)$ 内连续,其中二阶导数 $f''(x)$ 的图形如图 1 所示,则曲线 $y = f(x)$ 的拐点个数为( ).

   A. 0　　　　　　　B. 1　　　　　　　C. 2　　　　　　　D. 3

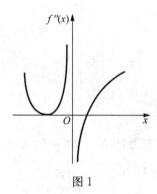

图 1

3. 设 $D = \{(x, y) \mid x^2 + y^2 \leqslant 2x, x^2 + y^2 \leqslant 2y\}$,函数 $f(x, y)$ 在 D 上连续,则 $\iint\limits_{D} f(x, y)\mathrm{d}x\mathrm{d}y = ($ $)$.

   A. $\displaystyle\int_0^{\frac{\pi}{4}} \mathrm{d}\theta \int_0^{2\cos\theta} f(r\cos\theta, r\sin\theta)r\mathrm{d}r + \int_{\frac{\pi}{4}}^{\frac{\pi}{2}} \mathrm{d}\theta \int_0^{2\sin\theta} f(r\cos\theta, r\sin\theta)r\mathrm{d}r$

   B. $\displaystyle\int_0^{\frac{\pi}{4}} \mathrm{d}\theta \int_0^{2\sin\theta} f(r\cos\theta, r\sin\theta)r\mathrm{d}r + \int_{\frac{\pi}{4}}^{\frac{\pi}{2}} \mathrm{d}\theta \int_0^{2\cos\theta} f(r\cos\theta, r\sin\theta)r\mathrm{d}r$

   C. $\displaystyle 2\int_0^1 \mathrm{d}x \int_{1-\sqrt{1-x^2}}^{x} f(x, y)\mathrm{d}y$

   D. $\displaystyle 2\int_0^1 \mathrm{d}x \int_x^{\sqrt{2x-x^2}} f(x, y)\mathrm{d}y$

4. 下列级数中发散的是( ).

   A. $\displaystyle\sum_{n=1}^{\infty} \frac{n}{3^n}$ 　　　　　　　　　　　B. $\displaystyle\sum_{n=1}^{\infty} \frac{1}{\sqrt{n}}\ln\left(1 + \frac{1}{n}\right)$

C. $\sum_{n=1}^{\infty} \frac{(-1)^n + 1}{\ln n}$　　　　　　　　　D. $\sum_{n=1}^{\infty} \frac{n!}{n^n}$

5. 设矩阵 $\boldsymbol{A} = \begin{bmatrix} 1 & 1 & 1 \\ 1 & 2 & a \\ 1 & 4 & a^2 \end{bmatrix}, \boldsymbol{b} = \begin{bmatrix} 1 \\ d \\ d^2 \end{bmatrix}$, 若集合 $\Omega = \{1, 2\}$, 则线性方程组 $\boldsymbol{Ax} = \boldsymbol{b}$

有无穷多解的充分必要条件为（　　）.

　　A. $a \notin \Omega, d \notin \Omega$　　　　　　　　　B. $a \notin \Omega, d \in \Omega$

　　C. $a \in \Omega, d \notin \Omega$　　　　　　　　　D. $a \in \Omega, d \in \Omega$

6. 设二次型 $f(x_1, x_2, x_3)$ 在正交变换 $\boldsymbol{x} = \boldsymbol{Py}$ 下的标准形为 $2y_1^2 + y_2^2 - y_3^2$, 其中 $\boldsymbol{P} = (\boldsymbol{e}_1, \boldsymbol{e}_2, \boldsymbol{e}_3)$, 若 $\boldsymbol{Q} = (\boldsymbol{e}_1, -\boldsymbol{e}_3, \boldsymbol{e}_2)$, 则 $f(x_1, x_2, x_3)$ 在正交变换 $\boldsymbol{x} = \boldsymbol{Qy}$ 下的标准形为（　　）.

　　A. $2y_1^2 - y_2^2 + y_3^2$　　　　　　　　　B. $2y_1^2 + y_2^2 - y_3^2$

　　C. $2y_1^2 - y_2^2 - y_3^2$　　　　　　　　　D. $2y_1^2 + y_2^2 + y_3^2$

7. 若 A、B 为任意两个随机事件, 则（　　）.

　　A. $P(AB) \leqslant P(A)P(B)$　　　　　　　　　B. $P(AB) \geqslant P(A)P(B)$

　　C. $P(AB) \leqslant \dfrac{P(A) + P(B)}{2}$　　　　　　　D. $P(AB) \geqslant \dfrac{P(A) + P(B)}{2}$

8. 设总体 $X \sim B(m, \theta)$, $X_1, X_2, \cdots, X_n$ 为来自该总体 X 的简单随机样本, $\overline{X}$ 为样本均值, 则 $E\left[\sum_{i=1}^{n} (X_i - \overline{X})^2\right] = （　　　）$.

　　A. $(m-1)n\theta(1-\theta)$　　　　　　　　　B. $m(n-1)\theta(1-\theta)$

　　C. $(m-1)(n-1)\theta(1-\theta)$　　　　　　　D. $mn\theta(1-\theta)$

二、填空题（每小题 4 分，共 24 分）

1. $\lim\limits_{x \to 0} \dfrac{\ln \cos x}{x^2} = $ _____ .

2. 设函数 $f(x)$ 连续, $\varphi(x) = \int_0^{x^2} xf(t)\mathrm{d}t$, 若 $\varphi(1) = 1, \varphi'(1) = 5$, 则 $f(1) = $ _____ .

3. 若函数 $z = z(x, y)$ 由方程 $\mathrm{e}^{x+2y+3z} + xyz = 1$ 确定, 则 $\mathrm{d}z\big|_{(0,0)} = $ _____ .

4. 设函数 $y = y(x)$ 是微分方程 $y'' + y' - 2y = 0$ 的解, 且在 $x = 0$ 处取得极值 3, 则 $y(x) = $ _____ .

5. 设 3 阶矩阵 $\boldsymbol{A}$ 的特征值为 $2, -2, 1, \boldsymbol{B} = \boldsymbol{A}^2 - \boldsymbol{A} + \boldsymbol{E}$, 其中 $\boldsymbol{E}$ 为 3 阶单位矩阵, 则 $|\boldsymbol{B}| = $ _____ .

6. 设二维随机变量 (X, Y) 服从正态分布 $N(1, 0; 1, 1; 0)$, 则 $P\{XY - Y < 0\} = $

_____.

三、解答题(共 94 分)

1. (本题满分 10 分)

设函数 $f(x) = x + a\ln(1+x) + bx\sin x$, $g(x) = kx^3$, 若 $f(x)$ 与 $g(x)$ 在 $x \to 0$ 时是等价无穷小, 求 a、b、k 的值.

2. (本题满分 10 分)

计算二重积分 $\iint\limits_{D} x(x+y)\mathrm{d}x\mathrm{d}y$, 其中 $D = \{(x,y) \mid x^2 + y^2 \leqslant 2, y \geqslant x^2\}$.

3. (本题满分 10 分)

为了实现利润的最大化, 厂商需要对某商品确定其定价模型, 设 Q 为该商品的需求量, P 为价格, MC 为边际成本, η 为需求弹性 $(\eta > 0)$.

(1) 证明定价模型为 $P = MC \big/ \left(1 - \dfrac{1}{\eta}\right)$.

(2) 若该商品的成本函数为 $C(Q) = 1600 + Q^2$, 需求函数为 $Q = 40 - P$, 试由 (1) 中的定价模型确定此商品的价格.

4. (本题满分 10 分)

设函数 $f(x)$ 在定义域 I 上的导数大于零, 若对任意的 $x_0 \in I$, 曲线 $y = f(x)$ 在点 $(x_0, f(x_0))$ 处的切线与直线 $x = x_0$ 及 x 轴所围成区域的面积恒为 4, 且 $f(0) = 2$, 求 $f(x)$ 的表达式.

5. (本题满分 10 分)

(1) 设函数 $u(x)$、$v(x)$ 可导, 利用导数定义证明:
$$[u(x)v(x)]' = u'(x)v(x) + u(x)v'(x).$$

(2) 设函数 $u_1(x), u_2(x), \cdots, u_n(x)$ 可导, $f(x) = u_1(x)u_2(x)\cdots u_n(x)$, 写出 $f(x)$ 的求导公式.

6. (本题满分 11 分)

设矩阵 $A = \begin{bmatrix} a & 1 & 0 \\ 1 & a & -1 \\ 0 & 1 & a \end{bmatrix}$, 且 $A^3 = 0$.

(1) 求 a 的值.

(2) 若矩阵 X 满足 $X - XA^2 - AX + AXA^2 = E$, 其中 E 为 3 阶单位矩阵, 求 X.

7. (本题满分 11 分)

设矩阵 $A = \begin{bmatrix} 0 & 2 & -3 \\ -1 & 3 & -3 \\ 1 & -2 & a \end{bmatrix}$ 相似于矩阵 $B = \begin{bmatrix} 1 & -2 & 0 \\ 0 & b & 0 \\ 0 & 3 & 1 \end{bmatrix}$.

（1）求 a、b.

（2）求可逆矩阵 $\boldsymbol{P}$,使 $\boldsymbol{P}^{-1}\boldsymbol{A}\boldsymbol{P}$ 为对角矩阵.

8．（本题满分 11 分）

设随机变量 X 的概率密度为 $f(x)=\begin{cases}2^{-x}\ln 2, & x>0 \\ 0, & x\leqslant 0\end{cases}$,对 X 进行独立重复的观测,直到第二个大于 3 的观测值出现就停止,记 Y 为观测次数.

（1）求 Y 的概率分布.

（2）求 EY.

9．（本题满分 11 分）

设总体 X 的概率密度为 $f(x;\theta)=\begin{cases}\dfrac{1}{1-\theta}, & \theta\leqslant x\leqslant 1 \\ 0, & \text{其他}\end{cases}$,其中 θ 为未知参数,X_1,X_2,$\cdots$,X_n 为来自该总体 X 的简单随机样本.

（1）求 θ 的矩估计量.

（2）求 θ 的最大似然估计量.

附录3 全国大学生数学竞赛试题

2009年(首届)大学生数学竞赛预赛试题

一、填空题(本题满分 20 分,共 4 小题,每小题 5 分)

1. 计算 $\displaystyle\iint_D \frac{(x+y)\ln\left(1+\dfrac{y}{x}\right)}{\sqrt{1-x-y}}\mathrm{d}x\mathrm{d}y = $ _____,其中 D 是由直线 $x+y=1$ 与两坐标轴所围三角形区域.

2. 设 $f(x)$ 是连续函数,满足 $f(x) = 3x^2 - \displaystyle\int_0^2 f(x)\mathrm{d}x - 2$,则 $f(x) = $ _____.

3. 曲面 $z = \dfrac{x^2}{2} + y^2 - 2$ 上平行平面 $2x+2y-z=0$ 的切平面方程是_____.

4. 设函数 $y=y(x)$ 由方程 $x\mathrm{e}^{f(y)} = \mathrm{e}^y\ln 29$ 确定,其中 f 具有二阶导数,且 $f' \neq 1$,则 $\dfrac{\mathrm{d}^2 y}{\mathrm{d}x^2} = $ _____.

二、(本题满分 5 分)

求极限 $\displaystyle\lim_{x\to 0}\left(\frac{\mathrm{e}^x + \mathrm{e}^{2x} + \cdots + \mathrm{e}^{nx}}{n}\right)^{\frac{\mathrm{e}}{x}}$.

三、(本题满分 15 分)

设函数 $f(x)$ 连续,$g(x) = \displaystyle\int_0^1 f(xt)\mathrm{d}t$,且 $\displaystyle\lim_{x\to 0}\frac{f(x)}{x} = A$,$A$ 为常数,求 $g'(x)$,并讨论 $g'(x)$ 在 $x=0$ 处的连续性.

四、(本题满分 15 分)

已知平面区域 $D = \{(x,y) \mid 0 \leqslant x \leqslant \pi, 0 \leqslant y \leqslant \pi\}$,$L$ 为 D 的正向边界,证明:

1. $\displaystyle\oint_L x\mathrm{e}^{\sin y}\mathrm{d}y - y\mathrm{e}^{-\sin x}\mathrm{d}x = \oint_L x\mathrm{e}^{-\sin y}\mathrm{d}y - y\mathrm{e}^{\sin x}\mathrm{d}x$.

2. $\displaystyle\oint_L x\mathrm{e}^{\sin y}\mathrm{d}y - y\mathrm{e}^{-\sin x}\mathrm{d}x \geqslant \frac{5}{2}\pi^2$.

五、(本题满分 10 分)

已知 $y_1 = x\mathrm{e}^x + \mathrm{e}^{2x}$,$y_2 = x\mathrm{e}^x + \mathrm{e}^{-x}$,$y_3 = x\mathrm{e}^x + \mathrm{e}^{2x} - \mathrm{e}^{-x}$ 是某个二阶常系数线

性非齐次微分方程的 3 个解,试求此微分方程.

六、(本题满分 10 分)

设抛物线 $y = ax^2 + bx + 2\ln c$ 过原点,当 $0 \leqslant x \leqslant 1$ 时,$y \geqslant 0$,又已知该抛物线与 x 轴及直线 $x = 1$ 所围图形的面积为 $\dfrac{1}{3}$,试确定 a、b、c,使此图形绕 x 轴旋转一周而成的旋转体的体积 V 最小.

七、(本题满分 15 分)

已知 $u(x)$ 满足 $u'_n(x) = u_n(x) + x^{n-1}\mathrm{e}^x$($n$ 为正整数),且 $u_n(1) = \dfrac{\mathrm{e}}{n}$,求级数 $\displaystyle\sum_{n=1}^{\infty} u_n(x)$ 的和.

八、(本题满分 10 分)

求 $x \to 1^-$ 时,与 $\displaystyle\sum_{n=0}^{\infty} x^{n^2}$ 等价的无穷大量.

2010 年(第二届)大学生数学竞赛预赛试题

一、填空题(本题满分 25 分,共 5 小题,每小题 5 分)

1. 设 $x_n = (1+a)(1+a^2)\cdots(1+a^{2n})$ 其中 $|a| < 1$,求 $\lim\limits_{n\to\infty} x_n$.

2. 求 $\lim\limits_{x\to\infty} e^{-x}\left(1+\dfrac{1}{x}\right)^{x^2}$.

3. 设 $s > 0$,求 $I_n = \int_0^{+\infty} e^{-sx}x^n dx\,(n = 1, 2, \cdots)$.

4. 设函数 $f(t)$ 有二阶连续的导数,$r = \sqrt{x^2+y^2}$,$g(x,y) = f\left(\dfrac{1}{r}\right)$,求 $\dfrac{\partial^2 g}{\partial x^2} + \dfrac{\partial^2 g}{\partial y^2}$.

5. 求直线 $l_1: \begin{cases} x - y = 0 \\ z = 0 \end{cases}$ 与直线 $l_2: \dfrac{x-2}{4} = \dfrac{y-1}{-2} = \dfrac{z-3}{-1}$ 的距离.

二、(本题满分 15 分)

设函数 $f(x)$ 在 $(-\infty, +\infty)$ 上具有二阶导数,且 $f''(x) > 0$,$\lim\limits_{x\to+\infty} f'(x) = \alpha > 0$,$\lim\limits_{x\to-\infty} f'(x) = \beta < 0$,存在一点 x_0,使 $f(x_0) < 0$,证明:方程 $f(x) = 0$ 在 $(-\infty, +\infty)$ 内恰好有两个实根.

三、(本题满分 15 分)

设 $y = f(x)$ 由参数方程 $\begin{cases} x = 2t + t^2 \\ y = \psi(t) \end{cases}$ $(t > -1)$ 所确定,且 $\dfrac{d^2 y}{dx^2} = \dfrac{3}{4(1+t)}$,其中 $\psi(t)$ 具有二阶导数,曲线 $y = \psi(t)$ 与 $y = \int_1^{t^2} e^{-u^2} du + \dfrac{3}{2e}$ 在 $t = 1$ 处相切,求函数 $\psi(t)$.

四、(本题满分 15 分)

设 $a_n > 0$,$S_n = \sum\limits_{k=1}^n a_k$,证明:

(1) 当 $\alpha > 1$ 时,级数 $\sum\limits_{n=1}^{\infty} \dfrac{a_n}{S_n^\alpha}$ 收敛.

(2) 当 $\alpha \leqslant 1$,且 $S_n \to \infty (n \to \infty)$ 时,级数 $\sum\limits_{n=1}^{\infty} \dfrac{a_n}{S_n^\alpha}$ 发散.

五、(本题满分 15 分)

设 l 是过原点,方向为 (α, β, γ)(其中 $\alpha^2 + \beta^2 + \gamma^2$)的直线,均匀椭球 $\dfrac{x^2}{a^2} + \dfrac{y^2}{b^2} +$

$\dfrac{z^2}{c^2}\leqslant 1$（其中 $0<c<b<a$，密度为 1）绕 l 旋转.

(1) 求其转动惯量.

(2) 求其转动惯量关于方向 (α,β,γ) 的最大值和最小值.

六、(本题满分 15 分)

设函数 $\varphi(x)$ 具有连续的导数，在围绕原点的任意光滑的简单闭曲线 C 上，曲线积分 $\displaystyle\oint_C\dfrac{2xy\,\mathrm{d}x+\varphi(x)\,\mathrm{d}y}{x^4+y^2}$ 的值为常数.

(1) 设 L 为正向闭曲线 $(x-2)^2+y^2=1$，证明 $\displaystyle\oint_C\dfrac{2xy\,\mathrm{d}x+\varphi(x)\,\mathrm{d}y}{x^4+y^2}=0.$

(2) 求函数 $\varphi(x)$.

(3) 设 C 为围绕原点的光滑简单正向闭曲线，求 $\displaystyle\oint_C\dfrac{2xy\,\mathrm{d}x+\varphi(x)\,\mathrm{d}y}{x^4+y^2}.$

2011 年(第三届)大学生数学竞赛预赛试题

一、计算下列各题(本题满分 24 分,共 4 小题,每小题 6 分)

1. 求 $\lim\limits_{x \to 0} \dfrac{(1+x)^{\frac{2}{x}} - \mathrm{e}^2\left[1 - \ln(1+x)\right]}{x}$.

2. 设 $a_n = \cos\dfrac{\theta}{2}\cos\dfrac{\theta}{2^2}\cdots\cos\dfrac{\theta}{2^n}$,求 $\lim\limits_{n \to \infty} a_n$.

3. 求 $\iint\limits_{D} \mathrm{sgn}(xy - 1)\mathrm{d}x\mathrm{d}y$,其中 $D = \{(x, y) \mid 0 \leqslant x \leqslant 2, 0 \leqslant y \leqslant 2\}$.

4. 求幂级数 $\sum\limits_{n=1}^{\infty} \dfrac{2n-1}{2^n}x^{2n-2}$ 的和函数,并求级数 $\sum\limits_{n=1}^{\infty} \dfrac{2n-1}{2^{2n-1}}$ 的和.

二、(本题满分 16 分)

设 $\{a_n\}$ 为数列,a、λ 为有限数,求证:

(1) 如果 $\lim\limits_{n \to \infty} a_n = a$,则 $\lim\limits_{n \to \infty} \dfrac{a_1 + a_2 + \cdots + a_n}{n} = a$.

(2) 如果存在正数 p,使得 $\lim\limits_{n \to \infty}(a_{n+p} - a_n) = \lambda$,则 $\lim\limits_{n \to \infty} \dfrac{a_n}{n} = \dfrac{\lambda}{p}$.

三、(本题满分 15 分)

设函数 $f(x)$ 在闭区间 $[-1, 1]$ 上具有连续的三阶导数,且 $f(-1) = 0$,$f(1) = 1$,$f'(0) = 0$,证明:在开区间 $(-1, 1)$ 内至少存在一点 x_0,使得 $f'''(x_0) = 3$.

四、(本题满分 15 分)

在平面上有一条从点 $(a, 0)$ 向右的射线,线密度为 ρ,在点 $(0, h)$ 处 $(h > 0)$ 有一质量为 m 的质点,求射线对质点的引力.

五、(本题满分 15 分)

设 $z = z(x, y)$ 是由方程 $F\left(z + \dfrac{1}{x}, z - \dfrac{1}{y}\right) = 0$ 确定的隐函数,其中 F 具有连续的二阶偏导数,且 $F_u(u, v) = F_v(u, v) \neq 0$. 证明:$x^2\dfrac{\partial z}{\partial x} + y^2\dfrac{\partial z}{\partial y} = 0$ 和 $x^3\dfrac{\partial^2 z}{\partial x^2} + xy(x+y)\dfrac{\partial^2 z}{\partial x \partial y} + y^3\dfrac{\partial^2 z}{\partial y^2} = 0$.

六、(本题满分 15 分)

设函数 $f(x)$ 连续,a、b、c 为常数,Σ 是单位球面 $x^2 + y^2 + z^2 = 1$,记第一型曲面积分 $I = \iint\limits_{\Sigma} f(ax + by + cz)\mathrm{d}S$,证明:$I = 2\pi\int_{-1}^{1} f(\sqrt{a^2 + b^2 + c^2}\, u)\mathrm{d}u$.

2012 年(第四届) 大学生数学竞赛预赛试题

一、计算下列各题(本题满分 30 分,共 5 小题,每小题 6 分)

1. 求 $\lim\limits_{n \to \infty}(n!)^{\frac{1}{n^2}}$.

2. 求通过直线 $L:\begin{cases} 2x+y-3z+2=0 \\ 5x+5y-4z+3=0 \end{cases}$ 的两个相互垂直的平面 Π_1 和 Π_2,使其中一个平面过点 $(4,-3,1)$.

3. 已知函数 $z=u(x,y)\mathrm{e}^{ax+by}$,且 $\dfrac{\partial^2 u}{\partial x \partial y}=0$,确定 a 和 b,使 $z=z(x,y)$ 满足方程 $\dfrac{\partial^2 z}{\partial x \partial y}-\dfrac{\partial z}{\partial x}-\dfrac{\partial z}{\partial y}+z=0$.

4. 设函数 $u=u(x)$ 连续可微,$u(2)=1$,且曲线积分 $\int_L (x+2y)u\mathrm{d}x+(x+u^3)u\mathrm{d}y$ 在右半平面上与路径无关,求 $u(x)$.

5. 求极限 $\lim\limits_{x \to +\infty} \sqrt[3]{x}\int_x^{x+1} \dfrac{\sin t}{\sqrt{t+\cos t}}\mathrm{d}t$.

二、(本题满分 10 分)

计算 $\int_0^{+\infty} \mathrm{e}^{-2x}\,|\sin x|\,\mathrm{d}x$.

三、(本题满分 10 分)

求方程 $x^2 \sin\dfrac{1}{x}=2x-501$ 的近似解,精确到 0.001.

四、(本题满分 12 分)

设函数 $y=f(x)$ 二阶可导,且 $f''(x)>0$,$f(0)=0$,$f'(0)=0$,求 $\lim\limits_{x \to 0} \dfrac{x^3 f(u)}{f(x)\sin^3 u}$,其中 u 是曲线 $y=f(x)$ 上点 $P(x,f(x))$ 处的切线在 x 轴上的截距.

五、(本题满分 12 分)

求最小实数 C,使得满足 $\int_0^1 |f(x)|\mathrm{d}x=1$ 的连续函数 $f(x)$ 都有 $\int_0^1 f(\sqrt{x})\mathrm{d}x \leqslant C$.

六、(本题满分 12 分)

设 $f(x)$ 为连续函数,$t>0$,区域 Ω 是由抛物面 $z=x^2+y^2$ 和球面 $x^2+y^2+z^2=t^2$ 所围起来的部分,定义三重积分 $F(t)=\iiint\limits_{\Omega} f(x^2+y^2+z^2)\mathrm{d}v$,求 $F'(t)$.

七、(本题满分 14 分)

设 $\sum\limits_{n=1}^{\infty} a_n$ 与 $\sum\limits_{n=1}^{\infty} b_n$ 为正项级数.

(1) 若 $\lim\limits_{n \to \infty}\left(\dfrac{a_n}{a_{n+1}b_n} - \dfrac{1}{b_{n+1}}\right) > 0$，则 $\sum\limits_{n=1}^{\infty} a_n$ 收敛.

(2) 若 $\lim\limits_{n \to \infty}\left(\dfrac{a_n}{a_{n+1}b_n} - \dfrac{1}{b_{n+1}}\right) < 0$，且 $\sum\limits_{n=1}^{\infty} b_n$ 发散，则 $\sum\limits_{n=1}^{\infty} a_n$ 发散.

2013 年（第五届）大学生数学竞赛预赛试题

一、试解下列各题（本题满分 24 分，共 4 小题，每小题 6 分）

1. 求 $\lim\limits_{n\to\infty}(1+\sin\pi\sqrt{1+n^2})^n$.

2. 证明广义积分 $\int_0^{+\infty}\dfrac{\sin x}{x}\mathrm{d}x$ 不是绝对收敛.

3. 设 $y=y(x)$ 由方程 $x^3+3x^2y-2y^3=2$ 确定，求函数 $y(x)$ 的极值.

4. 设曲线 $y=\sqrt[3]{x}(x>0)$ 上的点 A 作切线，使该切线与曲线及 x 轴所围的平面图形面积为 $\dfrac{3}{4}$，求点 A 的坐标.

二、（本题满分 12 分）

求 $I=\int_{-\pi}^{\pi}\dfrac{x\sin x\arctan \mathrm{e}^x}{1+\cos^2 x}\mathrm{d}x$.

三、（本题满分 12 分）

设 $f(x)$ 在 $x=0$ 处存在二阶导数 $f''(0)$，且 $\lim\limits_{x\to 0}\dfrac{f(x)}{x}=0$，证明：级数 $\sum\limits_{n=1}^{\infty}\left|f\left(\dfrac{1}{n}\right)\right|$ 收敛.

四、（本题满分 10 分）

设 $|f(x)|\leqslant\pi,f'(x)\geqslant m>0(a\leqslant x\leqslant b)$，证明：$\left|\int_a^b\sin f(x)\mathrm{d}x\right|\leqslant\dfrac{2}{m}$.

五、（本题满分 14 分）

设 Σ 是一个光滑封闭曲面，方向朝外，给定第二型曲面积分 $I=\iint\limits_{\Sigma}(x^3-x)\mathrm{d}y\mathrm{d}z+(2y^3-y)\mathrm{d}z\mathrm{d}x+(3z^3-z)\mathrm{d}x\mathrm{d}y$，试确定曲面 Σ，使积分 I 的值最小，并求最小值.

六、（本题满分 14 分）

设 $I_a=\int_C\dfrac{y\mathrm{d}x-x\mathrm{d}y}{(x^2+y^2)^a}$，其中曲线 C 为 xOy 平面上的椭圆 $x^2+xy+y^2=r^2$ 取正向，求 $\lim\limits_{r\to+\infty}I_a(r)$.

七、（本题满分 14 分）

判断级数 $\sum\limits_{n=1}^{\infty}\dfrac{1+\dfrac{1}{2}+\cdots+\dfrac{1}{n}}{(n+1)(n+2)}$ 的敛散性，若收敛求其和.

2014 年(第六届)大学生数学竞赛预赛试题

一、填空题(本题满分 30 分,共 5 小题,每小题 6 分)

1. 已知 $y_1 = e^x$ 和 $y_2 = xe^x$ 是齐次二阶常系数线性微分方程的解,则方程为_____.

2. 设有曲面 $S: z = x^2 + 2y^2$ 和平面 $L: 2x + 2y + z = 0$,则与 L 平行的 S 的切平面方程是_____.

3. 设函数 $y = y(x)$ 由方程 $x = \int_1^{y-x} \sin^2\left(\frac{\pi t}{4}\right) dt$ 所确定,则 $\dfrac{dy}{dx}\bigg|_{x=0} = $ _____.

4. 设 $x_n = \displaystyle\sum_{k=1}^n \frac{k}{(k+1)!}$,则 $\lim_{n\to\infty} x_n = $ _____.

5. 已知 $\lim_{x\to 0}\left[1 + x + \dfrac{f(x)}{x}\right]^{\frac{1}{x}} = e^3$,则 $\lim_{x\to 0}\dfrac{f(x)}{x^2} = $ _____.

二、(本题满分 12 分)

设 n 为正整数,计算 $I = \displaystyle\int_{e^{-2n\pi}}^1 \left|\dfrac{d}{dx}\cos\left(\ln\dfrac{1}{x}\right)\right| dx$.

三、(本题满分 14 分)

设函数 $f(x)$ 在 $[0,1]$ 上有二阶导数,且有正常数 A, B 使得 $|f(x)| \leqslant A$,$|f''(x)| \leqslant B$,证明:对任意 $x \in [0,1]$,有 $|f'(x)| \leqslant 2A + \dfrac{B}{2}$.

四、(本题满分 14 分)

1. 设一球缺高为 h,所在球半径为 R,证明该球缺的体积为 $\dfrac{\pi}{3}(3R - h)h^2$,球冠的面积为 $2\pi Rh$.

2. 设球体 $(x-1)^2 + (y-1)^2 + (z-1)^2 \leqslant 12$ 被平面 $P: x + y + z = 6$ 所截的小球缺为 Ω,记球缺上的球冠为 Σ,方向指向球外,求第二型曲面积分 $I = \displaystyle\iint_\Sigma x\,dy\,dz + y\,dz\,dx + z\,dx\,dy$.

五、(本题满分 15 分)

设 $f(x)$ 在 $[a,b]$ 上非负连续,严格单增,且存在 $x_n \in [a,b]$ 使得 $[f(x_n)]^n = \dfrac{1}{b-a}\displaystyle\int_a^b [f(x)]^n dx$,求 $\lim_{n\to\infty} x_n$.

六、(本题满分 15 分)

设 $A_n = \dfrac{n}{n^2+1} + \dfrac{n}{n^2+2^2} + \cdots + \dfrac{n}{n^2+n^2}$,求 $\lim_{n\to\infty} n\left(\dfrac{\pi}{4} - A_n\right)$.

2010 年(首届)大学生数学竞赛决赛试题

一、填空题(本题满分 20 分,共 4 小题,每小题 5 分)

1. 求极限 $\lim\limits_{n\to\infty}\sum\limits_{k=1}^{n-1}\left(1+\dfrac{k}{n}\right)\sin\dfrac{k\pi}{n^2}$.

2. 计算 $\iint\limits_{\Sigma}\dfrac{ax\mathrm{d}y\mathrm{d}z+(z+a)^2\mathrm{d}x\mathrm{d}y}{\sqrt{x^2+y^2+z^2}}$,其中 Σ 为下半球面 $z=-\sqrt{a^2-y^2-x^2}$ 的上侧,a 为大于 0 的常数.

3. 现要设计一个容积为 V 的圆柱体容器.已知上下两底的材料费为单位面积 a 元,而侧面的材料费为单位面积 b 元.试给出最节省的设计方案:即高与上下底的直径之比为何值时所需费用最少?.

4. 已知 $f(x)$ 在 $\left(\dfrac{1}{4},\dfrac{1}{2}\right)$ 内满足 $f'(x)=\dfrac{1}{\sin^3 x+\cos^3 x}$,求 $f(x)$.

二、求极限(共 10 分,第 1 小题 4 分,第 2 小题 6 分)

1. $\lim\limits_{n\to\infty}n\left[\left(1+\dfrac{1}{n}\right)^n-\mathrm{e}\right]$.

2. $\lim\limits_{n\to\infty}\left(\dfrac{a^{\frac{1}{n}}+b^{\frac{1}{n}}+c^{\frac{1}{n}}}{3}\right)^n$,其中 $a>0,b>0,c>0$.

三、(本题满分 10 分)

设 $f(x)$ 在 $x=1$ 点附近有定义,且在 $x=1$ 点可导,并已知 $f(1)=0,f'(1)=2$,求 $\lim\limits_{x\to0}\dfrac{f(\sin^2 x+\cos x)}{x^2+x\tan x}$.

四、(本题满分 10 分)

设 $f(x)$ 在 $[0,+\infty)$ 上连续,并且广义积分 $\int_0^{+\infty}f(x)\mathrm{d}x$ 收敛,求 $\lim\limits_{y\to+\infty}\dfrac{1}{y}\int_0^y xf(x)\mathrm{d}x$.

五、(本题满分 12 分)

设函数 $f(x)$ 在 $[0,1]$ 上连续,在 $(0,1)$ 内可微,且 $f(0)=f(1)=0,f\left(\dfrac{1}{2}\right)=1$,证明:

(1) 存在一个 $\xi\in\left(\dfrac{1}{2},1\right)$ 使得 $f(\xi)=\xi$.

(2) 存在一个 $\eta\in(0,\xi)$ 使得 $f'(\eta)=f(\eta)-\eta+1$.

六、(本题满分 14 分)

设 $n>1$ 为整数,$F(x)=\int_0^x\mathrm{e}^{-t}\left(1+\dfrac{t}{1!}+\dfrac{t^2}{2!}+\cdots+\dfrac{t^n}{n!}\right)\mathrm{d}t$,证明:方程 $F(x)=\dfrac{n}{2}$

在 $\left(\dfrac{n}{2}, n\right)$ 内至少有一个根.

七、(本题满分 12 分)

是否存在 $\mathbf{R}^1$ 中的可微函数 $f(x)$ 使得 $f(f(x)) = 1 + x^2 + x^4 - x^3 - x^5$？

若存在,请给出一个例子;若不存在,请给出证明.

八、(本题满分 12 分)

设 $f(x)$ 在 $[0, +\infty)$ 上一致连续,且对于固定的 $x \in [0, +\infty)$,当自然数 $n \to \infty$ 时 $f(x+n) \to 0$. 证明函数序列 $\{f(x+n) : n = 1, 2, \cdots\}$ 在 $[0,1]$ 上一致收敛于 0.

2011 年(第二届) 大学生数学竞赛决赛试题

一、计算下列各题(本题满分 15 分, 共 3 小题, 每小题 5 分)

1. 求 $\lim\limits_{x \to 0}\left(\dfrac{\sin x}{x}\right)^{\frac{1}{1-\cos x}}$.

2. 求 $\lim\limits_{n \to \infty}\left(\dfrac{1}{n+1} + \dfrac{1}{n+2} + \cdots + \dfrac{1}{n+n}\right)$.

3. 已知 $\begin{cases} x = \ln(1 + e^{2t}) \\ y = t - \arctan e^t \end{cases}$, 求 $\dfrac{\mathrm{d}^2 y}{\mathrm{d}x^2}$.

二、(本题满分 10 分)

求方程 $(2x + y - 4)\mathrm{d}x + (x + y - 1)\mathrm{d}y = 0$ 的通解.

三、(本题满分 15 分)

设函数 $f(x)$ 在 $x = 0$ 的某邻域内有二阶连续导数, 且 $f(0)$、$f'(0)$、$f''(0)$ 均不为零, 证明: 存在唯一一组实数 k_1、k_2、k_3 使

$$\lim_{h \to 0} \frac{k_1 f(h) + k_2 f(2h) + k_3 f(3h) - f(0)}{h^2} = 0.$$

四、(本题满分 17 分)

设 $\Sigma_1 = \dfrac{x^2}{a^2} + \dfrac{y^2}{b^2} + \dfrac{z^2}{c^2} = 1$, 其中 $a > b > c > 0$, $\Sigma_2 : z^2 = x^2 + y^2$, Γ 为 Σ_1 和 Σ_2 的交线, 求椭球面 Σ_1 在 Γ 上各点的切平面到原点距离的最大值和最小值.

五、(本题满分 16 分)

已知 S 是空间曲线 $\begin{cases} x^2 + 3y^2 = 1 \\ z = 0 \end{cases}$ 绕 y 轴旋转形成的椭球面的上半部分($z \geqslant 0$), 取上侧, Π 是 S 在点 $P(x, y, z)$ 处的切平面, $\rho(x, y, z)$ 是原点到切平面 Π 的距离, λ、μ、v 表示 S 的正法向的方向余弦, 计算:

(1) $\displaystyle\iint\limits_{S} \frac{z}{\rho(x, y, z)} \mathrm{d}S$.

(2) $\displaystyle\iint\limits_{S} z(\lambda x + 3\mu y + vz) \mathrm{d}S$.

六、(本题满分 12 分)

设 $f(x)$ 是在 $(-\infty, +\infty)$ 内的可微函数, 且 $|f'(x)| < mf(x)$, 其中 $0 < m < 1$, 任取实数 a_0, 定义 $a_n = \ln f(a_{n-1})$, $n = 1, 2, \cdots$, 证明: $\displaystyle\sum_{n=1}^{\infty}(a_n - a_{n-1})$ 绝对收敛.

七、(本题满分 15 分)

是否存在区间 $[0,2]$ 上的连续可微函数 $f(x)$,满足 $f(0)=f(2)=1$,$|f'(x)| \leqslant 1$,$\left| \int_0^2 f(x) \mathrm{d}x \right| \leqslant 1$?请说明理由.

2012 年(第三届) 大学生数学竞赛决赛试题

一、计算下列各题(本题满分 30 分,共 5 小题,每小题 6 分)

1. 求 $\lim\limits_{x \to 0} \dfrac{\sin^2 x - x^2 \cos^2 x}{x^2 \sin^2 x}$.

2. 求 $\lim\limits_{x \to +\infty} \left[\left(x^3 + \dfrac{x}{2} - \tan \dfrac{1}{x} \right) \mathrm{e}^{\frac{1}{x}} - \sqrt{1 + x^6} \right]$.

3. 设函数 $f(x,y)$ 有二阶连续偏导数,满足 $f_x^2 f_{yy} - 2f_x f_y f_{xy} + f_y^2 f_{xx} = 0$,且 $f_y \neq 0$, $y = y(x,z)$ 是由方程 $z = f(x,y)$ 所确定的函数,求 $\dfrac{\partial^2 y}{\partial x^2}$.

4. 求不定积分 $I = \displaystyle\int \left(1 + x - \dfrac{1}{x} \right) \mathrm{e}^{x + \frac{1}{x}} \,\mathrm{d}x$.

5. 求曲面 $x^2 + y^2 = az$ 和 $z = 2a - \sqrt{x^2 + y^2}$ $(a > 0)$ 所围立体的表面积.

二、(本题满分 13 分)

讨论 $\displaystyle\int_0^{+\infty} \dfrac{x}{\cos^2 + x^a \sin^2 x} \,\mathrm{d}x$ 的敛散性,其中 α 是一个实常数.

三、(本题满分 13 分)

设函数 $f(x)$ 在 $(-\infty, +\infty)$ 上无穷次可微,并且满足:存在 $M > 0$,使得 $|f^{(k)}(x)| \leqslant M$, $\forall x \in (-\infty, +\infty)(k = 1, 2, \cdots)$,且 $f\left(\dfrac{1}{2^n}\right) = 0(n = 1, 2, \cdots)$,证明:在 $(-\infty, +\infty)$ 上,$f(x) \equiv 0$.

四、(本题满分 16 分,第 1 题 6 分,第 2 题 10 分)

设 D 为椭圆形 $\dfrac{x^2}{a^2} + \dfrac{y^2}{b^2} \leqslant 1 (a > b > 0)$,面密度为 ρ 的均匀薄板,l 为通过椭圆焦点 $(-c, 0)$(其中 $c^2 = a^2 - b^2$) 垂直于薄板的旋转轴.

(1) 求薄板 D 绕 l 旋转的转动惯量 J.

(2) 对于固定的转动惯量,讨论椭圆薄板的面积是否有最大值和最小值.

五、(本题满分 12 分)

设连续可微函数 $z = z(x,y)$ 由方程 $F(xz - y, x - yz) = 0$(其中 $F(u,v)$ 具有连续的偏导数) 唯一确定,L 为正向单位圆周,试求:$\displaystyle\oint_L (xz^2 + 2yz)\mathrm{d}y - (2xz + yz^2)\mathrm{d}x$.

六、(本题满分 16 分,第 1 题 6 分,第 2 题 10 分)

1. 求解微分方程 $\begin{cases} \dfrac{\mathrm{d}y}{\mathrm{d}x} - xy = x\mathrm{e}^{x^2} \\ y(0) = 1 \end{cases}$.

2. 若 $y = f(x)$ 为上述方程的解,证明:$\lim\limits_{n \to \infty} \displaystyle\int_0^1 \dfrac{n}{n^2 x^2 + 1} f(x)\mathrm{d}x = \dfrac{\pi}{2}$.

2013 年（第四届）大学生数学竞赛决赛试题

一、计算下列各题（本题满分 25 分，共 5 小题，每小题 5 分）

1. 求 $\lim\limits_{x\to 0^+}\left[\ln(x\ln a)\cdot\ln\left(\dfrac{\ln ax}{\ln\frac{x}{a}}\right)\right]\,(a>1)$.

2. 设 $f(u,v)$ 具有连续偏导数，且满足 $f_u(u,v)+f_v(u,v)=uv$，求 $y(x)=\mathrm{e}^{-2x}f(x,x)$ 所满足的一阶微分方程，并求其通解.

3. 求在 $[0,+\infty)$ 上的可微函数 $f(x)$，使 $f(x)=\mathrm{e}^{-u(x)}$，其中 $u(x)=\int_0^x f(t)\mathrm{d}t$.

4. 计算不定积分 $\displaystyle\int x\arctan x\ln(1+x^2)\mathrm{d}x$.

5. 过直线 $\begin{cases}10x+2y-2z=27\\x+y-z=0\end{cases}$ 作曲面 $3x^2+y^2-z^2=27$ 的切平面，求此切平面的方程.

二、（本题满分 15 分）

设曲面 $\Sigma:z^2=x^2+y^2,1\leqslant z\leqslant 2$，其面密度为常数 ρ，求在原点处的质量为 1 的质点和 Σ 之间的引力（记引力常数为 G）.

三、（本题满分 15 分）

设 $f(x)$ 在 $[1,+\infty)$ 上连续可导，$f'(x)=\dfrac{1}{1+f^2(x)}\left[\sqrt{\dfrac{1}{x}}-\sqrt{\ln\left(1+\dfrac{1}{x}\right)}\right]$，证明：$\lim\limits_{x\to+\infty}f(x)$ 存在.

四、（本题满分 15 分）

设函数 $f(x)$ 在 $[-2,2]$ 上二阶可导，且 $|f(x)|<1$，又 $f^2(0)+[f'(0)]^2=4$，试证：在 $(-2,2)$ 内至少存在一点 ξ，使 $f(\xi)+f''(\xi)=0$.

五、（本题满分 15 分）

求二重积分 $\displaystyle\iint\limits_{x^2+y^2\leqslant 1}|x^2+y^2-x-y|\mathrm{d}x\mathrm{d}y$.

六、（本题满分 15 分）

若对于任何收敛于零的序列 $\{x_n\}$，级数 $\sum\limits_{n=1}^{\infty}a_nx_n$ 都是收敛的，证明：级数 $\sum\limits_{n=1}^{\infty}|a_n|$ 收敛.

2014年(第五届)大学生数学竞赛决赛试题

一、计算下列各题(本题满分 28 分,共 4 小题,每小题 7 分)

1. 计算积分 $\int_0^{2\pi} x\mathrm{d}x \int_x^{2\pi} \frac{\sin^2 t}{t^2}\mathrm{d}t$.

2. 设 $f(x)$ 是 $[0,1]$ 上的连续函数,且满足 $\int_0^1 f(x)\mathrm{d}x = 1$,求一个这样的函数 $f(x)$,使得积分 $I = \int_0^1 (1+x^2)f^2(x)\mathrm{d}x$ 取得最小值.

3. 设 $F(x,y,z)$ 和 $G(x,y,z)$ 有连续偏导数,$\frac{\partial(F,G)}{\partial(x,z)} \neq 0$,曲线 Γ:
$\begin{cases} F(x,y,z)=0 \\ G(x,y,z)=0 \end{cases}$ 过点 $P_0(x_0,y_0,z_0)$,记 Γ 在 xOy 平面上的投影曲线为 S,求 S 上过点 (x_0,y_0) 的切线方程.

4. 设矩阵 $\boldsymbol{A} = \begin{bmatrix} 1 & 2 & 1 \\ 3 & 4 & a \\ 1 & 2 & 2 \end{bmatrix}$,其中 a 为常数,矩阵 $\boldsymbol{B}$ 满足关系式 $\boldsymbol{AB} = \boldsymbol{A} - \boldsymbol{B} + \boldsymbol{E}$,其中 $\boldsymbol{E}$ 是单位矩阵,且 $\boldsymbol{B} \neq \boldsymbol{E}$,若 $r(\boldsymbol{A}+\boldsymbol{B}) = 3$,试求常数 a.

二、(本题满分 12 分)

设 $f \in C^1(-\infty, +\infty)$,$f(x+h) = f(x) + f'(x)h + \frac{1}{2}f''(x+\theta h)h^2$,其中 θ 是与 x、h 无关的常数,证明:f 是不超过三次的多项式.

三、(本题满分 12 分)

设当 $x > -1$ 时,可微函数 $f(x)$ 满足条件 $f'(x) + f(x) - \frac{1}{x+1}\int_0^x f(t)\mathrm{d}t = 0$,且 $f(0) = 1$,试证:当 $x \geqslant 0$ 时有 $\mathrm{e}^{-x} \leqslant f(x) \leqslant 1$ 成立.

四、(本题满分 12 分)

设 $D = \{(x,y) \mid 0 \leqslant x \leqslant 1, 0 \leqslant y \leqslant 1\}$,$I = \iint\limits_D f(x,y)\mathrm{d}x\mathrm{d}y$,其中函数 $f(x,y)$ 在 D 上有连续二阶偏导数,若对任何 x,y 有 $f(0,y) = f(x,0) = 0$,且 $\frac{\partial^2 f}{\partial x \partial y} \leqslant A$,证明:$I \leqslant \frac{A}{4}$.

五、(本题满分 12 分)

设函数 $f(x)$ 连续可导,$P = Q = R = f[(x^2+y^2)z]$,有向曲面 Σ_t 是圆柱体 $x^2 +$

$y^2 \leqslant t^2, 0 \leqslant z \leqslant 1$ 的表面,方向朝外,记第二型曲面积分 $I_t = \iint\limits_{\Sigma_t} P\,\mathrm{d}y\mathrm{d}z + Q\,\mathrm{d}z\mathrm{d}x +$

$R\,\mathrm{d}x\mathrm{d}y$,求极限 $\lim\limits_{t \to 0^+} \dfrac{I_t}{t^4}$.

六、(本题满分 12 分)

设 $\boldsymbol{A}$、$\boldsymbol{B}$ 为 n 阶正定矩阵,证明:$\boldsymbol{AB}$ 为正定矩阵的充分必要条件是 $\boldsymbol{AB} = \boldsymbol{BA}$.

七、(本题满分 12 分)

假设 $\sum\limits_{n=0}^{\infty} a_n x^n$ 的收敛半径为 1,$\lim\limits_{n \to \infty} n a_n = 0$ 且 $\lim\limits_{x \to 1^-} \sum\limits_{n=0}^{\infty} a_n x^n = A$,证明:级数 $\sum\limits_{n=0}^{\infty} a_n$

收敛,且 $\sum\limits_{n=0}^{\infty} a_n = A$.

2015 年(第六届) 大学生数学竞赛决赛试题

一、填空题(本题满分 30 分,共 6 小题,每小题 5 分)

1. 极限 $\lim\limits_{x \to \infty} \dfrac{\left(\int_0^x e^{u^2} du\right)^2}{\int_0^x e^{2u^2} du}$ 的值是_____.

2. 设实数 $a_0 \neq 0$,则微分方程 $\begin{cases} y''(x) - a[y'(x)]^2 = 0 \\ y(0) = 0, y'(0) = -1 \end{cases}$ 的解是_____.

3. 设矩阵 $A = \begin{bmatrix} \lambda & 0 & 0 \\ 0 & \lambda & 0 \\ -1 & 1 & \lambda \end{bmatrix}$,则 $A^{50} = $_____.

4. 不定积分 $\displaystyle\int \dfrac{x^2+1}{x^4+1} dx = $_____.

5. 设曲线积分 $I = \oint_L \dfrac{x\,dy - y\,dx}{|x| + |y|}$,其中 L 是以 $(1,0),(0,1),(-1,0),(0,-1)$ 为顶点的正方形的边界曲线,方向为逆时针,则 $I = $_____.

6. 设 D 是平面上由光滑封闭曲线围成的有界区域,其面积为 $A > 0$,函数 $f(x,y)$ 在该区域及其边界上连续,且 $f(x,y) > 0$,记 $J_n = \left(\dfrac{1}{A} \iint\limits_D f^{\frac{1}{n}}(x,y) d\sigma\right)^n$,则极限 $\lim\limits_{n \to +\infty} J_n = $_____.

二、(本题满分 12 分)

设 $l_j, j = 1, 2, \cdots, n$ 是平面上点 P_0 处的 $n \geq 2$ 个方向向量,相邻两个向量之间的夹角为 $\dfrac{2\pi}{n}$,若函数 $f(x,y)$ 在点 P_0 处有连续偏导数,证明:$\sum\limits_{j=1}^{n} \dfrac{\partial f(P_0)}{\partial l_j} = 0$.

三、(本题满分 14 分)

设 A_1、A_2、B_1、B_2 均为,阶方阵,其中 A_2、B_2 可逆,证明:存在可逆矩阵 P、Q 使 $PA_iQ = B_i(i = 1,2)$ 成立的充要条件是 $A_1 A_2^{-1}$ 和 $B_1 B_2^{-1}$ 相似.

四、(本题满分 14 分)

设 $P > 0, x_1 = \dfrac{1}{4}, x_{n+1}^P = x_n^P + x_n^{2P}(n = 1, 2, \cdots)$,证明:级数 $\sum\limits_{n=1}^{\infty} \dfrac{1}{1 + x_n^P}$ 收敛并求其和.

五、(本题满分 15 分)

1. 将 $[-\pi, \pi)$ 上的函数 $f(x) = |x|$ 展开成傅里叶级数,并证明 $\sum\limits_{k=1}^{\infty} \dfrac{1}{k^2} = \dfrac{\pi^2}{6}$.

2. 求积分 $I = \int_0^{+\infty} \dfrac{u}{1+\mathrm{e}^u}\mathrm{d}u$ 的值.

六、(本题满分 15 分)

设 $f(x,y)$ 为 $\mathbf{R}^2$ 上的非负连续函数, 若 $\lim\limits_{t \to +\infty} \iint\limits_{x^2+y^2 \leqslant t^2} f(x,y)\mathrm{d}\sigma$ 存在有限, 则称广义积分 $\iint\limits_{R^2} f(x,y)\mathrm{d}\sigma$ 收敛于 I.

1. 设 $f(x,y)$ 为 $\mathbf{R}^2$ 上的非负连续函数, 若 $\iint\limits_{R^2} f(x,y)\mathrm{d}\sigma$ 收敛于 I, 证明: 极限 $\lim\limits_{t \to +\infty} \iint\limits_{-t \leqslant x, y \leqslant t} f(x,y)\mathrm{d}\sigma$ 存在且收敛于 I.

2. 设 $\iint\limits_{R^2} \mathrm{e}^{ax^2+2bxy+cy^2}\mathrm{d}\sigma$ 收敛于 I, 其中二次型 $ax^2+2bxy+cy^2$ 在正交变换下的标准形为 $\lambda_1 u^2 + \lambda_2 v^2$, 证明: λ_1 和 λ_2 都小于 0.

附录4 基础知识

一、三角公式

1. 平方关系

(1) $\sin^2\alpha + \cos^2\alpha = 1$ (2) $1 + \tan^2\alpha = \sec^2\alpha$

(3) $1 + \cot^2\alpha = \csc^2\alpha$

2. 倍角公式

(1) $\sin 2\alpha = 2\sin\alpha\cos\alpha$

(2) $\cos 2\alpha = \cos^2\alpha - \sin^2\alpha = 2\cos^2\alpha - 1 = 1 - 2\sin^2\alpha$

(3) $\tan 2\alpha = \dfrac{2\tan\alpha}{1 - \tan^2\alpha}$

3. 两角和与差公式

(1) $\sin(\alpha \pm \beta) = \sin\alpha\cos\beta \pm \cos\alpha\sin\beta$

(2) $\cos(\alpha \pm \beta) = \cos\alpha\cos\beta \mp \sin\alpha\sin\beta$

(3) $\tan(\alpha \pm \beta) = \dfrac{\tan\alpha \pm \tan\beta}{1 \mp \tan\alpha\tan\beta}$

4. 万能公式

(1) $\sin\alpha = \dfrac{2\tan\frac{\alpha}{2}}{1 + \tan^2\frac{\alpha}{2}}$ (2) $\cos\alpha = \dfrac{1 - \tan^2\frac{\alpha}{2}}{1 + \tan^2\frac{\alpha}{2}}$

(3) $\tan\alpha = \dfrac{2\tan\frac{\alpha}{2}}{1 - \tan^2\frac{\alpha}{2}}$

5. 积化和差公式

(1) $\sin\alpha\cos\beta = \dfrac{1}{2}\big[\sin(\alpha + \beta) + \sin(\alpha - \beta)\big]$

(2) $\cos\alpha\sin\beta = \dfrac{1}{2}\big[\sin(\alpha + \beta) - \sin(\alpha - \beta)\big]$

(3) $\cos\alpha\cos\beta = \dfrac{1}{2}\big[\cos(\alpha + \beta) + \cos(\alpha - \beta)\big]$

(4) $\sin\alpha\sin\beta = -\dfrac{1}{2}\big[\cos(\alpha + \beta) - \cos(\alpha - \beta)\big]$

6. 和差化积公式

(1) $\sin\alpha + \sin\beta = 2\sin\dfrac{\alpha+\beta}{2}\cos\dfrac{\alpha-\beta}{2}$

(2) $\sin\alpha - \sin\beta = 2\cos\dfrac{\alpha+\beta}{2}\sin\dfrac{\alpha-\beta}{2}$

(3) $\cos\alpha + \cos\beta = 2\cos\dfrac{\alpha+\beta}{2}\cos\dfrac{\alpha-\beta}{2}$

(4) $\cos\alpha - \cos\beta = -2\sin\dfrac{\alpha+\beta}{2}\sin\dfrac{\alpha-\beta}{2}$

二、反三角函数公式

1. $\arccos(-x) = \pi - \arccos x$

2. $\text{arccot}(-x) = \pi - \text{arccot}\, x$

3. $\arcsin x + \arccos x = \dfrac{\pi}{2}$

4. $\arctan x + \text{arccot}\, x = \dfrac{\pi}{2}$

5. $\sin(\arcsin x) = x$

6. $\sin(\arccos x) = \sqrt{1-x^2}$

7. $\sin(\arctan x) = \dfrac{x}{\sqrt{1+x^2}}$

8. $\sin(\text{arccot}\, x) = \dfrac{1}{\sqrt{1+x^2}}$

9. $\cos(\arcsin x) = \sqrt{1-x^2}$

10. $\cos(\arccos x) = x$

11. $\cos(\arctan x) = \dfrac{1}{\sqrt{1+x^2}}$

12. $\cos(\text{arccot}\, x) = \dfrac{x}{\sqrt{1+x^2}}$

13. $\tan(\arcsin x) = \dfrac{x}{\sqrt{1-x^2}}$

14. $\tan(\arccos x) = \dfrac{\sqrt{1-x^2}}{x}$

15. $\tan(\arctan x) = x$

16. $\tan(\text{arccot}\, x) = \dfrac{1}{x}$

17. $\cot(\arcsin x) = \dfrac{\sqrt{1-x^2}}{x}$

18. $\cot(\arccos x) = \dfrac{x}{\sqrt{1-x^2}}$

19. $\cot(\arctan x) = \dfrac{1}{x}$

20. $\cot(\text{arccot}\, x) = x$

三、代数公式

1. 对数公式

(1) $\log_a a = 1, \log_a 1 = 0$

(2) $\log_a(xy) = \log_a x + \log_a y$

(3) $\log_a x^y = y\log_a x$

(4) $\log_a \dfrac{x}{y} = \log_a x - \log_a y$

(5) $\log_x y = \dfrac{\log_a y}{\log_a x}$

(6) $x^y = a^{y\log_a x}$

2. 方幂公式

(1) $a^m a = a^{m+n}$

(2) $\dfrac{a^m}{a^n} = a^{m-n}$

(3) $(a^m)^n = a^{mn}$ (4) $(ab)^m = a^m b^m$

(5) $\left(\dfrac{a}{b}\right)^m = \dfrac{a^m}{b^m}$

(6) $(a+b)^n = C_n^0 a^n + C_n^1 a^{n-1} b + \cdots + C_n^{n-1} ab^{n-1} + C_n^n b^n$

3. 求和公式

(1) 等差数列 n 项和 $s_n = a_1 + a_2 + \cdots + a_n = \dfrac{n(a_1+a_n)}{2} = na_1 + \dfrac{n(n-1)}{2}d$

(2) 等比数列 n 项和 $s_n = a_1 + a_1 q + \cdots + a_1 q^{n-1} = \dfrac{a_1(1-q^n)}{1-q}(q \neq 1)$

(3) $1 + 2 + 3 + \cdots + n = \dfrac{n(n+1)}{2}$

(4) $1^2 + 2^2 + 3^2 + \cdots + n^2 = \dfrac{n(n+1)(2n+1)}{6}$

(5) $\dfrac{1}{1\times 2} + \dfrac{1}{2\times 3} + \cdots + \dfrac{1}{n(n+1)} = 1 - \dfrac{1}{n+1} = \dfrac{n}{n+1}$

四、极坐标

1. 极坐标系

在平面内取一个定点 O(称为极点),以点 O 为端点引一条射线 Ox(称为极轴),再选定一个长度单位和角度的正方向(通常取逆时针方向),如图1,对于平面内任意一点 M,设 $r = |OM|$,θ 表示从 Ox 到 OM 的旋转角,则点 M 的位置可以用有序数对 (r,θ) 表示,对于点 O,显然有 $r = 0$,θ 可取任意值. 这样就在平面上建立了一个不同于直角坐标系的坐标系,我们称之为极坐标系. 而 (r,θ) 称为点 P 的极坐标,记为 $M(r,\theta)$,其中 r 称为点 M 的极径,θ 称为点 M 的极角.

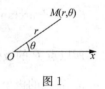

图 1

在极坐标系中,我们规定 $r \geqslant 0$,$0 \leqslant \theta < 2\pi$,则一个极坐标对应唯一确定的点,一个点(极点除外)对应唯一一个极坐标,即极坐标系中的点(极点除外) 与极坐标一一对应.

2. 直角坐标与极坐标的互化

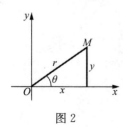

图 2

如图2,把直角坐标系的原点作为极点 O,x 轴的正半轴为极轴,并且在两种坐标系中取相同的长度单位. 设 M 为平面内任一点,它的直角坐标为 (x,y),极坐标为 (r,θ),则由三角知识不难得出它们之间有如下变换公式:

(1) $\begin{cases} x = r\cos\theta \\ y = r\sin\theta \end{cases}$

$$(2)\ r = \sqrt{x^2 + y^2}, \theta = \begin{cases} \arctan \dfrac{y}{x}, & x > 0, y \geqslant 0 \\[2mm] \dfrac{\pi}{2}, & x = 0, y > 0 \\[2mm] \pi + \arctan \dfrac{y}{x}, & x < 0, y \in \mathbf{R} \\[2mm] \dfrac{3\pi}{2}, & x = 0, y < 0 \\[2mm] 2\pi + \arctan \dfrac{y}{x}, & x > 0, y < 0 \end{cases}$$

例如,把点 P 的极坐标 $\left(6, \dfrac{7\pi}{6}\right)$ 化为极坐标. 事实上

$$x = r\cos\theta = 6\cos\frac{7\pi}{6} = 6 \times \left(-\frac{\sqrt{3}}{2}\right) = -3\sqrt{3},$$

$$x = r\sin\theta = 6\sin\frac{7\pi}{6} = 6 \times \left(-\frac{1}{2}\right) = -3,$$

所以点 P 的直角坐标为 $(-3\sqrt{3}, -3)$.

再如,把点 P 的直角坐标 $(-\sqrt{3}, 1)$ 化为极坐标. 事实上

$$r = \sqrt{x^2 + y^2} = \sqrt{(-\sqrt{3})^2 + 1^2} = 2,$$

$$\theta = \pi + \arctan\frac{y}{x} = \pi + \arctan\frac{1}{-\sqrt{3}} = \pi - \frac{\pi}{6} = \frac{5\pi}{6},$$

所以点 P 的极坐标为 $\left(2, \dfrac{5\pi}{6}\right)$.

3. 直线的极坐标方程

(1) 直线 $y = x$ 的极坐标方程为 $\theta = \dfrac{\pi}{4}$.

(2) 直线 $x + y = 1$ 的极坐标方程为 $r = \dfrac{1}{\sin\theta + \cos\theta}$.

4. 圆的极坐标方程

(1) 圆 $x^2 + y^2 = R^2$ 的极坐标方程为 $r = R$.

(2) 圆 $(x - R)^2 + y^2 = R^2$ 的极坐标方程为 $r = 2R\cos\theta$.

(3) 圆 $x^2 + (y - R)^2 = R^2$ 的极坐标方程为 $r = 2R\sin\theta$.

参考答案与提示

第1章

一、1. $[1, +\infty)$.　　2. -3.　　3. $\dfrac{1}{8}\left(x + \dfrac{3}{x}\right)$.　　4. 有界.

5. π.

二、1. $\dfrac{\sqrt{2}}{2}, -\dfrac{2}{3}$.　　2. $\dfrac{x}{1+3x}$.　　3. $[0,1)$.　　4. 奇函数.

5. $y = \ln(x + \sqrt{x^2+1})$.

三、1. 对数性质.　　2. 偶函数定义.　　3. 无界定义,取 $x_0 = \dfrac{1}{1+M}$.

第2章

2.1

一、1. 1.　　2. $\dfrac{1}{2}$.　　3. $\dfrac{27}{32}$.　　4. $\dfrac{3}{4}$.

二、1. $\dfrac{1}{6}$.　　2. -1.　　3. $\dfrac{1}{2}$.　　4. $\dfrac{1}{2}$.

5. $-\dfrac{3}{2}$.　　6. $\dfrac{1}{4}$.　　7. $\dfrac{1}{1-a}$.　　8. $a=2, b=-1$.

9. $a=1, b=-2$.　　10. $\dfrac{\sqrt{2}}{2}$.　　11. 1

三、1. 极限定义.　　2. 极限定义.　　3. 证明左右极限不相等.

2.2

一、1. 3.　　2. $-\dfrac{\pi}{2}$.　　3. 2.　　4. e^{-3}.

二、1. 1.　　2. $\dfrac{1}{2}$.　　3. 5.　　4. $-\pi$.

5. $-\dfrac{1}{3}$.　　6. $\dfrac{\sin x}{x}$.　　7. 2.　　8. e^3.

9. $\ln 2$.　　10. e^{-6}.　　11. 1

三、 **1.** 存在准则 Ⅰ.　　**2.** 存在准则 Ⅱ.　　**3.** 极限定义.

2.3

一、 **1.** 0.　　　　**2.** 0.　　　　**3.** 1.　　　　**4.** $\dfrac{1}{2}$.

二、 **1.** 1.　　　　**2.** $\dfrac{1}{\varphi}$.　　　　**3.** (1) $\dfrac{1}{2}$.　　(2) 3.

　　 4. $\dfrac{15}{4}$.　　　　**5.** $a=1,b=3$.

三、 **1.** 证明两个无穷小商的极限为 1.　　**2.** 证明 $\dfrac{1}{f(x)+g(x)}$ 的极限为 0.

2.4

一、 **1.** 0.　　　　**2.** $(1,2)\bigcup(2,+\infty)$.　　　　**3.** $\dfrac{1}{2}$.　　　　**4.** $x=1$.

二、 **1.** $\dfrac{3}{4}$.　　　　**2.** e^2.　　　　**3.** 0.　　　　**4.** $\sqrt{ab}$.

　　 5. $a=0,b=1$.　　**6.** $\dfrac{1}{2}$.　　　　**7.** 在 $(-\infty,+\infty)$ 内连续.

　　 8. $x=0$ 为跳跃间断点;$x=1$ 为第二类间断点;$x=2$ 为可去间断点.

　　 9. 在 $(-\infty,+\infty)$ 内连续.　　　　**10.** $x=\pm1$ 为跳跃间断点.

三、 **1.** 作辅助函数 $f(x)=\ln x-\dfrac{2}{x}$,利用零点定理证.

　　 2. 作辅助函数 $F(x)=f(x)-x$,利用零点定理证.

　　 3. 作辅助函数 $F(x)=f(x)-f(1+x)$,利用零点定理证.

　　 4. 极限性质与有界定理.

第 3 章

3.1

一、 **1.** 6.　　　　**2.** $3x+2y-12=0$.　　　　**3.** $(1-x)\mathrm{e}^{-x}$.

　　 4. $-\dfrac{2}{x(1+\ln x)^2}$.　　　　**5.** $-2xf'(1-x^2)$.

二、 **1.** $x\cos x,\dfrac{\pi}{6}$.　　　　**2.** $-\dfrac{1}{1+x^2}$.　　　　**3.** $\dfrac{1}{\sqrt{x^2+4}}$.

　　 4. $-\dfrac{1}{x^2}\sin\dfrac{2}{x}\mathrm{e}^{\sin^2\frac{1}{x}}$.　　**5.** 连续、可导.　　　　**6.** e^{-1}.

　　 7. $y-7=-3(x-1)$ 或 $y+7=-3(x+1)$.　　　　**8.** $a=1,b=0$.

9. $f'(x) = \begin{cases} \dfrac{2-x^2}{(2+x^2)^2}, & x < 0 \\ 0, & x > 0 \end{cases}$.　**10.** $100!$

11. $f^2(x)f'(x)e^{f(x)}[3+f(x)]$

三、 1. 利用导数定义证.

2. 通过切线方程得到截距. 证面积为 $2a^2$.

3. 导数定义

3.2

一、 1. $-\csc^2 x$. 　**2.** 0. 　**3.** $(-3)^n e^{-3x}$. 　**4.** $(-1)^n n!$.

二、 1. $\dfrac{1}{\sqrt{4-x^2}}$. 　**2.** $-4e^x \sin x$. 　**3.** $2e^3$. 　**4.** $\dfrac{5}{32}$.

5. $(-1)^{n-1}(n-1)!\left[\dfrac{1}{(x+2)^n} - \dfrac{1}{(x+3)^n}\right]$.

6. $-x^2 \sin x + 100x\cos x + 2450\sin x$. 　　**7.** $\dfrac{(-1)^{n-1}n!}{n-2}$.

三、 利用商的导数及复合函数求导可证.

3.3

一、 1. $-\dfrac{3x^2+y}{x+3y^2}$. 　**2.** e. 　**3.** $x^x(1+\ln x)$. 　**4.** $1+\sqrt{2}$.

二、 1. $\dfrac{3x^2-ye^{xy}}{xe^{xy}+2y}$. 　**2.** $\dfrac{x+y}{x-y}$. 　**3.** $\dfrac{2}{2-\cos y}, -\dfrac{4\sin y}{(2-\cos y)^3}$.

4. 1.

5. 切线方程: $x+ey-e=0$, 法线方程: $ex-y+1=0$.

6. $\left(\dfrac{x}{1+x}\right)^x\left[\ln\left(\dfrac{x}{1+x}\right)+\dfrac{1}{1+x}\right]$.

7. $\dfrac{(x-1)^3\sqrt{x+1}}{e^x(x+2)^2}\left(\dfrac{3}{x-1}+\dfrac{1}{2(x+1)}-1-\dfrac{2}{x+2}\right)$.

8. $\dfrac{1}{2}+2e$. 　　**9.** $3(1+t^2)\cdot\dfrac{6t(1+t^2)}{2+t^2}$.

10. $\dfrac{y(2-y)}{x(y\ln x-1)}$. 　　**11.** $\dfrac{f''-(1-f')^2}{x^2(1-f')^3}$.

3.4

一、 1. 0.12. 　**2.** $x\cos x\,\mathrm{d}x$. 　**3.** $\dfrac{1-\ln x}{x^2}\,\mathrm{d}x$. 　**4.** $\dfrac{1}{2}$.

二、 1. $\dfrac{1}{x^2}\sin\dfrac{2}{x}\mathrm{d}x$.   2. $\dfrac{\mathrm{e}^x}{\sqrt{1+\mathrm{e}^{2x}}}\mathrm{d}x$.

3. $-\dfrac{2x}{1+x^4}\mathrm{d}x$.   4. $-\pi\mathrm{d}x$.   5. $(\ln 2-1)\mathrm{d}x$.   6. $-\dfrac{4y+2x}{\mathrm{e}^y+4x}\mathrm{d}x$.

7. $\dfrac{1}{x(1+\ln y)}\mathrm{d}x$.   8. $f(x)f'(x)\mathrm{e}^{f(x)}\big[2+f(x)\big]\mathrm{d}x$.   9. 2.0017.

三、 1. 利用近似计算公式证.

  2. (1) 证明 $f(x)$ 在 $x=0$ 处可导.   (2) 证明 $f'(x)$ 在 $x=0$ 处不可导.

第 4 章

4.1

一、 1. $\sqrt{3}$.   2. $\dfrac{1-\ln 2}{\ln 2}$.   3. 3.   4. $x+\dfrac{1}{3}x^3+o(x^3)$.

二、 1. $-\dfrac{1}{12}$.   2. $\dfrac{3}{2}$

三、 1. 令 $F(x)=x^3 f(x)$，对 $F(x)$ 使用罗尔定理.

  2. 令 $F(x)=\mathrm{e}^{-x}f(x)$，对 $F(x)$ 使用罗尔定理.

  3. 令 $f(x)=x^5+x+1$，对 $f(x)$ 先利用零点定理，再使用单调性或罗尔定理.

  4. 先对 $F(x)$ 使用罗尔定理，再对 $F'(x)$ 使用罗尔定理.

  5. 令 $F(x)=\mathrm{e}^{2015x}f(x)$，对 $F(x)$ 使用罗尔定理.

  6. 令 $F(x)=xf(x)$，对 $F(x)$ 使用拉格朗日中值定理.

  7. 令 $f(x)=\arctan x$，对 $f(x)$ 使用拉格朗日中值定理.

  8. 令 $f(x)=\arctan x-\dfrac{1}{2}\arccos\dfrac{2x}{1+x^2}$，证明 $f'(x)=0$.

  9. 令 $f(x)=\dfrac{\mathrm{e}^x}{x}$，$g(x)=\dfrac{1}{x}$，使用柯西中值定理.

  10. 先对 e^x，$f(x)$ 使用柯西中值定理，再对 $f(b)-f(a)$ 使用拉格朗日中值定理.

  11. 先在 $[0,2]$ 上使用介值定理得到 $f(c)=1$，再在 $[c,3]$ 使用罗尔定理.

  12. (1) 令 $F(x)=f(x)+x-1$，对 $F(x)$ 使用零点定理.

   (2) 对 $f(x)$ 在 $[0,\xi]$，$[\xi,1]$ 上使用拉格朗日中值定理.

4.2

一、 1. $\dfrac{1}{6}$.   2. 1.   3. 1.   4. 0.   5. e^2.

二、1. $\dfrac{1}{3}$.　　2. $\dfrac{1}{2}$.　　3. $\dfrac{1}{\sqrt{b}}$.　　4. $\dfrac{4}{\pi}$.　　5. $\dfrac{1}{2}$.

6. $\dfrac{1}{3}$.　　7. 1.　　8. $\mathrm{e}^{-\frac{2}{\pi}}$.　　9. e^{-1}.　　10. $a=b=-1$.

三、先使用洛必达法则,再利用导数定义.

4.3

一、1. $\left(\dfrac{3}{4},1\right)$.　　2. 2.　　3. 2.　　4. $\sqrt{3}+\dfrac{\pi}{6}$.

二、1. 在 $(0,\mathrm{e}^{-\frac{1}{2}})$ 上单调减少,在 $(\mathrm{e}^{-\frac{1}{2}},+\infty)$ 上单调增加.

2. 单增区间:$(-\infty,-1),(1,+\infty)$,单减区间:$(-1,1)$.

3. 极大值 $f\left(\dfrac{1}{3}\right)=\dfrac{1}{3}\sqrt[3]{4}$,极小值 $f(1)=0$.

4. 最大值 $M=16$,最小值 $m=0$.

5. 单调增区间为 $(-\infty,-1]$、$[3,+\infty)$,单调减区间为 $[-1,3]$;极大值点为 $x=-1$,极小值点为 $x=3$.

6. $a=2,b=\dfrac{1}{2}$,极大值 $f(1)=-\dfrac{5}{2}$,极小值 $f(2)=2\ln2-4$.

7. 极大值 $f\left(\dfrac{1}{2}\right)=\dfrac{1}{2}\mathrm{e}^{-1}$.　　8. $h=\dfrac{4}{3}R,V=\dfrac{32}{81}\pi R^3$.

三、1. 令 $f(x)=\mathrm{e}^x-\mathrm{e}x$,利用单调性证.

2. 令 $f(x)=\arctan x+\dfrac{1}{x}-\dfrac{\pi}{2}$,利用单调性证.

3. 先求 $F'(x)$,再对 $f(x)-f(a)$ 使用拉格朗日中值定理,最后由 $f'(x)$ 单调增加即可证明.

4.4

一、1. $(-\infty,1)$.　　2. $(-\infty,-1)$.　　3. 2.　　4. $(2,2\mathrm{e}^{-2})$.

二、1. 曲线在 $(-\infty,-1),(2,+\infty)$ 上为凹弧,在 $(-1,2)$ 上为凸弧.

2. $(1,0)$.

3. 凹区间为 $\left(0,\dfrac{1}{2}\right)$,凸区间为 $\left(\dfrac{1}{2},+\infty\right)$,拐点 $\left(\dfrac{1}{2},\dfrac{1}{2}\ln2\right)$.

4. $a=-6,b=9,c=2$.

三、令 $f(t)=\ln t$,求 $f''(t)$,再利用凸弧定义证.

4.5

一、1. $y=\dfrac{1}{4}$.　　2. $x=-1$.　　3. $\dfrac{\sqrt{2}}{4}$.　　4. $\dfrac{3\sqrt{3}}{2}$.

二、 1. $y = x + \dfrac{1}{e}$.　　**2.** 略.　　**3.** $\dfrac{4\sqrt{5}}{25}$.

4. $(1, -1)$，最大曲率 $K = 2$.　　**5.** $K = \dfrac{1}{3\sqrt{2}}, \rho = 3\sqrt{2}$.

第 5 章

5.1

一、 **1.** $\dfrac{2}{7} x^{\frac{7}{2}} + C$.　　　　　　　　**2.** $-\cot x - x + C$.

3. $e^x - \ln|x| + C$.　　　　　**4.** $\sin x - \cos x + C$.

二、 **1.** $\dfrac{1}{3} x^3 - \dfrac{3}{2} x^2 + 3x - \ln|x| + C$.　**2.** $-\dfrac{3}{x} - \arctan x + C$.

3. $\dfrac{1}{2}(x - \sin x) + C$.　　　　**4.** $3x - \dfrac{5}{\ln 3 - \ln 4}\left(\dfrac{3}{4}\right)^x + C$.

5. $y = \ln x + 2$.

5.2

一、 **1.** $\dfrac{2}{3}\sqrt{3x+2} + C$.　　　　　**2.** $\dfrac{1}{2} f(2x) + C$.

3. $\ln|\ln x| + C$.　　　　　　　**4.** $-\sqrt{1-x^2} + C$.

二、 **1.** $x - \ln|1 + e^x| + C$.　　　**2.** $2\sin x - \dfrac{2}{3}\sin^3 x + \dfrac{1}{5}\sin^5 x + C$.

3. $-\dfrac{1}{x} + \dfrac{1}{2}\ln\left|\dfrac{1+x}{1-x}\right| + C$.　　**4.** $\arcsin\dfrac{x}{3} + \sqrt{9-x^2} + C$.

5. $x - \dfrac{1}{\sqrt{2}}\arctan(\sqrt{2}\tan x) + C$.　　**6.** $\dfrac{\arcsin x}{2} - \dfrac{x\sqrt{1-x^2}}{2} + C$.

7. $-\dfrac{\sqrt{1+x^2}}{x} + C$.　　　　**8.** $\sqrt{x^2-4} - 2\arccos\dfrac{2}{x} + C$.

9. $\dfrac{3}{2}(1+x)^{\frac{2}{3}} - 3(1+x)^{\frac{1}{3}} + 3\ln\left|1 + \sqrt[3]{1+x}\right| + C$.

10. $\ln\left|\dfrac{\sqrt{1-x} - \sqrt{1+x}}{\sqrt{1-x} + \sqrt{1+x}}\right| + 2\arctan\sqrt{\dfrac{1-x}{1+x}} + C$.

11. $\dfrac{1}{3}(1+x^2)^{\frac{3}{2}} - (1+x^2)^{\frac{1}{2}} + C$.　**12.** $\ln\left|\dfrac{\sqrt{1+e^x}-1}{\sqrt{1+e^x}+1}\right| + C$.

13. $\arctan\dfrac{x}{\sqrt{1+x^2}} + C$.　　**14.** $\dfrac{1}{2}\left(\arcsin x + \ln\left|x + \sqrt{1-x^2}\right|\right) + C$.

15. $\dfrac{3}{8}x - \dfrac{1}{4}\sin 2x + \dfrac{1}{32}\sin 4x + C.$ **16.** $\dfrac{x}{2} + \dfrac{1}{2}\ln|\sin x + \cos x| + C.$

17. $\ln|x| - \dfrac{1}{2}\ln|1 + \sqrt{1+x^4}| + C.$

5.3

一、 **1.** $x\sin x + \cos x + C.$

2. $xe^x - e^x + C.$

3. $x\log_2 x - \dfrac{1}{\ln 2}x + C.$

4. $x\arctan x - \dfrac{1}{2}\ln|1+x^2| + C.$

二、 **1.** $-\dfrac{1}{2}e^{-2x}\left(x^2 + x + \dfrac{1}{2}\right) + C.$

2. $\dfrac{x^2}{4} - \dfrac{x}{4}\sin 2x - \dfrac{1}{8}\cos 2x + C.$

3. $-\dfrac{1}{x}(\ln^2 x + 2\ln x + 2) + C.$

4. $\dfrac{1+x^2}{2}\text{arc cot}\,x + \dfrac{x}{2} + C.$

5. $\dfrac{e^{2x}(2\sin 3x - 3\cos 3x)}{13} + C.$

6. $x(\arcsin x)^2 + 2\sqrt{1-x^2}\,\arcsin x - 2x + C.$

7. $f(x) = x\ln x - x + 1.$

8. $\cos x - \dfrac{2\sin x}{x} + C.$

9. $3e^{\sqrt[3]{x}}(x^{\frac{2}{3}} - 2x^{\frac{1}{3}} + 2) + C.$

10. $\dfrac{xe^x}{1+e^x} - \ln|1+e^x| + C.$

11. $-\cot x\ln\sin x - \cot x - x + C.$

12. $\dfrac{x}{2}[\cos(\ln x) + \sin(\ln x)] + C.$

13. $-\dfrac{\arctan x}{x} + \ln|x| - \dfrac{1}{2}\ln|1+x^2| - \dfrac{1}{2}(\arctan x)^2 + C.$

14. $e^x\ln x + C.$

5.4

一、 **1.** $\dfrac{1}{4}\ln\left|\dfrac{x-3}{x+1}\right| + C.$

2. $\dfrac{1}{2}\arctan\dfrac{x+1}{2} + C.$

3. $2(\sqrt{x} - \ln|1+\sqrt{x}|) + C.$

4. $\tan x - \sec x + C.$

二、 **1.** $-\dfrac{1}{5}\ln|1+x^2| + \dfrac{1}{5}\arctan x + \dfrac{2}{5}\ln|x-2| + C.$

2. $\dfrac{1}{2}\ln|x+1| - \dfrac{1}{2(x+1)} - \dfrac{1}{4}\ln|1+x^2| + C.$

3. $\ln|x| - \dfrac{1}{9}\ln|1+x^9| + C.$

4. $-2\sqrt{1-x} + 3\sqrt[3]{1-x} - 6\sqrt[6]{1-x} + 6\ln|1+\sqrt[6]{1-x}| + C.$

5. $-\dfrac{3}{2}\sqrt[3]{\dfrac{x+1}{x-1}}+C.$ **6.** $\ln\left|1+\tan\dfrac{x}{2}\right|+C.$

7. $\dfrac{1}{2\sqrt{3}}\arctan\dfrac{2\tan x}{\sqrt{3}}+C.$ **8.** $\dfrac{1}{2}x-\dfrac{1}{2}\ln|\sin x+\cos x|+C.$

第 6 章

6.1

一、**1.** $2x\cos|x|.$ **2.** 2. **3.** $1-\dfrac{\pi}{4}.$ **4.** $(1,0).$

二、**1.** $2\displaystyle\int_0^x f(t)\mathrm{d}t+2xf(x).$ **2.** 3. **3.** $\dfrac{1}{3}.$

4. $-\dfrac{1}{6}.$ **5.** $F(x)=\begin{cases}\dfrac{x^2}{2}, & x<1\\[2mm]\dfrac{x^3}{3}+\dfrac{1}{6}, & x\geqslant 1\end{cases}.$ **6.** $2\ln 2.$

7. $4(\sqrt{2}-1).$ **8.** $\dfrac{65}{4}.$ **9.** $\pi-\dfrac{4}{3}.$ **10.** $\dfrac{17}{6}.$

11. $3-\sin 1-\sin 3.$ **12.** $f(0)=0$ **13.** $\dfrac{4}{3}.$

14. $\dfrac{1}{2}+\ln 2.$

三、**1.** 利用积分中值定理由条件得 $f(1)=f(\eta)$,令 $F(x)=xf(x)$,再使用罗尔定理证.

2. 令 $F(x)=x^2 f(x)-2\displaystyle\int_0^x tf(t)\mathrm{d}t-f(1)x$,再使用罗尔定理证.

3. 令 $F(x)=2x-\displaystyle\int_0^x f(t)\mathrm{d}t-1$,先利用零点定理,再利用单调性或罗尔定理证.

6.2

一、**1.** 0. **2.** $2(\mathrm{e}-1).$ **3.** $\sin x^2.$ **4.** $\dfrac{2}{3}.$

二、**1.** $\pi.$ **2.** $\dfrac{3\sqrt{2}-2\sqrt{3}}{3}.$ **3.** $\dfrac{\sqrt{3}-\sqrt{2}}{2}.$ **4.** $2(1-\ln 2).$

5. $\dfrac{\pi}{2}.$ **6.** $10-2\mathrm{e}^{-3}.$ **7.** $\dfrac{\pi}{8}-\dfrac{1}{4}.$ **8.** $1-\dfrac{\pi}{4}.$

9. $xf(x^2).$ **10.** $\dfrac{1}{3}.$ **11.** $\dfrac{\pi\ln 2}{8}.$ **12.** 0

三、 1. 对 $f\left(\dfrac{1}{x}\right)=\displaystyle\int_{1}^{\frac{1}{x}}\dfrac{\ln(1+t)}{t}\mathrm{d}t$，作变换 $t=\dfrac{1}{u}$.

2. (1) 作变换 $x=\dfrac{\pi}{2}-t$.　　(2) $\dfrac{\pi}{4}$.

6.3

一、 1. 1.　　　　2. $\dfrac{1}{2}-\dfrac{1}{2}\ln2$.　　3. 1.　　　　4. $\dfrac{\pi}{6}+1-\dfrac{\sqrt{3}}{2}$.

二、 1. $\mathrm{e}-2$.　　2. $\dfrac{\pi}{4}-\dfrac{\ln2}{2}-\dfrac{\pi^{2}}{32}$. 3. $\dfrac{2\mathrm{e}^{3}+1}{9}$.　　4. $\dfrac{\pi}{4}-\dfrac{1}{2}$.

5. $\dfrac{\mathrm{e}^{-1}(\sin1-\cos1)+1}{2}$.　　　　6. $2-\dfrac{4}{\mathrm{e}}$.　　7. $\dfrac{\pi}{2}$.

8. $\dfrac{1}{2}$.　　　　9. $\dfrac{2}{3}$.　　　　10. $\dfrac{\pi}{4}$.　　　　11. $1+\mathrm{e}^{-2}$.

6.4

一、 1. $\dfrac{1}{4}$.　　　　2. $p>1$.　　　　3. $\dfrac{\pi}{2}$.　　　　4. $q>1$.

二、 1. $\dfrac{1}{4}$.　　　　2. $-\dfrac{1}{2}$.　　　　3. 2.　　　　4. $\dfrac{8}{3}$.

5. $\dfrac{\pi}{4}+\dfrac{1}{2}\ln2$.　　6. $\dfrac{2}{5}$.　　7. (1) 收敛.　　(2) 发散.

6.5

一、 1. $\dfrac{2}{3}$.　　　　2. $\dfrac{\pi}{5}$.　　　　3. $\dfrac{2}{3}(2\sqrt{2}-1)$. 4. $\ln2$.

二、 1. $\dfrac{9}{2}$.　　　　2. $\dfrac{3}{16}(\pi+2)$.　　3. $V_{x}=\dfrac{8\pi}{3}$.　　$V_{y}=\dfrac{8\pi}{3}$.

4. $4\sqrt{3}$.　　　　5. $\dfrac{1}{4}(3+2\ln2)$. 6. 16.

7. $S=\dfrac{2}{3}$.　　$V=\dfrac{\pi}{4}$.　　　　8. $S=\dfrac{1}{2}+\ln2$.　　$V=\dfrac{5\pi}{6}$.

9. $t=\dfrac{1}{2}$.　　10. (1) $\dfrac{1}{2}\mathrm{e}-1$.　　(2) $\dfrac{\pi}{6}\mathrm{e}^{2}-\dfrac{\pi}{2}$.　　11. $\dfrac{10\pi}{3}$.

6.6

一、 1. $\dfrac{\pi\rho gR^{4}}{4}$.　　2. $\dfrac{\rho gah^{2}}{2}$.　　3. $\dfrac{16}{3}$.

二、 1. $\dfrac{288}{5}k$.　　2. $\dfrac{51\pi\rho g}{4}\pi$.　　3. $\dfrac{\rho gah^{2}}{6}$.　　4. $\dfrac{2k\rho m}{R}\sin\dfrac{\varphi}{2}$.

5. 1.

第 7 章

7.1

一、**1.** $\{5, -8, 5\}$.   **2.** $\dfrac{1}{2}$.   **3.** 2.   **4.** $\pm\left\{-\dfrac{2}{3}, -\dfrac{1}{3}, \dfrac{2}{3}\right\}$.

二、**1.** $\{-4, 2, -4\}$.   **2.** (1) $\{2, 1, 21\}$.   (2) $\{2, 1, 21\}$.   **3.** $\sqrt{3}, \sqrt{11}$.

4. (1) a 与 b 的夹角为 $\dfrac{\pi}{2}$.   (2) a 与 b 的夹角为钝角.   (3) a 与 b 的夹角为 π.

5. $\left\{0, \mp\dfrac{8}{5}, \pm\dfrac{6}{5}\right\}$.

6. $(3, -4, 2)$.   **7.** $\dfrac{\sqrt{19}}{2}$.   **8.** $\dfrac{\pi}{3}$.   **9.** $-\dfrac{6}{25}$.   **10.** ± 27.

三、证明 $p \cdot a = 0$.

7.2

一、**1.** $(x-2)^2 + (y-3)^2 + (z-1)^2 = 9$.   **2.** $\dfrac{x^2+y^2}{a^2} - \dfrac{z^2}{c^2} = 1$.

3. $\begin{cases} x^2 + y^2 = 4 \\ z = 0 \end{cases}$.   **4.** $\begin{cases} x^2 + 2y^2 - 2y = 8 \\ z = 0 \end{cases}$.

二、**1.** $x + y + z - 5 = 0$.

2. 母线平行 x 轴的柱面方程为 $3y^2 - z^2 = 16$，母线平行 y 轴的柱面方程为 $3x^2 + 2z^2 = 16$.

3. xOy 平面上的椭圆 $\dfrac{x^2}{4} + \dfrac{y^2}{9} = 1$ 绕 x 轴旋转一周.

4. $\begin{cases} 2x^2 - 2x + y^2 = 3 \\ z = 0 \end{cases}$.   **5.** $\begin{cases} x = 2\cos t \\ y = \sqrt{2}\sin t \\ z = -\sqrt{2}\sin t \end{cases}$.

7.3

一、**1.** 1.   **2.** -1.   **3.** $\dfrac{\pi}{3}$.   **4.** $x - y + 3z - 8 = 0$.

二、**1.** $5x - 3y - z - 8 = 0$.

2. $x - 2y + 2z - 3 = 0$ 或 $x - 2y + 2z - 9 = 0$.

3. $5x + y - 13 = 0$.   **4.** $10x + 2y + 11z - 148 = 0$.

5. $z = 8$.   **6.** $15x + 10y - 6z - 60 = 0$.

7. $k = 4$ 或 $k = -14$.　　　　　　　　**8.** $2x + 2y - 3z = 0$.

7.4

一、**1.** $\dfrac{x-3}{-4} = \dfrac{y+2}{2} = \dfrac{z-1}{1}$.　　　**2.** $\{1, 7, 5\}$.

3. $\dfrac{x-4}{3} = \dfrac{y+1}{1} = \dfrac{z-2}{3}$.　　　**4.** $\dfrac{3\pi}{4}$.

二、**1.** $\dfrac{x+1}{7} = \dfrac{y-1}{1} = \dfrac{z-2}{-5}$.

2. 标准式方程 $\dfrac{x-2}{1} = \dfrac{y+1}{4} = \dfrac{z-3}{3}$, 参数方程 $\begin{cases} x = 2 + t \\ y = -1 + 4t. \\ z = 3 + 3t \end{cases}$

3. $\dfrac{x-5}{2} = \dfrac{y+7}{6} = \dfrac{z-0}{1}$.　　　**4.** $\dfrac{\pi}{4}$.

5. $2x - 3y + 3z + 3 = 0$.

6. $2x + 2y - z + 6 = 0$ 或 $x - 2y - 2z + 6 = 0$.

7. $\dfrac{\sqrt{6}}{2}$.　　　　　　　　**8.** $\begin{cases} y - z - 1 = 0 \\ x + y + z = 0 \end{cases}$.

9. $\dfrac{x-2}{2} = \dfrac{y-1}{-1} = \dfrac{z-3}{4}$.　　**10.** $\dfrac{x-1}{9} = \dfrac{y-1}{2} = \dfrac{z-1}{-5}$.

11. $\begin{cases} 2x + 2y + z + 14 = 0 \\ 2x + 5y + 4z + 8 = 0 \end{cases}$.　**12.** $\begin{cases} x = 2 + 2t \\ y = 1 + t \\ z = 3 + 4t \end{cases}$

13. $\dfrac{\sqrt{29}}{3}$　　　　　　　　**14.** $\dfrac{\sqrt{38}}{2}$.

第 8 章

8.1

一、**1.** a.　　　　**2.** 0.　　　　**3.** $-\dfrac{1}{\ln 2}$.　　**4.** $y^2 = 2x$.

二、**1.** $\dfrac{1}{4}$.　　　　**2.** 0.　　　　**3.** e^2.　　　**4.** 不存在, 令 $x = ky$.

三、令 $y = x^2 - x$, 或 $y = x$.

8.2

一、**1.** $2xy e^{x^2 y}$.　　　　　　　**2.** 2.

3. $\cos(xy)[y\mathrm{d}x+x\mathrm{d}y]$. **4.** $3x^2-3y^2$.

二、 **1.** $\alpha=\dfrac{\pi}{4}$. **2.** $\dfrac{\partial z}{\partial x}=-2\sin(2x-y),\dfrac{\partial z}{\partial y}=\sin(2x-y)$.

3. $\dfrac{\partial^2 z}{\partial x^2}=\dfrac{1}{x+y}+\dfrac{y}{(x+y)^2},\dfrac{\partial^2 z}{\partial x\partial y}=\dfrac{y}{(x+y)^2},\dfrac{\partial^2 z}{\partial x^2}=\dfrac{-x}{(x+y)^2}$.

4. $6x\cos y-\mathrm{e}^x$. **5.** $\dfrac{1}{x^2+y^2}(-y\mathrm{d}x+x\mathrm{d}y)$.

6. $\left(a^{x+yz}\ln a-\dfrac{a}{x}\right)\mathrm{d}x+za^{x+yz}\ln a\,\mathrm{d}y+ya^{x+yz}\ln a\,\mathrm{d}z$.

7. $[yz+yf(xy)]\mathrm{d}x+[xz+xf(xy)-zf(yz)]\mathrm{d}y+[xy-yf(yz)]\mathrm{d}z$.

8. $\mathrm{d}x-\mathrm{d}y$. **9.** 不可微.

三、 **1.** 先求两个偏导数,再代入左边即可证明.

2. 先求三个二阶偏导数,再代入左边即可证明.

8.3

一、 **1.** $(\sin t+\cos t-1)\mathrm{e}^{-t}$. **2.** $2x(1+2z\sin y)\mathrm{e}^{x^2+y^2+z^2}$.

3. $\dfrac{\mathrm{e}^x-y^2}{2xy-\cos y}$. **4.** $\dfrac{z}{x+z}$.

二、 **1.** $\dfrac{\mathrm{d}z}{\mathrm{d}x}=\dfrac{(1+x)\mathrm{e}^x}{1+(x\mathrm{e}^x)^2},\dfrac{\mathrm{d}z}{\mathrm{d}y}=\dfrac{1+\ln y}{1+(y\ln y)^2}$.

2. $\dfrac{\partial z}{\partial x}=\dfrac{2x\ln(4x-3y)}{y^2}+\dfrac{4x^2}{(4x-3y)y^2}$,

$\dfrac{\partial z}{\partial y}=-\dfrac{2x^3\ln(4x-3y)}{y^3}-\dfrac{3x^2}{(4x-3y)y^2}$.

3. $(f'+2f'_2+yf'_3)\mathrm{d}x+(f'_2+xf'_3)\mathrm{d}y$.

4. $\dfrac{1}{x-f'_2}[(yf'_1-z)\mathrm{d}x+(\cos y+xf'_1+f'_2)\mathrm{d}y]$.

5. $\dfrac{\partial z}{\partial x}\Big|_{\substack{x=0\\y=0}}=\dfrac{1}{5},\dfrac{\partial z}{\partial y}\Big|_{\substack{x=0\\y=0}}=-\dfrac{1}{5}$.

6. $f'_x-\dfrac{y}{x}f'_y+\left[1-\dfrac{\mathrm{e}^x(x-z)}{\sin(x-z)}\right]f'_z$.

7. $\dfrac{\partial^2 z}{\partial y^2}=x^5f''_{11}+2x^3f'_{12}+xf''_{22},\dfrac{\partial^2 z}{\partial x\partial y}=4x^3f'_1+2xf'_2+x^4yf''_{11}-yf''_{22}$.

8. $\dfrac{(f+xf')F'_y-xf'F'_x}{F'_y+xf'F'_z}$.

9. $\dfrac{\partial u}{\partial x}=-\dfrac{xu+yv}{x^2+y^2},\dfrac{\partial v}{\partial x}=\dfrac{yu-xv}{x^2+y^2}\cdot\dfrac{\partial u}{\partial y}=\dfrac{xv-yu}{x^2+y^2},\dfrac{\partial v}{\partial y}=-\dfrac{xu+yv}{x^2+y^2}$.

三、 **1.** 先求两个偏导数,再代入左边即可证明.

　　2. 先求两个偏导数,再代入左边即可证明.

8.4

一、 **1.** $\dfrac{x-\dfrac{\sqrt{2}}{2}}{1}=\dfrac{y-1}{0}=\dfrac{z+\dfrac{\sqrt{2}}{2}}{3}.$　　**2.** $2x-4y-z+3=0.$

　　3. 1.　　　　　　　　　　　　　**4.** $\{1,1\}.$

二、 **1.** 切线方程:$\dfrac{x-1}{1}=\dfrac{y-2}{4}=\dfrac{z-1}{3}$,法平面方程:$x+4y+3z-12=0.$

　　2. 切线方程:$\dfrac{x-1}{1}=\dfrac{y-1}{0}=\dfrac{z-\sqrt{2}}{-\dfrac{\sqrt{2}}{2}}$,法平面方程:$2x-\sqrt{2}z=0.$

　　3. $(1,-1,1)$ 或 $\left(\dfrac{1}{3},-\dfrac{1}{9},\dfrac{1}{27}\right).$

　　4. 切平面方程:$x+2y-4=0$,法线方程$\dfrac{x-2}{1}=\dfrac{y-1}{2}=\dfrac{z}{0}.$

　　5. 点的坐标:$(1,2,3)$,切平面方程:$2x+2y-z-3=0.$

　　6. $a=-5,b=-2.$　　　　　　　　**7.** $\arccos\dfrac{3}{\sqrt{22}}.$

　　8. $\dfrac{1}{2}.$　　　　　　　　　　　**9.** $\dfrac{2}{3}\sqrt{6}.$

　　10. $\{2,-4,1\}.$

三、先求切平面方程,然后得到三个截距,再相加得到常数 $a.$

8.5

一、 **1.** 8.　　　　**2.** $-3.$　　　　**3.** $\dfrac{1}{4}.$

二、 **1.** 极小值 $f(1,1)=3.$

　　2. 极大值 $f(0,0)=0$,极小值 $f(2,2)=-8.$

　　3. 极小值 $f(0,e^{-1})=-e^{-1}.$

　　4. 极大值 $z(-9,-3)=-3$,极小值 $z(9,3)=3.$

　　5. 最大值 $f(2,1)=4$,最小值 $f(4,2)=-64.$

　　6. $(2,2\sqrt{2},2\sqrt{3})$,最短距离$\sqrt{6}.$　　**7.** $\dfrac{x}{6}+\dfrac{y}{3}+\dfrac{z}{1}=1.$

　　8. 最大值 $f(0,2)=8$,最小值 $f(0,0)=0.$

第 9 章

9.1

一、1. $\dfrac{20}{3}$.　　　　2. $\displaystyle\int_0^1 \mathrm{d}x \int_{e^y}^{e} f(x,y)\,\mathrm{d}y$.　　　　3. $\dfrac{1}{6}$.

4. 5π.　　　　5. $\dfrac{\pi}{4}$.

二、1. $4\ln2 - \dfrac{3}{2}$.　　2. $\dfrac{1}{3}$.　　　3. $\dfrac{1}{6} - \dfrac{1}{3e}$.　　4. $\dfrac{1}{2}(1-\cos 2)$.

5. $14a^4$.　　　6. $\dfrac{1}{6}$.　　　7. $\displaystyle\int_{\frac{1}{2}}^1 \mathrm{d}x \int_{x^2}^{x} f(x,y)\,\mathrm{d}y$.

8. π.　　　9. $\dfrac{1}{2}A^2$.　　10. $\pi(1-e^{-a^2})$.　　11. $\dfrac{10\sqrt{2}}{9}$.

12. $\dfrac{41}{2}\pi$.　　13. $\dfrac{\pi}{2}$.

三、通过交换积分次序证.

9.2

一、1. $\dfrac{1}{6}$.　　　　2. $\dfrac{16}{3}\pi$.　　　3. $\dfrac{4}{3}\pi$.　　　4. $\dfrac{4}{5}\pi$.

二、1. $\dfrac{1}{2}\ln2 - \dfrac{5}{16}$.　　2. $\dfrac{28}{45}$.　　　3. $\dfrac{4}{15}\pi abc^3$.　　4. $\dfrac{\pi}{10}a^5$.

5. $\dfrac{3}{2}$.　　　6. $\dfrac{13}{4}\pi$.　　　7. $\dfrac{\pi}{4}$.　　　8. $\dfrac{64}{15}\pi$.

9. $\dfrac{\pi}{3}$.　　　10. $\dfrac{4}{3}\pi$.　　11. $\dfrac{\pi}{20}$.　　12. 6π.

13. $\dfrac{512}{3}\pi$.

三、先用球面坐标系化为三次积分,再用积分中值定理或洛必达法则,最后利用导数的定义.

9.3

1. $\sqrt{2}\pi$.　　　　2. $\dfrac{2}{3}\pi(2\sqrt{2}-1)$. 3. $\dfrac{32}{15}\pi$.　　　4. $\left(0,0,\dfrac{2}{3}\right)$.

5. $\left(\dfrac{8}{5},\dfrac{8}{5}\right)$.　　6. $\dfrac{\pi}{10}h^5\rho$.

第 10 章

10.1

一、 **1.** 1.   **2.** $\dfrac{\sqrt{3}}{2}(1-e^{-2})$.   **3.** $\dfrac{1}{2}$.   **4.** $\dfrac{1}{35}$.

二、 **1.** 13.   **2.** $\dfrac{15}{2}$.   **3.** $2a^2$.   **4.** $2\pi a^2$.

    5. 3.   **6.** 8.   **7.** $\dfrac{1}{\pi}$.   **8.** $\dfrac{4}{3}$.

    9. $-\dfrac{87}{4}$.   **10.** $\dfrac{1}{2}$.   **11.** $\displaystyle\int_C \dfrac{P+2xQ}{\sqrt{1+4x^2}}\,ds$.

    12. $\displaystyle\int_\Gamma P\,dx+Q\,dy+R\,dz=\int_\Gamma \dfrac{(1-z)P+(1-z)Q+2xR}{\sqrt{2}}\,ds$.

    13. $\left(\dfrac{6}{\pi},0\right)$.   **14.** $32\sqrt{13}\pi(1+3\pi^2)$.

10.2

一、 **1.** 2π.   **2.** $-3ab\pi$.   **3.** $-\dfrac{\pi}{2}a^4$.   **4.** -2.

二、 **1.** $\dfrac{\pi}{12}\ln 2$.   **2.** $-\dfrac{\pi}{2}$.   **3.** e^2+5.   **4.** $\dfrac{3\pi}{2}-\cos 2+1$.

    5. -16.   **6.** $\dfrac{8}{3}$.   **7.** $\dfrac{\pi}{2}$.   **8.** $-\dfrac{79}{5}$.

    9. $u(x,y)=y^2\sin x+x^2\cos y$.   **10.** $\dfrac{\pi}{8}$.

    11. $\left(\dfrac{\pi}{2}+2\right)a^2 b-\dfrac{\pi}{2}a^3$.

10.3

一、 **1.** $\dfrac{3+\sqrt{3}}{2}$.   **2.** $\dfrac{81}{4}$.   **3.** $\dfrac{1}{6}$.   **4.** $-\dfrac{1}{6}$.

二、 **1.** $125\sqrt{2}\pi$.   **2.** $\dfrac{\sqrt{3}}{4}$.   **3.** $\dfrac{3}{2}\pi$.   **4.** $\dfrac{1}{4}$.

    5. $\dfrac{8}{3}\pi a^4$.   **6.** $(a+b+c)abc$. **7.** $\dfrac{1}{8}$.

    8. $\displaystyle\iint_S \left(\dfrac{3}{5}P+\dfrac{2}{5}Q+\dfrac{2\sqrt{3}}{5}R\right)dS$.

10.4

1. $-\dfrac{9}{2}\pi$.　　　2. $2\pi a^3$.　　　3. $-\dfrac{12}{5}\pi a^5$.　　　4. $3a^2$.

5. 9π.　　　6. 4π.

第 11 章

11.1

一、1. $p>0$.　　　2. 发散.　　　3. 条件收敛.　　　4. 绝对收敛.

5. 50.

二、1. (1) $u_n=\dfrac{2}{3^{n-1}}$.　　(2) $\displaystyle\sum_{n=1}^{\infty} u_n$ 收敛,且和 $S=3$.

2. 发散.　　　　　　　3. 收敛,和 $S=\dfrac{1}{5}$.

4. 当 $a>1$ 时收敛;当 $0<a\leqslant 1$ 时发散.

5. 当 $0<a<e$ 时发散;当 $a>e$ 时收敛.

6. 条件收敛.　　7. 绝对收敛.　　8. 收敛.　　9. 收敛.

10. 收敛,且和 $S=1$.　　　11. 发散.　　　12. 发散.

13. 发散.　　14. 收敛.　　15. 收敛.

三、1. 利用比较审敛法.

2. (1) 证明 $\{a_n\}$ 单减有下界,利用存在准则 II.

(2) 借助(1)利用比较审敛法.

11.2

一、1. 4.　　　　　　　2. $(-1,1]$.

3. $\displaystyle\sum_{n=1}^{\infty}\dfrac{(-1)^{n-1}2^{2n-1}}{(2n)!}x^{2n}$.　　　4. $\displaystyle\sum_{n=0}^{\infty}\dfrac{(-1)^n}{3^{n+1}}(x-1)^n$.

二、1. 在 $x=0$ 时,$\displaystyle\sum_{n=1}^{\infty}\dfrac{2^n}{2n-1}$ 发散;在 $x=1$ 时,$\displaystyle\sum_{n=1}^{\infty}\dfrac{1}{(2n-1)3^n}$ 收敛.

2. 收敛半径 $R=2$;收敛域 $[-2,2]$.　　3. $\left[\dfrac{5}{3},\dfrac{7}{3}\right)$.

4. $(-2,2)$.　　　　　　　5. $\left[\dfrac{1}{2},+\infty\right)$.

6. 和函数 $S(x)=-\ln(1-x)$,和 $S=\ln\dfrac{3}{2}$.

7. 和函数 $S(x)=\dfrac{1}{(1-x)^2}$,和 $S=4$.

8. 收敛域 $(-1,1)$，和函数 $S(x) = \dfrac{1}{(1-x)^3}$．

9. $\dfrac{\pi}{2} + \displaystyle\sum_{n=0}^{\infty} \dfrac{(-1)^{n+1}}{2n+1} x^{2n+1}, x \in [-1,1]$．

10. $\ln 3 + \displaystyle\sum_{n=0}^{\infty} \dfrac{(-1)^n}{(n+1)3^{n+1}} (x-2)^{n+1}, (-1,5)$．

11. $\displaystyle\sum_{n=0}^{\infty} \left(1 - \dfrac{1}{2^{n+1}}\right)(x-1)^n, x \in (0,2)$． **12.** π^2．

13. 当 $p \leqslant 0$ 时，收敛域 $(-1,1)$；当 $0 < p \leqslant 1$ 时，收敛域 $[-1,1)$；当 $p > 1$ 时，收敛域 $[-1,1]$．

三、收敛半径 $R = 2$，利用幂级数敛散性（Abel 定理）证．

11.3

一、 **1.** $\dfrac{\pi^2}{2}$． **2.** $\dfrac{2}{3}\pi$． **3.** $\dfrac{3}{2}$． **4.** $-\dfrac{1}{4}$．

二、 **1.** $2\displaystyle\sum_{n=1}^{\infty} \dfrac{(-1)^{n-1}}{\pi} \sin nx = \begin{cases} 0, x = k\pi \\ x, x \neq k\pi \end{cases}$．

2. $\cos \dfrac{x}{2} = \dfrac{2}{\pi} - \dfrac{4}{\pi} \displaystyle\sum_{n=1}^{\infty} \dfrac{(-1)^n}{4n^2-1} \cos nx, x \in [0, \pi]$．

3. $f(x) = -\dfrac{1}{2} + \displaystyle\sum_{n=1}^{\infty} \left([1-(-1)^n] \dfrac{6}{n^2\pi^2} \cos \dfrac{n\pi x}{3} + (-1)^{n+1} \dfrac{6}{n\pi} \sin \dfrac{n\pi x}{3}\right)$

$[x \neq 3(2k+1), k = 0, \pm 1, \pm 2, \cdots]$．

4. $-\sin \dfrac{x}{2} + 1 = \dfrac{2}{\pi} \displaystyle\sum_{n=1}^{\infty} \left[\dfrac{1-(-1)^n}{n} + \dfrac{(-1)^n 4n}{4n^2-1}\right] \sin nx, x \in (0, \pi)$．

5. $2 + |x| = \dfrac{5}{2} - \dfrac{4}{\pi^2} \displaystyle\sum_{k=0}^{\infty} \dfrac{\cos(2k+1)\pi x}{(2k+1)^2}, \displaystyle\sum_{n=1}^{\infty} \dfrac{1}{n^2} = \dfrac{\pi^2}{6}$．

第 12 章

12.1

一、 **1.** 2. **2.** 3.

二、 **1.** $y'' - y' - 2y = 0$． **2.** $y = x^{-1}$ 或 $y = x^{-4}$．

三、 先求 y' 再把 y, y' 代入方程即可验证．

12.2

一、 **1.** $y = \ln(e^x + C)$． **2.** $y^2 = 2x^2(\ln x + C)$．

3. $y = e^x(x + C)$． **4.** y^{-2}．

二、 1. $(x-4)y^4 = Cx$.　　2. $y = \dfrac{1}{2}(\arctan x)^2$.

3. 9.　　4. $\sin\dfrac{y}{x} = Cx$.

5. $y = xe^{x+1}$.　　6. $y = C\cos x - 2\cos^2 x$.

7. $x = Cy + \dfrac{y^3}{2}$.　　8. $\dfrac{e^x - e^{-x}}{2}$.

9. $y = \dfrac{1}{Ce^{-x} + 1 - x}$.　　10. $y = \dfrac{2x}{1+x^2}$.

11. $x^2 y^2 = 2C$.

12.3

一、 1. $y = -\sin x + C_1 x + C_2$.　　2. $y = \dfrac{1}{24}x^4 + \dfrac{C_1}{2}x^2 + C_2 x + C_3$.

3. $y = C_1 \ln x + C_2$.　　4. $y^3 = C_1 x + C_2$.

二、 1. $y = x\arcsin x + \sqrt{1-x^2} + C_1 x + C_2$.

2. $y = C_1 e^x - \dfrac{1}{2}x^2 - x + C_2$.　　3. $y = \arcsin(C_2 e^x) + C_1$.

4. $y = \dfrac{1}{6}x^3 + \dfrac{1}{2}x + 1$.　　5. $y = \ln\sec x$.

12.4

一、 1. $y = C_1 \cos x + C_2 \sin x$.　　2. $y = C_1 e^{2x} + C_2 e^{-\frac{1}{2}x}$.

3. $y = (C_1 + C_2 x)e^{-3x}$.　　4. $y^* = x^2(ax+b)e^{-x}$.

二、 1. 当 $k < 0$ 时,通解为 $y = C_1 e^{-\sqrt{-\frac{1}{k}}x} + C_2 e^{\sqrt{-\frac{1}{k}}x}$,

当 $k > 0$ 时,通解为 $y = C_1 \cos\sqrt{\dfrac{1}{k}}x + C_2 \sin\sqrt{\dfrac{1}{k}}x$.

2. $y = -e^{x-1} + 4e^{\frac{x-1}{2}}$.

3. $y'' - 2ay' + a^2 y = 0, y = (C_1 + C_2 x)e^{ax}$.

4. $y^* = -\dfrac{1}{5}x^2 - \dfrac{7}{25}x + \dfrac{68}{125}$.

5. $y^* = \dfrac{1}{8}e^x(\sin 2x - \cos 2x)$.　　6. $y = (C_1 + C_2 x)e^x + \dfrac{1}{6}x^3 e^x$.

7. $y = e^x(C_1 \cos 2x + C_2 \sin 2x) - \dfrac{1}{4}xe^x \cos 2x$.

8. $y = -\dfrac{1}{2} + \dfrac{1}{10}\cos 2x$.

9. $y = C_1 \cos x + C_2 \sin x + \dfrac{1}{2} e^x + \dfrac{1}{2} x \sin x.$

10. $y = \dfrac{11}{16} + \dfrac{5}{16} e^{4x} - \dfrac{5}{4} x.$ 11. $\varphi(x) = \dfrac{1}{2}(\cos x + \sin x + e^x)$

附录 1

高等数学(A) I 期末考试试题(一)

一、1. 1.   2. $e^{-3}.$ 3. $2x\sqrt{1+x^4}\, \mathrm{d}x.$

4. $\dfrac{2}{3}.$ 5. $\dfrac{3\pi}{4}.$ 6. $\dfrac{x-2}{3} = \dfrac{y-1}{0} = \dfrac{z+1}{4}.$

二、1. $\dfrac{1}{2}.$ 2. $\dfrac{1}{6}.$ 3. $\dfrac{\mathrm{d}y}{\mathrm{d}x} = -\dfrac{1}{2t},\ \dfrac{\mathrm{d}^2 y}{\mathrm{d}x^2} = \dfrac{1+t^2}{4t^3}.$

4. $f(x) = x - \ln(1+e^x) + \ln 2.$ 5. $\dfrac{1}{4}x^2 - \dfrac{1}{4}x\sin 2x - \dfrac{1}{8}\cos 2x + C.$

6. $1 - \dfrac{\pi}{4}.$ 7. $5x + 3y + z - 2 = 0.$

三、1. 边长为 2,最小面积为 $6\sqrt{3}.$

2. $S = e + e^{-2} - 2,\ V = \dfrac{\pi}{2}(e^2 + e^{-2} - 2).$

四、单调性与拉格朗日中值定理.

高等数学(A) I 期末考试试题(二)

一、1. $\dfrac{1}{4}.$ 2. $x\cos x.$ 3. $\sqrt{3}.$ 4. $\dfrac{\pi}{5}.$

5. -2 6. $4x + 2y - z - 7 = 0.$

二、1. $\dfrac{1}{2}.$ 2. 2.

3. 1.   4. $-\dfrac{\ln x}{1+x} + \ln|x| - \ln|1+x| + C.$

5. $\dfrac{\arcsin x}{2} - \dfrac{x\sqrt{1-x^2}}{2} + C$ 6. $2 - \dfrac{\pi}{2}.$

7. $\sqrt{10}.$

三、1. (1) 极小值 $f(e^{-\frac{1}{2}}) = -\dfrac{1}{2}e^{-1}$;(2) $\left(e^{-\frac{3}{2}}, -\dfrac{3}{2}e^{-3}\right).$

2. (1) $\dfrac{3\pi}{2}$;(2) 8.

四、零点定理与单调性或罗尔定理.

高等数学(A)Ⅰ 期末考试试题(三)

一、1. $(1,1)$.   2. $0, e^{-6}$.   3. $2,1$.   4. $0, \pi$.

5. $\begin{cases} 2x^2 + 3y^2 = 6 \\ z = 0 \end{cases}$.

二、1. D.   2. C.   3. A.   4. B.

5. C.

三、1. $\sqrt{}$.   2. $\times$.   3. $\times$.   4. $\times$.

5. $\times$.

四、1. $\dfrac{8x}{\sqrt{1+4x^2}}$.   2. $\dfrac{1}{2}x^2 e^{2x} - \dfrac{1}{2}x e^{2x} + \dfrac{1}{4}e^{2x} + C$.

3. $-\dfrac{1}{2}$.   4. $\dfrac{(-1)^n 2^n n!}{(2x+6)^{n+1}}$.

5. $\dfrac{1}{\sin x - 1}$.   6. π.

五、(1) $\dfrac{40}{3}$.   (2) $\dfrac{128\pi}{3}$.   (3) $2x = y^2 + z^2$.

六、1. $\dfrac{x+3}{0} = \dfrac{y-1}{3} = \dfrac{z-2}{3}$.

2. $2x - y + 2z + 7 = 0$ 或 $2x - y + 2z - 11 = 0$.

七、函数 $f(x)$ 在 $(-\infty, 0)$ 上单调减少,在 $(0, +\infty)$ 上单调增加;曲线 $y = f(x)$ 在 $[-1,1]$ 上是凹的,在 $(-\infty, -1)$、$(1, +\infty)$ 上是凸的.

八、拉格朗日中值定理,辅助函数 $f(x) = x^n$.

高等数学(A)Ⅰ 期末考试试题(四)

一、1. e^{-3}.   2. $x + y - 4 = 0$.

3. $\dfrac{\sqrt{2}}{2}$.   4. $\dfrac{16}{3}$.

5. $-\sqrt{3}$.

二、1. C.   2. A.   3. D.   4. A.

5. B.

三、1. (1) $-\dfrac{3}{2}$.   (2) $\dfrac{4}{3}$.

2. (1) $\dfrac{xy \ln y - y^2}{xy \ln x - x^2}$.   (2) $-\dfrac{1}{x^2+1}dx$.

3. (1) $\dfrac{2}{3}x^{\frac{3}{2}} \ln x - \dfrac{4}{9}x^{\frac{3}{2}} + C$.   (2) $\dfrac{\sqrt{3} - \sqrt{2}}{2}$.

4. (1) $x+z-2=0$. (2) $\begin{cases} x=2-16t \\ y=-1+14t. \\ z=3+11t \end{cases}$

四、1. (1) 极大值 $f(\mathrm{e})=\dfrac{1}{\mathrm{e}}$. (2) $\left(\mathrm{e}^{\frac{3}{2}}, \dfrac{3}{2}\mathrm{e}^{-\frac{3}{2}}\right)$.

2. 12π. (2) $\dfrac{\mathrm{e}^2+1}{4}$.

五、 单调性,辅助函数 $f(x)=\tan x-x-\dfrac{x^3}{3}$.

高等数学(A)Ⅱ 期末考试试题(一)

一、1. D.   **2.** B.   **3.** D.   **4.** C.

5. A.

二、1. 1.   **2.** $y=C_1\cos 2x+C_2\sin 2x$.   **3.** -2.

4. $\dfrac{\pi}{2}$.   **5.** $\dfrac{64}{5}$.

三、1. 2.   **2.** $\dfrac{\mathrm{e}}{2}-1$.   **3.** $5\sqrt{14}$.

4. 当 $0<a\leqslant 1$ 时,发散;当 $a>1$ 时,收敛.

5. $[1,3)$.   **6.** $-\mathrm{e}^{-\frac{y}{x}}=\ln x+C$.   **7.** $y^*=-\dfrac{2}{3}x-\dfrac{13}{9}$.

四、1. 极小值为 $f(1,1)=3$.   **2.** $\pi+1-\mathrm{e}^2$.

五、 通过求两个偏导数代入左边化简可证.

高等数学(A)Ⅱ 期末考试试题(二)

一、1. 2.   **2.** $\dfrac{1}{10}$.   **3.** $\dfrac{3}{5}$.   **4.** 收敛.

5. 4.   **6.** $y=Cx$.

二、1. 切平面方程为 $12x+4y-z-16=0$,法线方程为 $\dfrac{x-1}{12}=\dfrac{y-2}{4}=\dfrac{z-4}{-1}$.

2. $\dfrac{9}{4}$.   **3.** $\dfrac{2\pi}{3}$.   **4.** (1) 发散. (2) 收敛.

5. $\dfrac{7}{3}$.

6. 和函数 $S(x)=-\ln|1-x|$,和 $S=-\ln 2$.

7. $y=x^2+C_1\ln x+C_2$.

三、1. $2\mathrm{e}+5$.   **2.** $y=-\dfrac{1}{10}x^2-\dfrac{11}{25}x+C_1+C_2\mathrm{e}^{5x}$.

四、 先求 $\dfrac{\partial z}{\partial x}$, $\dfrac{\partial z}{\partial y}$,再相加.

高等数学(A)Ⅱ 期末考试试题(三)

一、 1. $\dfrac{1}{y}$.　　　　2. 4π .　　　　3. $\dfrac{1}{3}$.　　　　4. $\dfrac{3}{2}$.

5. $\ln y = \dfrac{1}{2}x^2 + C$.　　　　6. $y = (C_1 + C_2 x)\mathrm{e}^{-3x}$.

二、 1. $\dfrac{\partial z}{\partial x} = -\dfrac{yf_2'}{f_1' + yf_2'}$, $\dfrac{\partial z}{\partial y} = -\dfrac{f_1' + (x+z)f_2'}{f_1' + yf_2'}$.

2. $-\dfrac{11}{5}$.　　　　3. $\displaystyle\int_0^{\frac{\pi}{6}} \mathrm{d}x \int_0^x \dfrac{\cos x}{x}\mathrm{d}y , \dfrac{1}{2}$.

4. $4(2-\sqrt{2})\pi$.　　　　5. $2\pi R^3$.

6. $y = x^2 + 2x$.　　　　7. $y^* = -\dfrac{1}{6}x^3 - \dfrac{1}{4}x^2 - \dfrac{3}{4}x$.

三、 1. $-2m(2+\pi)$.　　　　2. 收敛半径 $R=3$,收敛域为 $[0,6)$.

四、 比较判别法.

高等数学(A)Ⅱ 期末考试试题(四)

一、 1. $x^y \ln x$.　　　　2. $\displaystyle\int_0^1 \mathrm{d}y \int_y^{\sqrt{y}} f(x,y)\mathrm{d}x$.　　　　3. $\dfrac{4\pi}{3}$.

4. $\dfrac{1}{4}$.　　　　5. $\displaystyle\sum_{n=0}^{\infty} \dfrac{(-1)^n}{2^{n+1}} x^n$.

6. $y'' - 4y' + 4y = 0$.

二、 1. (1) $2x - 3y + z + 3 = 0$.　　(2) 极小值 $f(-2,-1) = -3$.

2. (1) $\dfrac{6}{55}$.　　(2) $\dfrac{16\pi}{3}$.　　　　3. (1) $\dfrac{1}{3}(5\sqrt{5}-1)$.　　(2) $\dfrac{1}{2}$.

4. (1) 收敛.　　(2) $[-1,1]$.

5. (1) $y = x(\ln x + C)^2$.　　(2) $y = -\sin x + \dfrac{C_1}{2}x^2 + C_2 x + C_3$.

三、 1. $y = C_1 \mathrm{e}^{-x} + C_2 \mathrm{e}^{-3x} + \dfrac{2}{3}x - \dfrac{5}{9}$.　　2. $\mathrm{e} + \dfrac{3}{2}$.

四、 1. 通过求两个偏导数代入左边化简可证.

　　2. 级数收敛的必要条件.

高等数学(C)Ⅰ 期末考试试题(一)

一、 1. $\dfrac{1}{2}$.　　　　2. 0.　　　　3. $-\cos x$.　　　　4. $y = -3$.

5. $1-\mathrm{e}^{-1}$.

二、 **1.** B.　　　　　**2.** D.　　　　　**3.** D.　　　　　**4.** C.

　5. A.

三、 **1.** $\checkmark$.　　　　**2.** $\times$.　　　　**3.** $\times$.　　　　**4.** $\times$.

　5. $\checkmark$.

四、 **1.** $\dfrac{3}{4}$.　　　　**2.** $-\dfrac{1}{2}x\cos 2x+\dfrac{1}{4}\sin 2x+C$.　　　**3.** 1.

　4. $-\sqrt{1-x^2}+\arcsin x+C$.　　　**5.** $\dfrac{y-\mathrm{e}^x}{\mathrm{e}^y-x}$.　　　**6.** 4.

五、 函数 $f(x)$ 在 $(-\infty,3)$ 上单调减少,在 $(3,+\infty)$ 上单调增加;曲线 $y=f(x)$ 在 $[0,2]$ 上是凸的,在 $(-\infty,0)$、$(2,+\infty)$ 上是凹的.

六、 **1.** e^{-1}.

七、 **1.** $\dfrac{4\sqrt{2}}{3}$.　　　　　　　　**2.** $\dfrac{16\sqrt{2}\pi}{5}$.

八、 单调性,辅助函数 $f(x)=\dfrac{\ln x}{x}$.

高等数学(C) I 期末考试试题(二)

一、 **1.** 2.　　　　**2.** $2x-y=0$.　　**3.** $(-1,1)$.　　**4.** $\dfrac{1}{2}(\ln x)^2+C$.

　5. $-x\mathrm{e}^{-x}$.

二、 **1.** C.　　　　　**2.** A.　　　　　**3.** C.　　　　　**4.** D.

　5. B.

三、 **1.** (1) $\dfrac{1}{2}$.　(2) $\dfrac{1}{6}$.

　2. (1) $\dfrac{t}{2},\dfrac{1+t^2}{4t}$.　　(2) $\mathrm{d}y=x^{\sin x}\left(\cos x\ln x+\dfrac{\sin x}{x}\right)\mathrm{d}x$.

　3. (1) $-\dfrac{1}{2}x\mathrm{e}^{-2x}-\dfrac{1}{4}\mathrm{e}^{-2x}+C$.　　(2) $\sqrt{x^2-1}-\arccos\dfrac{1}{x}+C$.

　4. (1) $\dfrac{10}{3}$.　(2) $\dfrac{\pi}{12}+\dfrac{\sqrt{3}}{2}-1$.

四、 **1.** (1) 极大值 $f(1)=\mathrm{e}^{-1}$.　(2) $(2,2\mathrm{e}^{-2})$.

　2. (1) $8\ln 2$.　(2) 12π.

五、 单调性,辅助函数 $f(x)=\ln(1+x)-x$

高等数学(C) II 期末考试试题(一)

一、 **1.** 2.　　　　　　　　　**2.** $\displaystyle\int_0^1\mathrm{d}x\int_0^x f(x,y)\mathrm{d}y$.

3. $\dfrac{x-3}{2}=\dfrac{y+2}{-3}=\dfrac{z-4}{1}.$ 4. $y=\dfrac{1}{6}x^3+C_1x+C_2.$

5. $y=C_1\mathrm{e}^x+C_2\mathrm{e}^{2x}.$ 6. 收敛.

二、1. $14x+9y-z-15=0.$ 2. $\mathrm{d}z=14\mathrm{d}x+12\mathrm{d}y.$

3. $\dfrac{1}{24}.$ 4. $\dfrac{16\pi}{3}$

5. $y=\dfrac{1}{x}(\sin x+\pi).$ 6. $y^*=-\dfrac{1}{4}x^2-\dfrac{5}{4}x.$

7. 收敛,其和为1.

三、1. 极小值 $f(1,1)=-1.$ 2. 收敛半径 $R=1$,收敛域为$[4,6).$

四、比较判别法.

高等数学(C)Ⅱ 期末考试试题(二)

一、1. $yx^{y-1}.$ 2. 2. 3. $\dfrac{1}{8}.$ 4. $\dfrac{x}{2}+\dfrac{y}{3}+\dfrac{z}{4}=1.$

5. $y=Cx.$ 6. 收敛.

二、1. (1) $\mathrm{d}z=3\mathrm{d}x+2\mathrm{d}y.$ (2) $\dfrac{\partial z}{\partial x}=\dfrac{yz}{\mathrm{e}^z-xy},\dfrac{\partial z}{\partial y}=\dfrac{xz}{\mathrm{e}^z-xy}.$

2. (1) 11. (2) $\dfrac{\pi}{2}.$

3. (1) $|\,a\,|=3$、$a\cdot b=6$,$a\times b=\{3,0,3\}.$

(2) 点向式方程为$\dfrac{x-1}{1}=\dfrac{y-0}{-1}=\dfrac{z+2}{5}$,参数方程为$\begin{cases}x=1+t\\y=-t\\z=-2+5t\end{cases}.$

4. (1) 收敛. (2) $[-1,1)$

5. (1) $y=-\dfrac{x}{\ln x+C}.$ (2) $y=\mathrm{e}^{-x}(x+C).$

三、1. 极大值 $f(3,-2)=30.$ 2. $y=C_1\mathrm{e}^{-x}+C_2\mathrm{e}^{-2x}+\dfrac{1}{2}x-\dfrac{3}{4}.$

四、1. 两个点的距离公式与勾股定理. 2. 级数收敛的定义.

附录 2

2011 年数学一试题

一、1. C. 2. C. 3. A. 4. B.

5. D. 6. D. 7. D. 8. B.

二、1. $\ln(1+\sqrt{2}).$ 2. $y=\mathrm{e}^{-x}\sin x.$ 3. 4. 4. $\pi.$

5. 1. 6. $\mu(\mu^2+\sigma^2).$

三、 **1.** $e^{-\frac{1}{2}}$.　　　　　　　　　　**2.** $f'_1(1,1)+f''_{11}(1,1)+f''_{12}(1,1)$.

3. 当 $k\leqslant 1$ 时,有唯一实根 $x=0$;当 $k>1$ 时,有 3 个实根.

4. (1) 拉格朗日中值定理,辅助函数 $f(x)=\ln x$;

　　(2) 存在准则 Ⅱ,证明数列 $\{a_n\}$ 单调有界.

5. a.

6. (1) $a=5$;

　　(2) $\boldsymbol{\beta}_1=2\boldsymbol{\alpha}_1+4\boldsymbol{\alpha}_2-\boldsymbol{\alpha}_3,\boldsymbol{\beta}_2=\boldsymbol{\alpha}_1+2\boldsymbol{\alpha}_2,\boldsymbol{\beta}_3=5\boldsymbol{\alpha}_1+10\boldsymbol{\alpha}_2-2\boldsymbol{\alpha}_3$.

7. (1) 特征值为 $1,-1,0$,对应的特征向量依次为 $k_1(1,0,1)^{\mathrm{T}},k_2(1,0,-1)^{\mathrm{T}}$,

　　$k_3(0,1,0)^{\mathrm{T}}$,其中 k_1、k_2、k_3 均是不为 0 的任意常数;

　　(2) $\begin{bmatrix} 0 & 0 & 1 \\ 0 & 0 & 0 \\ 1 & 0 & 0 \end{bmatrix}$.

8. (1)

X＼Y	−1	0	1
0	0	$\frac{1}{3}$	0
1	$\frac{1}{3}$	0	$\frac{1}{3}$

；　　(2)

Z	−1	0	1
P	$\frac{1}{3}$	$\frac{1}{3}$	$\frac{1}{3}$

；　　(3) 0.

9. (1) $\hat{\sigma}^2=\dfrac{1}{n}\sum_{i=1}^{n}(X_i-\mu_0)^2$;　　(2) $E\hat{\sigma}^2=\sigma^2,D\hat{\sigma}^2=\dfrac{2\sigma^4}{n}$.

2012 年数学一试题

一、 **1.** C.　　　　**2.** A.　　　　**3.** B.　　　　**4.** D.

　　5. C.　　　　**6.** B.　　　　**7.** A.　　　　**8.** D.

二、 **1.** e^x.　　**2.** $\dfrac{\pi}{2}$.　　**3.** $\{1,1,1\}$.　　**4.** $\dfrac{\sqrt{3}}{12}$

　　5. 2.　　**6.** $\dfrac{3}{4}$.

三、 **1.** 单调性,辅助函数 $f(x)=x\ln\dfrac{1+x}{1-x}+\cos x-\dfrac{x^2}{2}-1$.

　　2. 极大值为 $f(1,0)=e^{-\frac{1}{2}}$,极小值为 $f(-1,0)=-e^{-\frac{1}{2}}$.

　　3. 收敛域 $(-1,1)$,和函数 $S(x)=\begin{cases} \dfrac{1+x^2}{(1-x^2)^2}+\dfrac{1}{x}\ln\dfrac{1+x}{1-x}, & x\in(-1,0)\bigcup(0,1) \\ 3, & x=0 \end{cases}$.

4. (1) $f(t) = \ln(\sec t + \tan t) - \sin t$;　(2) $\dfrac{\pi}{4}$.

5. $\dfrac{\pi}{2} - 4$.

6. (1) $1 - a^4$;

(2) $a = -1$,通解 $x = (0, -1, 0, 0)^{\mathrm{T}} + k(1, 1, 1, 1)^{\mathrm{T}}$($k$ 为任意常数).

7. (1) $a = -1$;　(2) $Q = \begin{bmatrix} -\dfrac{1}{\sqrt{3}} & -\dfrac{1}{\sqrt{2}} & \dfrac{1}{\sqrt{6}} \\ -\dfrac{1}{\sqrt{3}} & \dfrac{1}{\sqrt{2}} & \dfrac{1}{\sqrt{6}} \\ \dfrac{1}{\sqrt{3}} & 0 & \dfrac{2}{\sqrt{6}} \end{bmatrix} y$,标准形 $f = 2y_2^2 + 6y_3^2$.

8. (1) $\dfrac{1}{4}$;　(2) $-\dfrac{2}{3}$.

9. (1) $\dfrac{1}{\sqrt{6\pi}\sigma} \mathrm{e}^{\frac{z^2}{6\sigma^2}}$, $-\infty < z < +\infty$;　(2) $\hat{\sigma}^2 = \dfrac{1}{3n} \sum\limits_{i=1}^{n} Z_i^2$;

(3) 验证 $E\hat{\sigma}^2 = \sigma^2$.

2013 年数学一试题

一、**1.** D.　　　**2.** A.　　　**3.** C.　　　**4.** D.

5. B.　　　**6.** B.　　　**7.** A.　　　**8.** C.

二、**1.** 1.　　**2.** $C_1 \mathrm{e}^x + C_2 \mathrm{e}^{3x} - x\mathrm{e}^{2x}$.　　　**3.** $\sqrt{2}$

4. $\ln 2$　　**5.** -1　　**6.** $1 - \dfrac{1}{\mathrm{e}}$.

三、**1.** $-4\ln 2 + 8 - 2\pi$.

2. (1) 对 $S(x)$ 逐项求导;　(2) $\mathrm{e}^{-x} + 2\mathrm{e}^x$.

3. 极小值 $f\left(1, -\dfrac{4}{3}\right) = -\mathrm{e}^{-\frac{1}{3}}$.

4. (1) 罗尔定理,辅助函数 $F(x) = f(x) - x$;

(2) 罗尔定理,辅助函数 $G(x) = \mathrm{e}^x[f'(x) - 1]$.

5. (1) $x^2 + y^2 = 2z^2 - 2z + 1$;　(2) $\left(0, 0, \dfrac{7}{5}\right)$.

6. $a = -1, b = 0, C = \begin{bmatrix} k_1 + k_2 + 1 & -k_1 \\ k_1 & k_2 \end{bmatrix}$($k_1, k_2$ 为任意常数).

7. (1) 利用矩阵乘法证;

(2) 利用(1)及特征值与特征向量的定义得到 $\boldsymbol{\alpha}$、$\boldsymbol{\beta}$ 为 $\boldsymbol{A}$ 的特征向量,且对

应的特征值分别为 $2,1$，再根据 A 的秩得到另外一个特征值为 0.

8. (1) $F_Y(y) = \begin{cases} 0, & y < 1 \\ \dfrac{18+y^3}{27}, & 1 \leqslant y < 2; \\ 1, & y \geqslant 2 \end{cases}$ (2) $\dfrac{8}{27}$.

9. (1) $\overline{X}$; (2) $\dfrac{2n}{\displaystyle\sum_{i=1}^{n} \dfrac{1}{X_i}}$

2014 年数学一试题

一、**1.** C.   **2.** D.   **3.** D.   **4.** A.

   5. B.   **6.** A.   **7.** B.   **8.** D.

二、**1.** $2x - y - z - 1 = 0$.   **2.** 1.   **3.** $x\mathrm{e}^{2x+1}$.

   4. π.   **5.** $[-2,2]$.   **6.** $\dfrac{2}{5n}$.

三、**1.** $\dfrac{1}{2}$.   **2.** 极小值为 $y(1) = -2$.

   3. $\dfrac{1}{16}(\mathrm{e}^{2u} - \mathrm{e}^{-2u}) - \dfrac{1}{4}u$.   **4.** -4π.

   5. (1) 比较判别法得到 $\displaystyle\sum_{n=1}^{\infty} a_n$ 收敛； (2) 比较判别法.

   6. (1) $\boldsymbol{\xi} = \begin{bmatrix} -1 \\ 2 \\ 3 \\ 1 \end{bmatrix}$;

       (2) $\begin{bmatrix} -k_1+2 & -k_2+6 & -k_3-1 \\ 2k_1-1 & 2k_2-3 & 2k_3+1 \\ 3k_1-1 & 3k_2-4 & 3k_3+1 \\ k_1 & k_2 & k_3 \end{bmatrix}$ $(k_1,k_2,k_3$ 为任意常数$)$.

   7. 证明 A 与 B 的特征值相同且都可对角化.

   8. (1) $F_Y(y) = \begin{cases} 0, & y < 0 \\ \dfrac{3y}{4}, & 0 \leqslant y < 1 \\ \dfrac{y}{4} + \dfrac{1}{2}, & 1 \leqslant y < 2 \\ 1, & y \geqslant 2 \end{cases}$; (2) $\dfrac{3}{4}$.

9. (1) $EX = \dfrac{\sqrt{\pi\theta}}{2}, EX^2 = \theta$;　(2) $\hat{\theta} = \dfrac{1}{n}\sum\limits_{i=1}^{n} X_i^2$;　(3) 辛钦大数定律.

2015 年数学一试题

一、 **1.** C.　　　**2.** A.　　　**3.** B.　　　**4.** B.

　　 5. D.　　　**6.** A.　　　**7.** C.　　　**8.** D.

二、 **1.** $-\dfrac{1}{2}$.　　**2.** $\dfrac{\pi^2}{4}$.　　**3.** $-\mathrm{d}x$.　　**4.** $\dfrac{1}{4}$.

　　 5. $2^{n+1}-2$.　　**6.** $\dfrac{1}{2}$.

三、 **1.** $a=-1, b=-\dfrac{1}{2}, k=-\dfrac{1}{3}$.　　**2.** $\dfrac{8}{4-x}$.　　**3.** 3.

　　 4. (1) 略;

　　　　 (2) $u_1'(x)u_n(x)\cdots u_n(x) + u_1(x)u_2'(x)\cdots u_n(x) + \cdots + u_1(x)u_2(x)\cdots u_n'(x)$.

　　 5. $\dfrac{\sqrt{2}}{2}\pi$.

　　 6. (1) 线性无关定义证明 $\boldsymbol{\beta}_1$、$\boldsymbol{\beta}_2$、$\boldsymbol{\beta}_3$ 线性无关;　(2) $k_1\boldsymbol{\alpha}_1 - k_1\boldsymbol{\alpha}_3 (k_1 \neq 0)$.

　　 7. (1) $a=4, b=5$;　(2) $\boldsymbol{P} = \begin{bmatrix} 2 & -3 & -1 \\ 1 & 0 & -1 \\ 0 & 1 & 1 \end{bmatrix}$.

　　 8. (1) $P\{Y=n\} = (n-1)\left(\dfrac{1}{8}\right)^2\left(\dfrac{7}{8}\right)^{n-2} (n=2,3,\cdots)$;　(2) 16.

　　 9. (1) $2\overline{X}-1$;　(2) $\min\{X_1, X_2, \cdots, X_n\}$.

2011 年数学二试题

一、 **1.** C.　　　**2.** B.　　　**3.** C.　　　**4.** C.

　　 5. A.　　　**6.** B.　　　**7.** D.　　　**8.** D.

二、 **1.** $\sqrt{2}$.　　**2.** $y=\mathrm{e}^{-x}\sin x$.　　**3.** $\ln(1+\sqrt{2})$.　　**4.** $\dfrac{1}{\lambda}$.

　　 5. $\dfrac{7}{12}$.　　　**6.** 2.

三、 **1.** $1 < a < 3$.

　　 2. 极小值 $y\big|_{t=1} = -\dfrac{1}{3}$、极大值 $y\big|_{t=-1} = 1$, 凸区间 $\left(-\infty, \dfrac{1}{3}\right)$、凹区间

　　　　 $\left(\dfrac{1}{3}, +\infty\right)$, 拐点 $\left(\dfrac{1}{3}, \dfrac{1}{3}\right)$.

　　 3. $f_1'(1,1) + f_{11}''(1,1) + f_{12}''(1,1)$.　　**4.** $y(x) = \arcsin\dfrac{\mathrm{e}^x}{\sqrt{2}} - \dfrac{\pi}{4}$.

5. (1) 令 $f(x)=\ln x$,在 $\left[1,1+\dfrac{1}{n}\right]$ 上使用拉格朗日中值定理;

(2) 利用存在准则 Ⅱ 证明数列 $\{a_n\}$ 单调有界.

6. (1) $\dfrac{9}{4}\pi$; (2) $\dfrac{27}{8}\pi\rho g$. **7.** a.

8. (1) $a=5$;

(2) $\boldsymbol{\beta}_1=2\boldsymbol{\alpha}_1+4\boldsymbol{\alpha}_2-\boldsymbol{\alpha}_3,\boldsymbol{\beta}_2=\boldsymbol{\alpha}_1+2\boldsymbol{\alpha}_2,\boldsymbol{\beta}_3=5\boldsymbol{\alpha}_1+10\boldsymbol{\alpha}_2-2\boldsymbol{\alpha}_3$.

9. (1) 特征值为 $1,-1,0$,对应的特征向量依次为 $k_1(1,0,1)^{\mathrm{T}},k_2(1,0,-1)^{\mathrm{T}}$,

$k_3(0,1,0)^{\mathrm{T}}$,其中 k_1,k_2,k_3 均是不为 0 的任意常数;

(2) $\boldsymbol{A}=\begin{bmatrix}0&0&1\\0&0&0\\1&0&0\end{bmatrix}$.

2012 年数学二试题

一、**1.** C. **2.** A. **3.** B. **4.** D.

5. D. **6.** D. **7.** C. **8.** B.

二、**1.** 1. **2.** $\dfrac{\pi}{4}$. **3.** 0. **4.** $y=\sqrt{x}$

5. $(-1,0)$. **6.** -27.

三、**1.** (1) 1; (2) 1.

2. 极大值为 $f(1,0)=\mathrm{e}^{-\frac{1}{2}}$,极小值为 $f(-1,0)=-\mathrm{e}^{-\frac{1}{2}}$.

3. 面积 $S=2$,体积 $V=\dfrac{2\pi}{3}(\mathrm{e}^2-1)$.

4. $\dfrac{16}{15}$. **5.** (1) $f(x)=\mathrm{e}^x$; (2) $(0,0)$.

6. 令 $f(x)=x\ln\dfrac{1+x}{1-x}+\cos x-\dfrac{x^2}{2}-1$,再用单调性证.

7. (1) 令 $f(x)=x^n+x^{n-1}+\cdots+x-1$,利用零点定理及单调性证;

(2) 利用准则 Ⅱ 证明 $\{x_n\}$ 收敛,极限为 $\dfrac{1}{2}$.

8. (1) $1-a^4$;

(2) $a=-1$,通解 $\boldsymbol{x}=(0,-1,0,0)^{\mathrm{T}}+k(1,1,1,1)^{\mathrm{T}}(k$ 为任意实数$)$.

9. (1) $a=-1$; (2) $x\begin{bmatrix}-\dfrac{1}{\sqrt{3}}&-\dfrac{1}{\sqrt{2}}&\dfrac{1}{\sqrt{6}}\\-\dfrac{1}{\sqrt{3}}&\dfrac{1}{\sqrt{2}}&\dfrac{1}{\sqrt{6}}\\\dfrac{1}{\sqrt{3}}&0&\dfrac{2}{\sqrt{6}}\end{bmatrix}y$,标准形 $f=2y_2^2+6y_3^2$.

2013 年数学二试题

一、1. C.   2. A.   3. C.   4. D.

5. A.   6. B.   7. B.   8. B.

二、1. $e^{\frac{1}{2}}$.   2. $\dfrac{1}{\sqrt{1-e^{-1}}}$.   3. $\dfrac{\pi}{12}$.

4. $y+x-\dfrac{\pi}{4}-\ln\sqrt{2}=0$.   5. $-e^{x}+e^{3x}-xe^{2x}$.

6. -1.

三、1. $n=2,a=7$.   2. $7\sqrt{7}$.   3. $\dfrac{416}{3}$.

4. (1) 罗尔定理,辅助函数 $F(x)=f(x)-x$;

    (2) 罗尔定理,辅助函数 $G(x)=e^{x}[f'(x)-1]$.

5. 最长距离为 $\sqrt{2}$,最短距离为 1.

6. (1) $f(1)=1$;   (2) 利用准则 Ⅱ 证明 $\{x_n\}$ 单调增加有上界,极限为 1.

7. (1) $\dfrac{e^{2}+1}{4}$;   (2) $\bar{x}=\dfrac{3(e^{4}-2e^{2}-3)}{4(e^{3}-7)}$.

8. $a=-1,b-0,C=\begin{bmatrix} k_{1}+k_{2}+1 & -k_{1} \\ k_{1} & k_{2} \end{bmatrix}$($k_{1},k_{2}$ 为任意常数).

9. (1) 利用矩阵乘法证;

    (2) 利用(1)及特征值与特征向量的定义得到 $\boldsymbol{\alpha}$、$\boldsymbol{\beta}$ 为 A 的特征向量,且对应的特征值分别为 2,1,再根据 A 的秩得到另外一个特征值为 0.

2014 年数学二试题

一、1. B.   2. C.   3. D.   4. C.

5. D.   6. A.   7. B.   8. A.

二、1. $\dfrac{3\pi}{8}$.   2. 1.   3. $-\dfrac{1}{2}dx-\dfrac{1}{2}dy$.

4. $y=-\dfrac{2}{\pi}x+\dfrac{\pi}{2}$.   5. $\dfrac{11}{20}$.   6. $[-2,2]$.

三、1. $\dfrac{1}{2}$.

2. 极大值为 $y(1)=1$,极小值为 $y(-1)=0$.

3. $-\dfrac{3}{4}$.   4. $\dfrac{1}{16}(e^{2u}-e^{-\pi})-\dfrac{1}{4}u$.

5. (1) 利用定积分性质;

(2) 利用单调性,辅助函数 $F(x) = \int_a^x f(u)g(u)\,\mathrm{d}u - \int_a^{a+\int_a^x g(t)\mathrm{d}} f(u)\,\mathrm{d}u$.

6. 1.   **7.** $\left(2\ln 2 - \dfrac{5}{4}\right)\pi$.

8. (1) $\boldsymbol{\xi} = \begin{bmatrix} -1 \\ 2 \\ 3 \\ 1 \end{bmatrix}$;

    (2) $\begin{bmatrix} -k_1+2 & -k_2+6 & -k_3-1 \\ 2k_1-1 & 2k_2-3 & 2k_3+1 \\ 3k_1-1 & 3k_2-4 & 3k_3+1 \\ k_1 & k_2 & k_3 \end{bmatrix}$ (k_1,k_2,k_3 为任意常数).

9. 证明 $\boldsymbol{A}$ 与 $\boldsymbol{B}$ 的特征值相同且都可对角化.

2015 年数学二试题

一、**1.** D.   **2.** B.   **3.** A.   **4.** C.

   5. D.   **6.** B.   **7.** D.   **8.** A.

二、**1.** 48.   **2.** $n(n-1)(\ln 2)^{n-2}$.   **3.** 2.

   4. $\mathrm{e}^{-2x}+2\mathrm{e}^x$.   **5.** $-\dfrac{1}{3}\mathrm{d}x - \dfrac{2}{3}\mathrm{d}y$.   **6.** 21.

三、**1.** $a=-1, b=-\dfrac{1}{2}, k=-\dfrac{1}{3}$.   **2.** $\dfrac{8}{\pi}$.

   3. 极小值 $f(0,-1)=-1$.   **4.** $\dfrac{\pi}{4} - \dfrac{2}{5}$.

   5. 2   **6.** 30 min.

   7. 拉格朗日中值定理与单调性.   **8.** (1) 0; (2) $\begin{bmatrix} 3 & 1 & -2 \\ 1 & 1 & -1 \\ 2 & 1 & -1 \end{bmatrix}$.

   9. (1) $a=4, b=5$; (2) $\boldsymbol{P} = \begin{bmatrix} 2 & -3 & -1 \\ 1 & 0 & -1 \\ 0 & 1 & 1 \end{bmatrix}$.

2011 年数学三试题

一、**1.** C.   **2.** B.   **3.** A.   **4.** B.

   5. D.   **6.** C.   **7.** D.   **8.** D.

二、**1.** $\mathrm{e}^{3x}(1+3x)$.   **2.** $(1+2\ln 2)(\mathrm{d}x-\mathrm{d}y)$.   **3.** $y=-2x$.

4. $\dfrac{4\pi}{3}$.　　　　　**5.** $3y_1^2$.　　　　　**6.** $\mu(\mu^2+\sigma^2)$.

三、**1.** $-\dfrac{1}{2}$.　　　　　　　　　　**2.** $f''_{11}(2,2)+f'_2(2,2)+f''_{12}(1,1)$.

3. $2\sqrt{x}\arcsin\sqrt{x}+2\sqrt{x}\ln x+2\sqrt{1-x}-4\sqrt{x}+C$.

4. 单调性与零点定理,辅助函数 $f(x)=4\arctan x-x+\dfrac{4\pi}{3}-\sqrt{3}$.

5. $f(x)=\dfrac{4}{(x-2)^2},0\leqslant x\leqslant 1$.

6. (1) $a=5$;

(2) $\boldsymbol{\beta}_1=2\boldsymbol{\alpha}_1+4\boldsymbol{\alpha}_2-\boldsymbol{\alpha}_3,\boldsymbol{\beta}_2=\boldsymbol{\alpha}_1+2\boldsymbol{\alpha}_2,\boldsymbol{\beta}_3=5\boldsymbol{\alpha}_1+10\boldsymbol{\alpha}_2-2\boldsymbol{\alpha}_3$.

7. (1) 特征值为 $1,-1,0$,对应的特征向量依次为 $k_1(1,0,1)^{\mathrm{T}},k_2(1,0,-1)^{\mathrm{T}},$
$k_3(0,1,0)^{\mathrm{T}}$,其中 k_1、k_2、k_3 均是不为 0 的任意常数;

(2) $\begin{bmatrix} 0 & 0 & 1 \\ 0 & 0 & 0 \\ 1 & 0 & 0 \end{bmatrix}$.

8. (1)

X \ Y	-1	0	1
0	0	$\dfrac{1}{3}$	0
1	$\dfrac{1}{3}$	0	$\dfrac{1}{3}$

;　(2)

Z	-1	0	1
P	$\dfrac{1}{3}$	$\dfrac{1}{3}$	$\dfrac{1}{3}$

;　(3) 0.

9. (1) $f_X(x)=\begin{cases} x, & 0<x<1 \\ 2-x, & 1\leqslant x<2; \\ 0, & \text{其他} \end{cases}$

(2) $f_{X|Y}(x\mid y)=\begin{cases} \dfrac{1}{2-2y}, & 0\leqslant y<x<2-y \\ 0, & \text{其他} \end{cases}$.

2012 年数学三试题

一、**1.** C.　　　　**2.** A.　　　　**3.** B.　　　　**4.** D.

5. C.　　　　**6.** B.　　　　**7.** D.　　　　**8.** B.

二、**1.** $\mathrm{e}^{-\sqrt{2}}$.　　　　**2.** $\dfrac{1}{\mathrm{e}}$.　　　　**3.** $2\mathrm{d}x-\mathrm{d}y$.　　　　**4.** $4\ln 2$.

5. -27　　　　**6.** $\dfrac{3}{4}$.

三、 1. $\dfrac{1}{12}$.   2. $\dfrac{1}{2}$.

3. (1) $C(x,y)=10\,000+20x+\dfrac{x^2}{4}+6y+\dfrac{y^2}{2}$；

   (2) $x=24,y=26,C_{\min}=11\,118$；

   (3) 32,其经济意义为:当甲、乙两种产品的产量分别为 24、26 时,若甲的
       产量每增加一件,则总成本增加 32 万元.

4. 单调性,辅助函数 $f(x)=x\ln\dfrac{1+x}{1-x}+\cos x-\dfrac{x^2}{2}-1$.

5. (1) $f(x)=\mathrm{e}^x$；   (2) $(0,0)$

6. (1) $1-a^4$；

   (2) $a=-1$,通解 $x=(0,-1,0,0)^{\mathrm{T}}+k(1,1,1,1)^{\mathrm{T}}$($k$ 为任意常数).

7. (1) $a=-1$；   (2) $Q=\begin{bmatrix} -\dfrac{1}{\sqrt{3}} & -\dfrac{1}{\sqrt{2}} & \dfrac{1}{\sqrt{6}} \\[2mm] -\dfrac{1}{\sqrt{3}} & \dfrac{1}{\sqrt{2}} & \dfrac{1}{\sqrt{6}} \\[2mm] \dfrac{1}{\sqrt{3}} & 0 & \dfrac{2}{\sqrt{6}} \end{bmatrix} y$,标准形 $f=2y_2^2+6y_3^2$.

8. (1) $\dfrac{1}{4}$；   (2) $-\dfrac{2}{3}$.

9. (1) $f_V(v)=\begin{cases} 2\mathrm{e}^{-2v}, & v>0 \\ 0, & v\leqslant 0 \end{cases}$；   (2) 2.

2013 年数学三试题

一、 1. D.   2. C.   3. B.   4. D.
   5. B.   6. B.   7. A.   8. C.

二、 1. -2.   2. $2-2\ln 2$.   3. $\ln 2$.   4. $(C_1)+C_2 x)\mathrm{e}^{\frac{x}{2}}$.
   5. -1.   6. $2\mathrm{e}^2$.

三、 1. $n=2,a=7$.   2. $7\sqrt{7}$.   3. $\dfrac{416}{3}$.

4. (1) $L'(P)=-2\,000P+80\,000$.

   (2) $L'(50)=-20\,000$(元),经济意义:当 $P=50$ 时,价格提高 1 元,总利润
       减少 20 000 元.

   (3) $P=40$ 元.

5. (1) 零点定理,辅助函数 $F(x)=f(x)-1$；

(2) 在 $[0,a]$ 上使用拉格朗日中值定理.

6. $a=-1,b=0,\boldsymbol{C}=\begin{bmatrix} k_1+k_2+1 & -k_1 \\ k_1 & k_2 \end{bmatrix}$ (k_1,k_2 为任意常数).

7. (1) 利用矩阵乘法证;

(2) 利用(1)及特征值与特征向量的定义得到 $\boldsymbol{\alpha}$、$\boldsymbol{\beta}$ 为 $\boldsymbol{A}$ 的特征向量,且对应的特征值分别为 $2,1$,再根据 $\boldsymbol{A}$ 的秩得到另外一个特征值,为 0.

8. (1) $f(x,y)=\begin{cases} \dfrac{9y^2}{x}, & 0<x<1,0<y<x \\ 0, & \text{其他} \end{cases}$;

(2) $f_Y(y)=\begin{cases} -9y^2\ln y, & 0<y<1 \\ 0, & \text{其他} \end{cases}$;

(3) $\dfrac{1}{8}$.

9. (1) $\overline{X}$; (2) $\dfrac{2n}{\displaystyle\sum_{i=1}^{n}\dfrac{1}{X_i}}$.

2014 年数学三试题

一、 **1.** A. **2.** C. **3.** D. **4.** D.

5. B. **6.** A. **7.** B. **8.** C.

二、 **1.** $20-Q$. **2.** $\dfrac{3}{2}-\ln 2$. **3.** $\dfrac{1}{2}$. **4.** $\dfrac{e-1}{2}$

5. $[-2,2]$. **6.** $\dfrac{2}{5n}$.

三、 **1.** $\dfrac{1}{2}$. **2.** $-\dfrac{3}{4}$. **3.** $\dfrac{1}{16}e^{4u}-\dfrac{1}{4}u-\dfrac{1}{16}$.

4. 收敛域为 $(-1,1)$,和函数 $S(x)=\dfrac{3-x}{(1-x)^3}$ $(-1<x<1)$.

5. (1) 利用定积分性质;

(2) 利用单调性,辅助函数 $F(x)=\displaystyle\int_a^x f(u)g(u)\mathrm{d}u-\int_a^{a+\int_a^x g(t)\mathrm{d}t} f(u)\mathrm{d}u$.

6. (1) $\boldsymbol{\xi}=\begin{bmatrix} -1 \\ 2 \\ 3 \\ 1 \end{bmatrix}$;

(2) $\begin{bmatrix} -k_1+2 & -k_2+6 & -k_3-1 \\ 2k_1-1 & 2k_2-3 & 2k_3+1 \\ 3k_1-1 & 3k_2-4 & 3k_3+1 \\ k_1 & k_2 & k_3 \end{bmatrix}$ $(k_1,k_2,k_3$ 为任意常数$)$.

7. 证明 **A** 与 **B** 的特征值相同且都可对角化.

8. (1) $F_Y(y)=\begin{cases} 0, & y<0 \\ \dfrac{3y}{4}, & 0<y\leqslant 1 \\ \dfrac{y}{4}+\dfrac{1}{2}, & 1\leqslant y<2 \\ 1, & y\geqslant 2 \end{cases}$; (2) $\dfrac{3}{4}$.

9. (1)

X \ Y	0	1
0	$\dfrac{2}{9}$	$\dfrac{1}{9}$
1	$\dfrac{1}{9}$	$\dfrac{5}{9}$

; (2) $\dfrac{4}{9}$.

2015 年数学三试题

一、**1.** D.   **2.** C.   **3.** B.   **4.** C.

5. D.   **6.** A.   **7.** C.   **8.** B.

二、**1.** $-\dfrac{1}{2}$.   **2.** 2.   **3.** $-\dfrac{1}{3}\mathrm{d}x-\dfrac{2}{3}\mathrm{d}y$.

4. $\mathrm{e}^{-2x}+2\mathrm{e}^{x}$.   **5.** 21.   **6.** $\dfrac{1}{2}$.

三、**1.** $a=-1,b=-\dfrac{1}{2},k=-\dfrac{1}{3}$.   **2.** $\dfrac{\pi}{4}-\dfrac{2}{5}$.

3. (1) 取极值的条件及弹性计算公式;   (2) 30.

4. $\dfrac{8}{4-x}$.

5. (1) 略;

(2) $u_1'(x)u_2(x)\cdots u_n(x)+u_1(x)u_2'(x)\cdots u_n(x)+\cdots+u_1(x)u_2(x)\cdots u_n'(x)$.

6. (1) 0;   (2) $\begin{bmatrix} 3 & 1 & -2 \\ 1 & 1 & -1 \\ 2 & 1 & -1 \end{bmatrix}$.

7. (1) $a = 4, b = 5$;　(2) $P = \begin{bmatrix} 2 & -3 & -1 \\ 1 & 0 & -1 \\ 0 & 1 & 1 \end{bmatrix}$.

8. (1) $P\{Y = n\} = (n-1)\left(\dfrac{1}{8}\right)^2\left(\dfrac{7}{8}\right)^{n-2}$ $(n = 2, 3, \cdots)$;　(2) 16.

9. (1) $2\bar{X} - 1$;　(2) $\min\{X_1, X_2, \cdots, X_n\}$.

附录 3

2009 年(首届)大学生数学竞赛预赛试题

一、1. $\dfrac{16}{15}$.　　　　2. $3x^2 - \dfrac{10}{3}$.　　　3. $2x + 2y - z - 5 = 0$.

　　4. $-\dfrac{(1-f')^2 - f''}{x^2(1-f')^3}$.

二、$\mathrm{e}^{\frac{(n+1)e}{2}}$.

三、$g'(x) = \begin{cases} \dfrac{xf(x) - \displaystyle\int_0^x f(u)\,\mathrm{d}u}{x^2}, & x \neq 0 \\ \dfrac{A}{2}, & x = 0 \end{cases}$,连续.

四、1. 化为定积分或格林公式.　　　　2. 泰勒公式或幂级数展开.

五、$y'' - y' - 2y = \mathrm{e}^x - 2x\mathrm{e}^x$.

六、$a = -\dfrac{5}{4}, b = \dfrac{3}{2}, c = 1$.

七、$-\mathrm{e}^x \ln(1-x)$.

八、$\dfrac{1}{2}\sqrt{\dfrac{\pi}{1-x}}$.

2010 年(第二届)大学生数学竞赛预赛试题

一、1. $\dfrac{1}{1-a}$.　　　　2. $\mathrm{e}^{-\frac{1}{2}}$.　　　3. $\dfrac{n!}{s^{n+1}}$.

　　4. $\dfrac{1}{r^4}f''\left(\dfrac{1}{r}\right) + \dfrac{1}{r^3}f'\left(\dfrac{1}{r}\right)$.　　　5. $\dfrac{\sqrt{38}}{2}$.

二、泰勒公式与零点定理.

三、$t^3 + \dfrac{1}{2\mathrm{e}}t^2 + \left(\dfrac{1}{\mathrm{e}} - 3\right)t + 2(t > -1)$.

四、(1) 部分和有界.　　(2) 比较判别法.

五、(1) $J = \dfrac{4abc\pi}{15}\left[(1-\alpha^2)a^2 + (1-\beta^2)b^2 + (1-\gamma^2)c^2\right]$.

(2) $J_{\max} = \dfrac{4abc\pi}{15}(a^2 + b^2), J_{\min} = \dfrac{4abc\pi}{15}(b^2 + c^2).$

六、 (1) 格林公式. (2) $-x^2.$ (3) 0.

2011 年(第三届) 大学生数学竞赛预赛试题

一、 **1.** 0. **2.** $\dfrac{\sin\theta}{\theta}.$ **3.** $2 - 4\ln 2.$ **4.** $\dfrac{2+x^2}{(2-x^2)^2}, \dfrac{10}{9}.$

二、 **1.** 极限定义. **2.** 构造数列利用(1).

三、 泰勒公式及介值定理.

四、 $F_x = \dfrac{Gm\rho}{\sqrt{h^2 + a^2}}, F_y = \dfrac{Gm\rho}{h}\left(1 - \operatorname{sinarctan}\dfrac{a}{h}\right), \boldsymbol{F} = \{F_x, F_y\}.$

五、 隐函数求导.

六、 原点到平面的距离.

2012 年(第四届) 大学生数学竞赛预赛试题

一、 **1.** 1. **2.** $\Pi_1: 3x + 4y - z + 1 - 0, \Pi_0: x - 2y - 5z + 3 = 0.$

3. $a = b = 1.$ **4.** $\left(\dfrac{x}{2}\right)^{\frac{1}{3}}.$ **5.** 0.

二、 $\dfrac{1}{5}\dfrac{e^{2\pi}+1}{e^{2\pi}-1}.$

三、 $x = 501.$

四、 2.

五、 2.

六、 $\pi(2t + 1 - \sqrt{1 + 4t^2})tf(t^2).$

七、 (1) 部分和有界. (2) 比较判别法.

2013 年(第五届) 大学生数学竞赛预赛试题

一、 **1.** $e^{\frac{\pi}{4}}.$ **2.** 比较判别法.

3. 极大值 $y(0) = -1$,极小值 $y(-2) = 1.$

4. $(1,1).$

二、 $\dfrac{\pi^3}{8}.$

三、 导数定义、洛必达法则及比较判别法极限形式.

四、 换元积分法.

五、 $\dfrac{4\sqrt{6}}{15}\pi.$

六、 当 $a > 1$ 时为 0，当 $a < 1$ 时为 $-\infty$.

七、 级数收敛的定义，和为 1.

2014 年（第六届）大学生数学竞赛预赛试题

一、 1. $y'' - 2y' + y = 0$.   2. $2x + 2y + z + \dfrac{3}{2} = 0$.

     3. 3.   4. 1.   5. 2.

二、 $4n$.

三、 泰勒公式.

四、 1. 建立球缺对应的球面方程.   2. $33\sqrt{3}\pi$.

五、 b.

六、 $\dfrac{1}{4}$.

2010 年（首届）大学生数学竞赛决赛试题

一、 1. $\dfrac{5\pi}{6}$.   2. $-\dfrac{\pi a^3}{2}$.   3. $a : b$.

     4. $-\dfrac{\sqrt{2}}{6}\ln\left|\dfrac{1 + \sin\left(\frac{\pi}{4} - x\right)}{1 - \sin\left(\frac{\pi}{4} - x\right)}\right| - \dfrac{2}{3}\arctan\left(\sqrt{2}\sin\left(\frac{\pi}{4} - x\right)\right) + C$.

二、 1. $-\dfrac{e}{2}$.   2. $\sqrt[3]{abc}$.

三、 $\dfrac{1}{2}$.

四、 0.

五、 (1) 零点定理，辅助函数 $F(x) = f(x) - x$.

     (2) 罗尔定理，辅助函数 $G(x) = e^{-x}[f(x) - x]$.

六、 零点定理，辅助函数 $G(x) = F(x) - \dfrac{n}{2}$.

七、 不存在，反证法.

八、 略.

2011 年（第二届）大学生数学竞赛决赛试题

一、 1. $e^{-\frac{1}{3}}$.   2. $\ln 2$.   3. $\dfrac{-2e^{-4t} + e^{-3t} - 2e^{-2t} + e^{-t}}{4}$.

二、 $x^2 + \dfrac{1}{2}y^2 + xy - (4x + y) = C$.

三、 洛必达法则.

四、 最大值 $bc\sqrt{\dfrac{b^2+c^2}{b^4+c^4}}$,最小值 $ac\sqrt{\dfrac{a^2+c^2}{a^4+c^4}}$.

五、 (1) $\dfrac{\sqrt{3}\pi}{2}$. (2) $\dfrac{\sqrt{3}\pi}{2}$.

六、 比较判别法.

七、 不存在,反证法.

2012 年(第三届)大学生数学竞赛决赛试题

一、 1. $\dfrac{2}{3}$. 2. $+\infty$. 3. 0. 4. $xe^{x+\frac{1}{x}}+C$.

5. $\pi a^2\left(\dfrac{5\sqrt{5}-1}{6}+\sqrt{2}\right)$.

二、 当 $\alpha\leqslant 4$ 时发散,当 $\alpha>4$ 时收敛.

三、 泰勒级数.

四、 (1) $\dfrac{1}{4}\pi\rho ab(5a^2-3b^2)$. (2) 不存在最大值和最小值.

五、 2π.

六、 (1) $y=e^{x^2}$. (2) 极限定义.

2013 年(第四届)大学生数学竞赛决赛试题

一、 1. $2\ln a$. 2. $y'+2y=x^2e^{-2x}$,$y=e^{-2x}\left(\dfrac{x^3}{3}+C\right)$. 3. $\dfrac{1}{x+1}$.

4. $\dfrac{1}{2}\arctan x[(1+x^2)\ln(1+x^2)-x^2-3]-\dfrac{x}{2}\ln(1+x^2)+\dfrac{3}{2}x+C$.

5. $9x+y-z-27=0$ 或 $9x+17y-17z+27=0$.

二、 $F=\{0,0,\pi G\rho\ln 2\}$.

三、 证明 $f(x)$ 在 $[1,+\infty)$ 单调增加且有上界.

四、 辅助函数 $F(x)=f^2(x)+[f'(x)]^2$,对 $F(x)$ 利用取极值的必要条件.

五、 $1+\dfrac{3\pi}{8}$.

六、 反证法.

2014 年(第五届)大学生数学竞赛决赛试题

一、 1. $\dfrac{\pi}{2}$. 2. $\dfrac{4}{\pi(1+x^2)}$.

3. $\dfrac{\partial(F,G)}{\partial(x,z)}\bigg|_{P_0}(x-x_0)+\dfrac{\partial(F,G)}{\partial(y,z)}\bigg|_{P_0}(y-y_0)=0$. 4. $\dfrac{13}{2}$.

二、 泰勒公式.

三、 单调性.

四、 分部积分法.

五、 $\dfrac{\pi}{2}f'(0)$.

六、 利用转置的规律及特征值全为正实数.

七、 极限定义.

2015 年(第六届) 大学生数学竞赛决赛试题

一、 **1.** 0.　　　　　　　　　　　**2.** $y=-\dfrac{1}{a}\ln(ax+1)$.

3. $\begin{bmatrix} \lambda^{50} & 0 & 0 \\ 0 & \lambda^{50} & 0 \\ -50\lambda^{49} & 50\lambda^{49} & \lambda^{50} \end{bmatrix}$.　　**4.** $\dfrac{1}{\sqrt{2}}\arctan\dfrac{1}{\sqrt{2}}\left(x-\dfrac{1}{x}\right)$.

5. 4.　　　　　　　　　　　**6.** $e^{\frac{1}{A}\iint\limits_{D}\ln f(x,y)\,d\sigma}$.

二、 方向导数公式及 $\displaystyle\sum_{j=1}^{n}l_j=0$.

三、 相似定义.

四、 级数收敛的定义,4^P.

五、 (1) $f(x)=\dfrac{\pi}{2}-\dfrac{4}{\pi}\left(\cos x+\dfrac{1}{3^2}\cos 3x+\dfrac{1}{5^2}\cos 5x+\cdots\right)$,在展开式中令 $x=0$.

  (2) $\dfrac{\pi^2}{12}$.

六、 (1) 夹逼准则.

  (2) 由 $\displaystyle\lim_{t\to+\infty}\int_{-t}^{t}e^{\lambda_1 u^2}\,du$ 收敛得 $\lambda_1<0$,由 $\displaystyle\lim_{t\to+\infty}\int_{-t}^{t}e^{\lambda_2 v^2}\,dv$ 收敛得 $\lambda_2<0$.